U0141198

自序

身為一名熱衷技術探索的前端開發者，本人使用 Vue 開發了幾年，直觀的語法和結構以及漸進式設計，個人覺得 Vue 是一個對於初學者相當友善的框架。

而與 Nuxt 的相遇，則起因於某天接手了一個外部網站的專案，由於 Vue 的單頁式應用（SPA）架構不利於搜尋引擎優化（SEO），當時研究了一些方案，最後選擇了 Nuxt 框架，結果就一頭栽進了 Nuxt 的 SSR 世界。Nuxt 基於 Vue 開發，並在此基礎上加入了對 SSR 的支援，同時保持核心功能簡潔，讓前端開發者能輕鬆打造高效能且對 SEO 友好的網站架構。Nuxt3 架構設計完整，目錄分類清晰，只要掌握了核心概念與擴充應用程式的方式，就會發現它是一個彈性很高的框架！

接下來簡短的跟各位分享這本書的由來。

在程式開發的學習路上，一直以來從網路大神寫的文章獲益良多，因此我在 2022 年開始在個人部落格分享 Nuxt 相關文章，當初的目標很簡單，趁著記憶猶新時，將開發中碰到的挑戰記錄下來，消化所學並鍛鍊思考能力，也希望能給予碰到相同問題的開發者一點幫助。2023 年我以 Nuxt3 打造 SSR 專案為主題，參加 iThome 鐵人賽，完賽後收到了深智數位的合作邀約，在撰寫本書的過程中，除了重新檢視自己當時所寫的內容，這個過程讓我再次深入學習 Nuxt3，修正了一些理解錯誤，新增一些單元讓內容更完整，並補充一些需留意的細節。

雖然 Nuxt3 官方文件說明詳細，但是對於初次使用的開發者來說，要熟悉完整的功能應用，需要花上一些時間研究探索與除錯。因此，本書以完成一個專案所需的基本條件為主軸，從基本的 Nuxt 概念與安裝開始，到目錄架構的用途與功能拆分、插件與模組的應用、狀態管理、多國語系與 SEO 的配置，到最後的專案部署，搭配範例程式碼與視覺化圖示來說明 Nuxt3 框架的整合應用，並延伸說明 Nuxt3 的全端功能。希望這本書能夠成為讀者學習 Nuxt 的參考，幫助大家找到屬於自己的開發模式。

最後，感謝家人、工作夥伴與主管們一路以來的支持，讓我能專心撰寫這本書。特別感謝平時一起交流 Nuxt 開發想法、並協助書籍校對的同事，還有六角學院的老師們在學習路上的指點。沒有你們的幫助，這本書無法順利完成。此外，也要感謝深智數位專業的編輯團隊，讓這本書能以高品質的形式呈現給讀者。

張庭瑀 Claire

推薦序一

Vue 是一個受許多開發者青睞的 JavaScript 三大框架之一，與另外兩大框架相比來說，它的語法簡潔易學，讓開發者可以快速的建構網頁應用程式，進而提升前端開發的生產力。不過，作為一個主要建構單頁式應用程式（SPA）的框架，Vue 在搜尋引擎優化（SEO）的部分面臨著挑戰。

SPA 的網站內容均是動態生成的，這在過去導致搜尋引擎難以有效地建立索引。雖然 Google 等搜尋引擎已經逐漸改善了對 JavaScript 的處理，但就目前的所理解的狀況，SEO 的運作還是不如預期。在這樣的背景下 Vue 社群建構了 Nuxt 框架，除了繼承 Vue 開發上的優點，還能透過伺服器渲染（SSR）及靜態網站生成（SSG）進一步提升 SEO 效能，為 Vue 開發者提供延伸且豐富的解決方案。

儘管 Nuxt 已經提供了豐富的官方文件，但對於台灣的開發者來說，全英文的文件還是需要花費不少心力閱讀。此外，官方文件通常著重於技術細節，對於希望從頭到尾跟著做實作範例的讀者來說，可能需要更多實戰導向的資源。因此，從有經驗的開發者處獲取相關知識變得更佳重要。

在這樣的需求背景下，針對 Nuxt 的學習資源顯得尤為重要。為了填補這一空白，本書應運而生。無論您是剛剛接觸 Nuxt 的初學者，還是希望深入理解其核心概念的開發者，本書都將成為您不可或缺的學習夥伴。

本書的作者 Claire 是我在 Vue 直播課程中的一位學生，她給我留下了深刻的印象，主要表現在以下兩個方面：

- **細膩的心思與優秀的設計美感**：她的作品不僅功能完善，還展現出優雅的設計，結合適當的互動效果讓人耳目一新。
- **豐富的 Nuxt 經驗**：自 2022 年起，她撰寫了大量關於 Nuxt 的部落格文章，展現出對這一框架的深入理解和熱情。

這些特質使得本書更加精彩。書中以淺顯易懂的方式，帶領讀者深入探索 Nuxt 的各個面向。不僅包含清晰的插圖，輔助讀者理解複雜的概念；還特別為每一段程式碼進行檔名的標示，讓讀者在閱讀時，不會因為 Nuxt 的複雜檔案架構而迷失方向。此外，作者針對可能遇到的錯誤與疑問，提前給予詳細的提醒，確保讀者在實作過程中順利無礙。且書中豐富的實作範例，讓讀者能夠將所學知識應用於實際專案中，提升實戰能力。

無論您是希望提升職場競爭力，還是為了完成屬於個人的專案，如果您在學習 Nuxt 時需要系統性、從零開始的指導，作者在每個細節處的巧思將讓您的學習更加順利。因此，本書將是您當下最合適的選擇。希望透過這本書，不僅能掌握 Nuxt 的相關知識，更能體會到 Claire 那份用心且細膩的心思，帶領讀者在前端開發的道路上不斷成長。

六角學院共同創辦人 卡斯伯老師

推薦序二

第一次認識庭瑀，是我剛進入醫美集團總部，接技術長職位還不到兩個月，就看到底下的研發群組內，正在慶賀庭瑀獲得 2023 年【iT 邦幫忙鐵人賽】優選，當時驚覺：自己身為 iT 邦幫忙會員第一級的《iT 邦大神》，公司最高的經營層，竟然不知道部門內有這麼優秀的同事，真是令我汗顏！

長期參與 iT 邦幫忙論壇的朋友都熟知：每年舉辦一次的鐵人賽，是 IT 工程師的終極考驗，必須連續三十天，每天都產出文章。不但考驗個人的技術能力、撰稿能力、編輯能力，同時也考驗耐力、毅力、與達標決心，更需要妥善的個人時間管理，才能夠在不影響正常工作的前提下，順利通過考驗；更別說在諸多高手之間，還要脫穎而出，獲得評審的讚賞。

難度如此之高，即便在業界超過四十年經歷的我，也不敢輕易投身嘗試。

庭瑀讓我感到驚豔的，不只是她比我更有決心達到這樣的成就，而且她甚至不是 IT 本科系出身：當年只是沉潛在設計界的平面設計師，卻展現比一般 IT 人更為出色的精彩表現。

說來湊巧，我過去曾經在補習班擔任電腦繪圖講師，當時來上課的，有不少都是已經傳統平面設計職位上工作多年，想要跨入電腦領域的上班族。授課期間我旁觀她們上機：試圖在幾個小時之內，就要理解與掌控複雜的邏輯世界，加上台灣設計業普遍不看重外語能力，看著極為陌生的電腦介面，有人甚至因為無法理解原意，只好強背各功能的選單位置來操作，這些門外漢所面對的各種艱難與挫折，不是外人能夠體會。

早年也經營過一家廣告設計公司，帶領七名平面設計師跨足到多媒體設計領域，對照上面的課程學員，加上後期這些同事們，讓我對於：美術設計師努力闖入電腦世界的過程，留下深刻印象。

也因此，當我知道庭瑀是從六年資歷的平面設計師，轉職為前端工程師的時候，內心更為敬佩她跨領域的勇氣。而且她進入前端世界之後，只花了一年時間就熟悉 Vue 前端框架，隨後因為 SEO 的需求，接觸到 Nuxt 技術，自此便一頭栽入了伺服器端渲染（SSR）的大千世界。

短短三年，她便參加鐵人賽獲獎，隨後一年就出新書。

我花三十年都沒把握辦到的事情，她只花三年就達標。

我現在除了：忙著找個地洞把頭鑽進去之外，仍不時悄悄觀望她的平時表現；發現庭瑀不但在團隊中發揮著：帶領前端小組同事打磨精進技術的角色，同時她對於相關技術，也能有自己的領悟與見解，而不是一知半解的人云亦云。或許就是這種發現新領域的興奮感，讓她忍不住想要透過某種傳達管道，把自己的體驗跟大家一起分享，感染她學習成就的喜悅。

看了庭瑀寫的文章之後，發現她能將艱深的技術，以深入淺出手法，條理分明的敘事，吸引讀者一步一步進入 SSR 的奇幻世界。如果你同樣不是 IT 科班出身，藉此書入門 Nuxt，將是不二之選；如果是本科系呢？讀起來當然更沒有問題了！

趕快來看看庭瑀老師引人入勝的首本 Nuxt 入門書吧！

星醫美學股份有限公司技術長 Ray Tracy

目錄

▶ 第五章：全域資料管理

▶ 第六章：多國語系與 SEO 搜尋引擎相關

▶ 第七章：套件應用範例

▶ 第八章：進階優化與工具

▶ 第九章：部署

第一章
前言

1-1 Nuxt 與 Vue 比較，說明 SSR 基本概念

▲ source: Nuxt.js and Vue.js

了解 Nuxt.js * 之前，需先從 Vue.js ** 說起。Vue.js 是一個專注於視圖層的 JavaScript 框架，用於建立單頁應用程式（SPA，Single Page Application）。在 SPA 架構中，使用者首次訪問網站時會下載一個 HTML 文件和所有的 JavaScript 資源，之後的頁面切換和更新都是透過 JavaScript 動態完成，這樣的設計可以減少頁面重新載入的次數，進而提升使用者體驗。

不過，SPA 架構也存在一個主要缺點：搜尋引擎爬蟲只會讀取 HTML，不會執行 JavaScript。因此，可能會導致動態產生的內容無法被正確索引，影響網站在搜尋引擎上的表現。

Nuxt.js 是基於 Vue.js 的框架，預設使用通用渲染模式（Universal Rendering），結合了伺服器端渲染（SSR，Server-Side Rendering）和客戶端渲染（CSR，Client-Side Rendering）的優點。透過在伺服器端生成完整的 HTML 內容並回傳給瀏覽器，讓搜尋引擎爬蟲可以取得較完整的 HTML 內容，以改善 SPA 架構下 SEO 成效不佳的問題。

● ● ● ● ● ● ● ●

* Nuxt.js https://nuxt.com/

** Vue.js https://vuejs.org/

Vue.js：SPA + CSR

SPA（Single Page Application）單頁式應用 + CSR（Client-Side Rendering）客戶端渲染

在 Vue.js 中，整個網站應用只有單一 HTML 頁面。一旦頁面被載入進來後，就不會再進行該頁面請求，而是透過 AJAX 從後端請求資料，並透過 JavaScript 動態更新與渲染網頁內容。

優點：

- **使用者體驗佳**：每次切換頁面時，只有部分畫面會更新，不會重新載入整個頁面
- **頁面回應速度快**：只需更新部分內容，頁面切換速度更快

缺點：

- **SEO 表現不佳**：搜尋引擎爬蟲未能抓取到完整的 HTML 內容
- **初始載入效能問題**：應用程式的程式碼和資源只在瀏覽器中執行，使用者需等待瀏覽器載入並解析這些文件，初次載入頁面的時間也可能較長

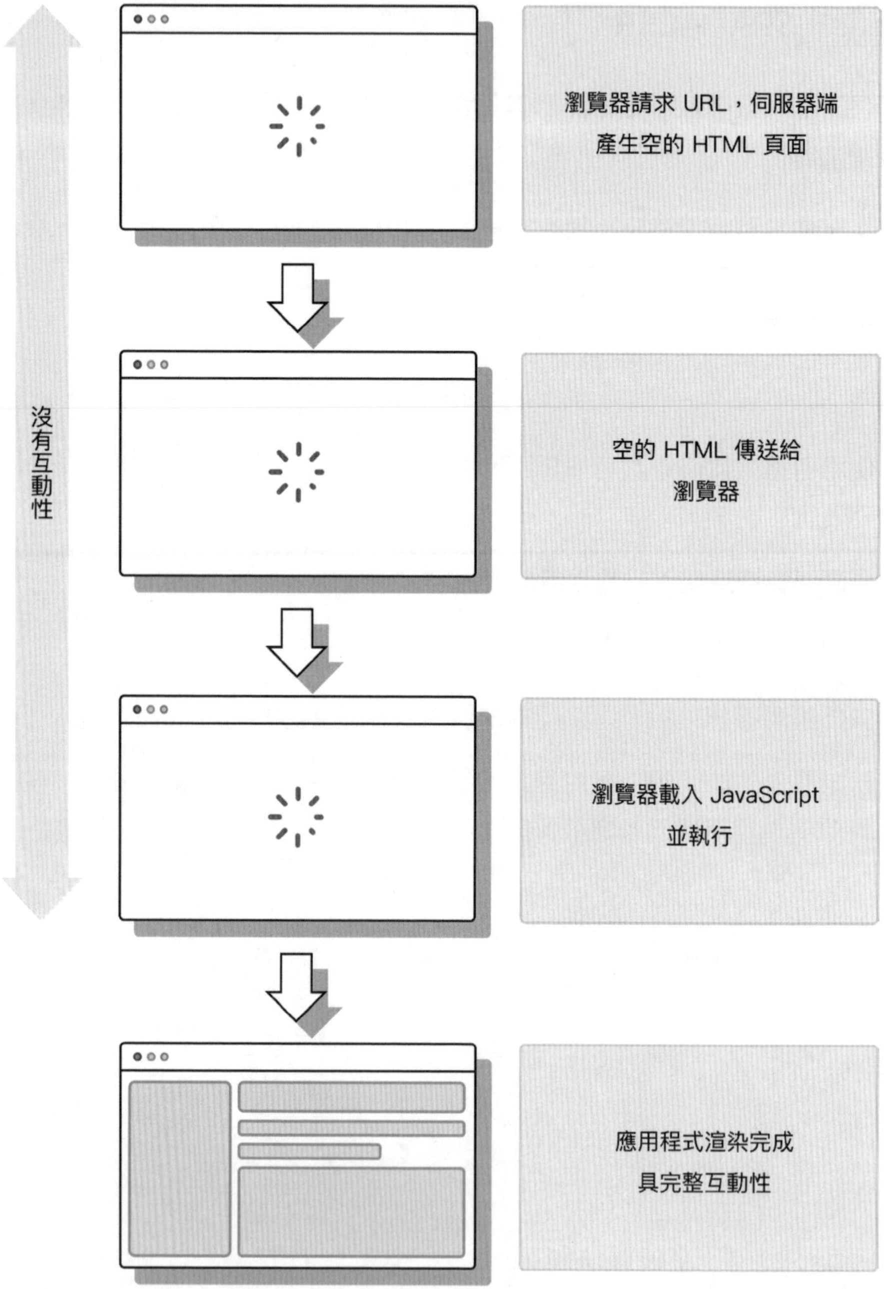

沒有互動性

瀏覽器請求 URL，伺服器端產生空的 HTML 頁面

空的 HTML 傳送給瀏覽器

瀏覽器載入 JavaScript 並執行

應用程式渲染完成具完整互動性

▲ 單頁式應用與客戶端渲染架構下的頁面載入流程

傳統網站：MPA + SSR

MPA（Multi Page Application）多頁式應用 + SSR（Server-Side Rendering）伺服器端渲染

傳統的網站，如基於 PHP 或 Ruby 等後端語言的架構，每個頁面都是獨立的 HTML 文件。每次跳轉頁面時，瀏覽器都會向伺服器發送新的頁面請求，由伺服器生成並回傳新的 HTML 內容。

優點：

- **SEO 表現佳**：在伺服器上生成完整的 HTML 文件，搜尋引擎爬蟲可以索引完整的內容
- **首次內容繪製（FCP）速度快**：伺服器端回傳完整的 HTML，頁面可以快速顯示

缺點：

- **使用者體驗較差**：每次切換頁面都需要重新刷新整個頁面
- **伺服器負擔大**：每次請求都需要重新產生完整的 HTML 文件，對伺服器資源需求較高

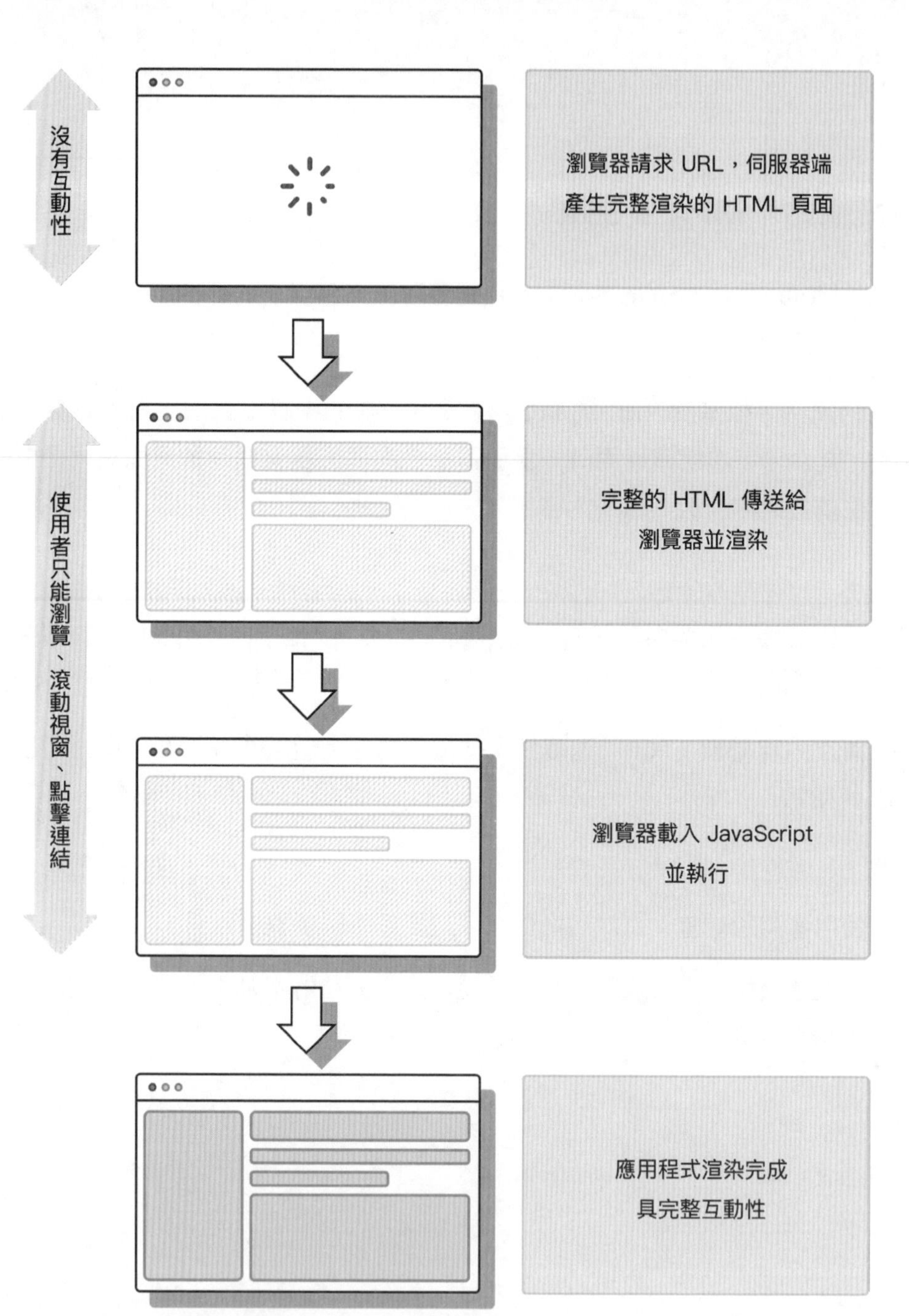

▲ 多頁式應用與伺服器端渲染架構下的頁面載入流程

• • • • • • • •

Nuxt.js：Universal Rendering（SSR + CSR）

Nuxt 預設渲染模式，結合了伺服器端渲染（SSR）和客戶端渲染（CSR）的優點。當使用者首次進入頁面時，使用 SSR，在伺服器端生成完整的 HTML 內容並回傳給瀏覽器；後續動態切換頁面時則使用 CSR。這種方式結合了 SSR 和 SPA 的優點，不僅提供了良好的 SEO 表現，還能維持動態互動體驗。

▶ Universal Rendering 的網頁載入流程

Step1：伺服器端渲染

當瀏覽器請求 URL 時，伺服器端執行 JavaScript（Vue.js）程式碼，將 Vue 元件轉換成一個完整渲染的 HTML 頁面，包含必要的樣式，類似於傳統的 SSR 應用程式。

Step2：客戶端（瀏覽器）載入 HTML 頁面

瀏覽器接收並載入伺服器傳回的 HTML 頁面，因此在初次載入時，使用者即可看到完整的頁面模板。

Step3：客戶端再次執行 JavaScript

由 Vue.js 接管，瀏覽器載入並再次執行 JavaScript（Vue.js）程式碼，建立一個與伺服器端相同的應用實體，將伺服器端生成的靜態 HTML DOM 節點加上事件處理器（Event Handlers），使得使用者能夠與網頁進行互動。這個技術稱為「**Hydration**」。Nuxt.js 和 React 框架 Next.js 都使用此技術。

Step4：網頁具互動性

Hydration 步驟完成後，網頁即具備完整的互動性。

Step5：由 Vue.js 接管使用者互動

後續的網頁互動以及頁面切換由 Vue.js 接管，保留了 SPA 的優點。

● ● ● ● ● ● ● ●

Universal Rendering 是 Nuxt.js 的預設渲染模式，除此之外，Nuxt.js 還提供其他渲染模式供選擇，我們會在下一篇接續說明。

1-2 Nuxt3 簡介

前一篇提到，Nuxt.js 是基於 Vue.js 開發的框架，在 Vue 的 SPA（單頁式應用）架構加上 SSR（伺服器端渲染），讓程式碼可以同時在伺服器端和客戶端執行，這樣的渲染模式稱為 Universal。

雖然我們可以自行在 Vue 應用加上 SSR 功能，不過開發上相對複雜許多。例如：伺服器端跟客戶端的狀態同步、伺服器端僅需渲染靜態內容，以及客戶端和伺服器端不同的建置需求等，這些都是需要考慮的挑戰。

Nuxt 提供了一個簡化的解決方案，將複雜的邏輯抽象化，讓我們以更簡單的方式建立 SSR 應用程式，提升 SEO 表現與首屏載入速度。不過，這樣的架構勢必會讓專案變得更加龐大和複雜，尤其要處理伺服器端和客戶端的交互運作。

因此，Nuxt 提供了一系列內建工具、自動匯入功能、預設規範等，減少了繁瑣的配置工作，也提高應用程式的可維護性與開發體驗。

此外，Nuxt3 搭配新的伺服器引擎 Nitro，提升了整體效能、框架核心更輕量。開發者可以根據需求，在伺服器端定義邏輯、選擇適合的渲染模式，並支援跨平台部署，讓 Nuxt 正式具備全端功能。

● ● ● ● ● ● ● ●

Nuxt3 核心功能

▶ 使用 Vue3 開發

Vue3 帶來了更快的渲染速度、新增 Composition API，完全支援 TypeScript。Nuxt3 在此基礎上，加上自動匯入元件、基於檔案路徑自動產生路由，以及支援 SSR 的組合式函式（Composables）等功能，進一步簡化開發流程。

▶ 自動匯入（Auto-imports）功能

Nuxt 自訂或內建的元件、函式、插件，以及 Vue 的響應式 API、生命週期 Hooks、輔助函式等，都不需手動匯入即可直接使用，提升了開發效率。

▶ Nitro 伺服器引擎

Nuxt3 搭配全新的伺服器引擎 Nitro 建立網頁伺服器，讓 Nuxt 晉升為全端框架。

Nitro 特點：

- **伺服器端控制**：Nitro 搭配 unjs/h3 *（HTTP 框架），讓我們可以完全掌控 Nuxt 的伺服器端邏輯，例如：建立 Server API、伺服器 Middleware、與資料庫或其他伺服器溝通，並支援熱模組替換（HMR，Hot Module Replacement）和自動匯入功能（Server 相關應用請參考 **4-10 / 4-11** 單元）
- **彈性的部署選擇**：在執行生產環境專案建置時，Nitro 會將程式碼拆分成較小的模塊（chunks），並設置為非同步載入。最終會產生獨立的 `.output` 部署檔案。Nitro 支援多種部署環境，包括 Node.js 伺服器、無伺服器平台（Serverless）、邊緣渲染（Edge Rendering）等（部署請參考**第九章**）
- **混合渲染**：Nitro 讓我們可以針對不同路由配置不同的渲染模式，詳細請參考下一段的渲染模式說明

▶ 完整支援 SSR，並提供其他渲染模式選擇

Nuxt 內建 SSR 功能，不需要另外配置伺服器。此外，Nuxt 還提供 CSR、ESR、SSG 以及混合渲染選擇。

---

* unjs/h3 https://github.com/unjs/h3

渲染模式說明：

- Universal Rendering（SSR + CSR）：Nuxt 預設的渲染模式。初始頁面由伺服器渲染，後續的互動由客戶端接手
- CSR（Client-Side Rendering）：為 Vue.js 預設的渲染模式。在 `nuxt.config` 設定 `ssr: false`，將渲染工作交由客戶端負責
- SSG（Static Site Generation）：靜態網站生成。在構建階段預先渲染網站頁面，生成靜態文件，是一個兼顧 SEO 與應用程式效能的選擇。執行 `npm run generate` 指令來生成靜態網站，產生的 `.output/public` 與 `dist` 目錄可以部署到任何靜態網站託管服務（靜態網站部署請參考 9-3 單元）
- ESR（Edge-Side Rendering）：邊緣渲染。在內容傳遞網路（CDN）的邊緣伺服器上渲染應用程式。頁面發出請求時，由最近的邊緣伺服器接管處理，產生 HTML 回傳給使用者，減少延遲以提升載入速度
- 混合渲染（Hybrid Rendering）：可以為不同路由設定不同的快取或渲染規則，結合靜態生成、伺服器端渲染以及客戶端渲染，讓應用程式同時具備靜態網站的效能與動態網站的互動性（混合渲染配置請參考 9-2 單元）

▶ 支援 Vite 與 Webpack 5 開發

預設搭配 Vite 打包工具，為開發環境提供了更快的熱模組替換（HMR）和更高效的建置速度。

▶ 完整 TypeScript 支援

Nuxt3 使用 TypeScript 編寫，型別檢查提升程式碼穩定性和可維護性。開發者可以自由選擇是否使用 TypeScript 開發，並在開發過程中啟用型別檢查，編寫程式碼時能即時取得型別提示（啟用型別檢查請參考 3-1 單元）。

▶ Nuxi 指令列工具

Nuxi 是專為 Nuxt 設計的指令列工具，幫助開發者建置新的 Nuxt 專案、模組、元件和頁面，以及執行開發、測試和部署等操作（Nuxi 指令應用請參考 2-3 單元）。

▶ 使用原生 ES Modules

Nuxt3 使用 ES Modules（ESM）作為核心模組系統，這是目前 JavaScript 的標準模組格式。相較於 CommonJS（CJS），ESM 支援靜態分析與動態綁定，且瀏覽器和 Node.js 目前已原生支援 ESM，減少了對打包工具的依賴。Nuxt3 的伺服器端和客戶端都使用 ESM，提升了程式碼的統一性和效能。

因 Node.js 預設使用 CJS，若要使用 ESM，需在 `package.json` 加上 `"type": "module"`，可以保持 `.js` 副檔名，或是直接將副檔名調整為 `.mjs`。

1-3 閱讀本書前需具備的知識

本書內容以 Nuxt3 開發為主軸。為了幫助讀者順利理解書中的知識點與實作範例，建議在開始之前具備以下基礎知識：

▶ Vue3 Composition API

Nuxt3 是基於 Vue3 建構的框架，本書不會深入介紹 Vue3 的基本知識，建議讀者具備 Vue3 Composition API 開發經驗。書中範例將使用 Composition API 進行說明，Composition API 提高了程式碼的可讀性和可維護性，使邏輯的封裝與複用變得更加簡單。

▶ ES6+ 語法

各章節範例廣泛應用 ES6+ 語法，例如：使用 `async/await` 處理非同步事件、箭頭函式簡化寫法、模組系統（ESM）、樣板字面值、解構賦值及可選串連等常用 JavaScript 語法。建議讀者對這些語法有基本了解，以理解範例說明。

▶ Npm 套件管理工具

本書選用 npm 作為套件管理工具，說明如何安裝和管理相關套件。建議讀者熟悉 npm 的基本操作，例如：安裝、更新和移除套件，以及配置 `package.json` 文件。

▶ VS Code 程式碼編輯器

VS Code 是一款功能強大的輕量級編輯器，也是 Nuxt 官方推薦的開發工具。VS Code 內建整合式終端機，並提供大量擴充套件來提升開發效率。本書後續章節將介紹一些實用的擴充套件。

● ● ● ● ● ● ● ●

▶ 補充說明

- 雖然 Nuxt3 完全支援 TypeScript，但為了降低學習負擔，本書範例將以 JavaScript 進行說明
- 為了保持內容簡潔並提升閱讀流暢度，書中範例不會詳細列出樣式程式碼，以便讀者專注於功能的實作與應用。範例中的樣式設計僅供參考，讀者可根據需求進行調整
- 本書範例所使用的套件皆已標示版本號。由於套件持續更新，不同版本在安裝與配置上可能存在差異。若讀者使用的是較新版本，請務必參考官方文件的配置說明

● ● ● ● ● ● ● ●

接下來，讓我們一起使用 Nuxt 開發一個 SSR 專案吧！

第二章
起手式

2-1 前置環境準備

在開始安裝 Nuxt 專案前，請確保具備以下開發環境：

Node.js

- Nuxt **v3.8** 以上版本：需搭配 Node.js **v18.0.0** 以上
- Nuxt **v3.7** 以下版本：需搭配 Node.js **v16.0.0** 以上

可以使用指令 node -v 查看當前使用的 Node.js 版本。

Visual Studio Code（VS Code）

本書搭配 Nuxt 官方推薦的 VS Code 文字編輯器進行開發。VS Code 是由微軟開發的跨平台文字編輯器，除了內建的整合式終端機（Terminal），還提供大量擴充套件，協助開發者提前發現問題。

以下是推薦安裝的擴充套件：

- **Vue - Official** *：整合了舊版 Vue Language Features（Volar）與 TypeScript Vue Plugin（Volar），為 Vue.js 開發提供更好的型別支援、錯誤檢測和自動補全功能，幫助開發者在編譯前發現錯誤，提升開發效率和程式碼品質
- **Nuxtr** **：提供了一系列指令和工具，以提升 Nuxt 的開發體驗

---

* Vue - Official https://marketplace.visualstudio.com/items?itemName=Vue.volar

** Nuxtr https://nuxtr.com/

本書開發環境版本參考

為了確保讀者能順利跟著本書的範例進行開發，以下列出本書所使用的開發環境版本：

- Node.js：v18.20.4
- NPM：v10.7.0
- Nuxt：v3.12.4，並搭配以下版本：
  - Vue.js：v3.4.36
  - Nitro：v2.9.7
  - Vite：v5.4.2

2-2 安裝 Nuxt3 專案

> 本篇安裝 nuxt v3.12

環境準備好後，接下來一起來建立一個 Nuxt3 專案吧！

▶ Step1：初始化專案

首先，打開終端機（Terminal），將路徑切換到常用的目錄。使用 Nuxt 指令列工具 Nuxi（Nuxt Command Line Interface）來初始化專案，將 `<project-name>` 替換為專案名稱：

```
npx nuxi@latest init <project-name>
```

本篇範例命名為 `first-nuxt-app`：

```
npx nuxi@latest init first-nuxt-app
```

▶ Step2：選擇套件管理工具

接著，選擇專案預使用的套件管理工具。這裡選擇 `npm`：

```
❯ Which package manager would you like to use?
● npm
○ pnpm
○ yarn
○ bun
```

▶ Step3：初始化 Git 儲存庫

選擇是否將專案初始化為 Git 儲存庫，幫助我們管理和追蹤檔案變更。這裡選擇 `Yes`：

```
❯ Initialize git repository?
● Yes / ○ No
```

> **NOTE**：
>
> 請確保本機環境已安裝 Git。如果尚未安裝，可以前往 Git 官網 * 依作業系統下載並安裝適合的版本。

▶ Step4：在 VS Code 中開啟專案

專案初始化完成後，將路徑切換到專案資料夾：

```
cd first-nuxt-app
```

接著執行以下指令，在 VS Code 開啟專案：

```
code .
```

預設會自動安裝相依套件。如果未安裝，可以打開 VS Code 的整合式終端，手動執行安裝：

```
npm install
```

▶ Step5：啟動開發伺服器

接下來，在 VS Code 的整合式終端機執行指令，啟動開發環境伺服器：

```
npm run dev
```

* Git 官網 https://git-scm.com/downloads

最後，打開瀏覽器並輸入網址 http://localhost:3000，即可看到專案畫面。到這裡，專案就成功建置完成！

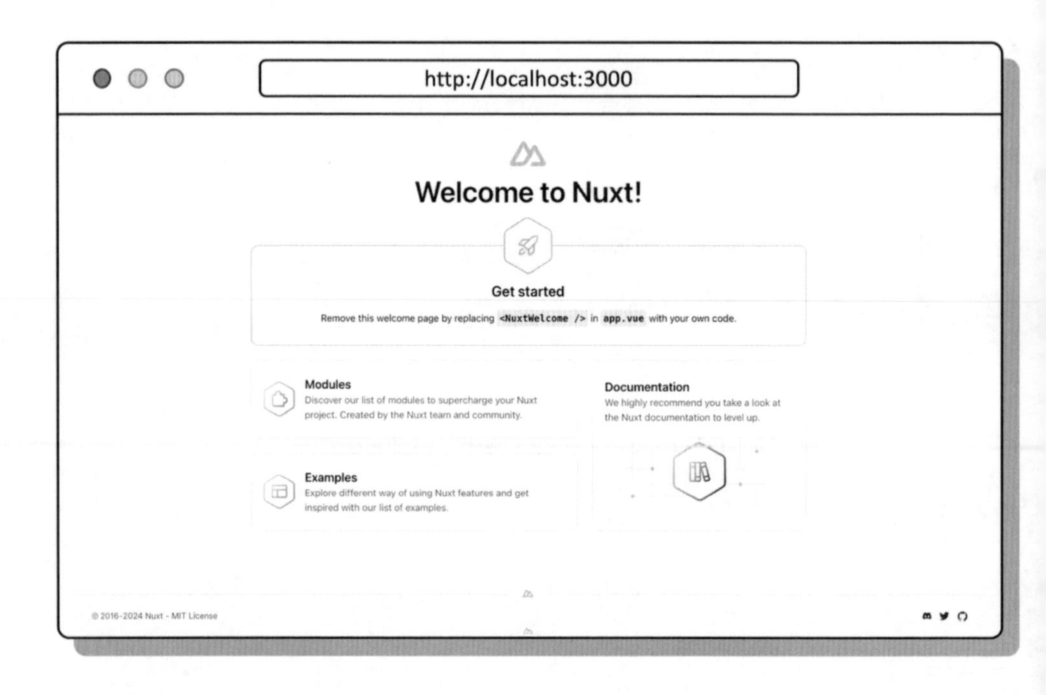

打開專案的根元件 `app.vue`，`<NuxtWelcome>` 元件為 Nuxt 預設的歡迎畫面，`<NuxtRouteAnnouncer>` 元件為 Nuxt v3.12 新增的功能，用來提升網站的可訪問性（無障礙）。先理解到這裡即可，後續章節將進一步說明如何調整。

```
<template>
  <div>
    <NuxtRouteAnnouncer />
    <NuxtWelcome />
  </div>
</template>
```

▲ app.vue

2-3 Nuxt CLI（Nuxi）常用指令

Nuxi 為 Nuxt 的指令列工具（Nuxt Command Line Interface），通常搭配 `npx` 指令來執行，以下說明幾個常用的 `nuxi` 指令。

> **NOTE**：NPM vs NPX
>
> 在全域執行 `npm` 安裝依賴（dependency），這些依賴會一直存在本機的 `node_modules`。如果使用 `npx`，這些依賴只會安裝在臨時目錄，執行完成後即被移除，避免版本問題污染全域環境。

nuxi init：初始化 Nuxt 專案

`<project-name>` 為自訂的專案名稱，也可以是路徑名稱，例如：`my-project/first-nuxt-app`。

```
npx nuxi init <project-name>
```

nuxi info：查看專案相關資訊

`rootDir` 用來指定專案根目錄，預設為當前目錄。

```
npx nuxi info [rootDir]
```

執行指令後可以看到如下資訊：

```
❯ npx nuxi info
Working directory: /Users/first-nuxt-app            下午 4:17:57
Nuxt project info: (copied to clipboard)            下午 4:17:57
```

```
------------------------------

- Operating System:      Darwin
- Node Version:          v18.19.0
- Nuxt Version:          3.12.4
- CLI Version:           3.12.0
- Nitro Version:         2.9.7
- Package Manager:       npm@10.8.1
- Builder:               -
- User Config:           compatibilityDate, devtools
- Runtime Modules:       -
- Build Modules:         -
------------------------------
☞ Report an issue: https://github.com/nuxt/nuxt/issues/new
下午 4:17:57
☞ Suggest an improvement: https://github.com/nuxt/nuxt/
discussions/new
☞ Read documentation: https://nuxt.com
```

nuxi dev：啟動開發環境伺服器

支援熱模組替換（HMR，Hot Module Replacement），程式碼修改後不需重新啟動伺服器。`rootDir` 用來指定專案根目錄，預設為當前目錄。

```
npx nuxi dev [rootDir]
```

等同於執行 `package.json` 內的腳本指令 `npm run dev`，port 預設為 3000（http://localhost:3000）。

也可以調整指令參數，以下是常用的參數：

- `--host, -h`：指定開發伺服器的主機位址
- `--open, -o`：啟動開發伺服器後，自動在瀏覽器中開啟專案
- `--port, -p`：指定開發伺服器的 port

參數輸入方式如下：

```
npx nuxi dev --port 8000
# 或是
npm run dev -- --port 8000
```

nuxi build：生產環境專案建置

執行專案的編譯與打包，並在專案根目錄產生 `.output` 資料夾，裡面包含生產環境所需要的應用程式、伺服器相關配置與依賴項目，我們可以將此目錄進行部署。

```
npx nuxi build [rootDir]
```

等同於執行 `package.json` 內的腳本指令 `npm run build`。

nuxi preview：預覽建置後的專案

使用 `npx nuxi build` 建置專案後，執行指令啟動伺服器來預覽網站：

```
npx nuxi preview
```

等同於執行 `package.json` 內的腳本指令 `npm run preview`。

nuxi generate：預渲染應用程式

預渲染應用程式路由，並產生靜態 HTML 文件，這些文件會存放在 `.output/public` 和 `dist` 資料夾中，這兩個資料夾都可以部署到靜態託管服務。

```
npx nuxi generate
```

等同於執行 `package.json` 內的腳本指令 `npm run generate`。

nuxi cleanup：清除快取

清除執行編譯後自動產生的 Nuxt 檔案和快取。

```
npx nuxi cleanup [rootDir]
```

清除的目錄包括：

- `.nuxt`
- `.output`
- `node_modules/.vite`
- `node_modules/.cache`

nuxi analyze：分析打包項目

執行指令後啟動開發伺服器，並生成伺服器端（Nitro Server）與客戶端（瀏覽器）打包的數據分析報告，如下圖所示。這些報告能幫助我們了解應用程式的打包項目，找出效能瓶頸並進行優化。

```
npx nuxi analyze [rootDir]
```

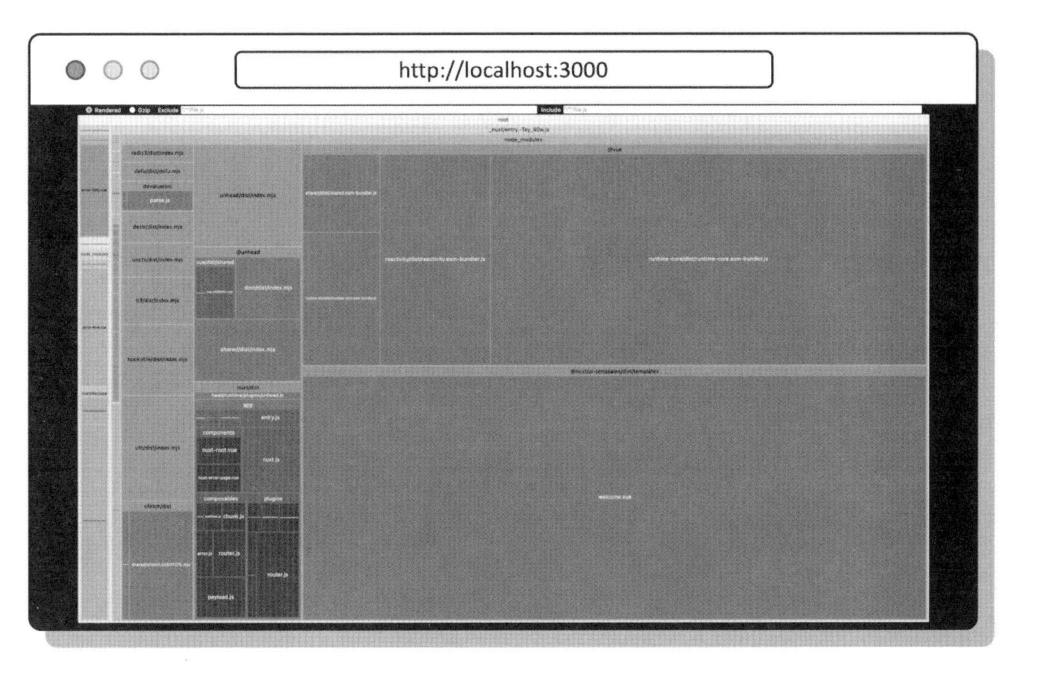

nuxi typecheck：型別檢核

觸發執行 vue-tsc 進行整個應用程式的型別檢核。

```
npx nuxi typecheck
```

也可以將 typescript 與 vue-tsc 安裝為 devDependencies，並啟用 nuxt.config 檔的 typescript.typeCheck 選項，接著在執行 npx nuxi dev 或 npx nuxi build 會自動進行型別檢查。

```
npm install -D vue-tsc typescript
```

```
export default defineNuxtConfig({
  typescript: {
    typeCheck: true
```

```
  }
});
```

▲ nuxt.config.ts

nuxi upgrade：版本升級

透過指令將 Nuxt 專案升到最新版本。

```
npx nuxi upgrade
```

如果發生版本相容性問題，可以加上指令參數 `--force, -f`，強制移除 `node_modules` 與 `package-lock.json` 後再進行升級。

```
npx nuxi upgrade --force
```

nuxi devtools：使用視覺化開發工具

啟用或停用 Nuxt DevTools，Nuxt DevTools 是 Nuxt 團隊推出的視覺化開發工具，協助開發者快速了解 Nuxt 專案的結構與內容，提升開發者體驗（DX，Developer Experience）。詳細說明請參考 8-2 單元。

```
npx nuxi devtools enable|disable [rootDir]
```

2-4 Nuxt3 目錄結構總覽

Nuxt3 替開發者設計了一套直觀的目錄結構，讓我們能夠專注在開發上。透過 Nuxt CLI（Nuxi）安裝專案後，可以看到預設目錄結構如下：

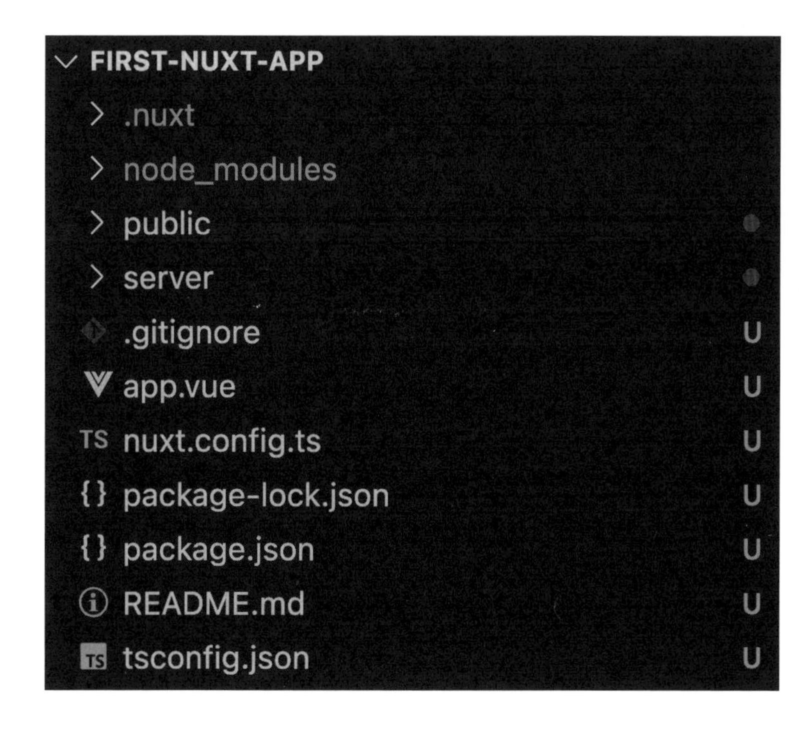

看起來目錄並不齊全，接下來介紹完整的目錄結構功能，我們可以依據專案需求自行建立。

目錄結構

```
first-nuxt-app/
|— .nuxt/
|— .output/
|— assets/
|— components/
```

```
|— composables/
|— content/
|— layouts/
|— middleware/
|— modules/
|— node_modules/
|— pages/
|— plugins/
|— public/
|— server/
|— stores/
|— utils/
|— .env
|— .gitignore
|— .nuxtignore
|— app.config.ts
|— app.vue
|— error.vue
|— nuxt.config.ts
|— package.json
|— tsconfig.json
```

.nuxt

依據目錄結構自動生成的資料夾，用來在開發階段生成 Vue 應用程式，每次執行 `npm run dev` 啟動開發環境伺服器都會重新建立，因此 `.nuxt/` 目錄應該要加入 `.gitignore`，避免被推送到 Git 儲存庫。在開發模式下可以使用 Nuxt DevTools 的 Virtual Files 來查看 `.nuxt/` 目錄內容，詳細請參考 8-2 單元說明。

.output

在生產環境建置專案時自動生成的資料夾，透過這個目錄可以將應用程式部署到生產環境。每次執行 `npm run build` 或是 `npm run generate` 都會重新建立，因此 `.nuxt/` 目錄應該要加入 `.gitignore`，避免被推送到 Git 儲存庫。

assets

適合存放需要經過建構工具（如 Vite 或 Webpack）處理的靜態資源，例如：CSS、字體、SVG 等。這些資源會被編譯、壓縮與最佳化，避免受瀏覽器快取影響，確保資源更新時能夠正確被載入。靜態資源如果不需經過建構工具處理，可以放置於 `public/` 目錄。

components

用來建立 Vue 共用元件，元件的特性是將部分 UI 樣式和程式碼封裝起來，以便重複使用。 `components/` 目錄內的檔案，Nuxt 會自動匯入，因此專案內的 `app.vue`、`pages/`、`layouts/` 以及其他元件，都可以直接使用此目錄內的任何元件。

composables

組合式函式，利用 Composition API 來封裝和複用有狀態邏輯（Stateful Logic）的函式。將複用邏輯抽出，並組合在 `setup` 函式中，適合處理複雜的邏輯。無狀態邏輯（Stateless Logic）函式則定義在 `utils/` 目錄。

content

需另外安裝 `@nuxt/content` 模組，該模組會讀取 `content/` 目錄，解析裡面的 `.md`、`.yml`、`.csv` 和 `.json` 檔案，自動生成 HTML，提供一套基於檔案的內容管理系統（CMS）。 除了可以在 Markdown 檔中嵌入 Vue 元件，也能在 Vue 檔透過類似 MongoDB 語法的 API 來查詢文章內容，很適合用來打造個人部落格。

`content/` 相關內容本書不會深入探討。讀者若有興趣，可以參考官方文件進一步了解。

layouts

用來定義佈局模板，佈局模板可以視為是包覆在頁面外的包裹元件，將常用的版面提取到模板內共用，像是 Header、Footer、Sidebar 等。

middleware

用來定義路由 Middleware，為 Nuxt 的路由守衛（Navigation Guards）。Middleware 功能類似於 vue-router 的 `beforeEach` 回呼函式（Callback），並能在客戶端與伺服器端執行邏輯，在進到特定的路由之前執行操作或進行檢核，例如：權限驗證、資料處理以及路由重新導向等。

modules

Nuxt 官方與社群提供許多實用的模組，開發者可以透過搜尋 Nuxt Modules 關鍵字來找到適合的模組進行安裝。這些模組已經將套件邏輯封裝好，與 Nuxt 應用整合，能夠節省封裝與配置的成本，讓我們能更專注於實際開發工作上。

除此之外，我們也可以在 `modules/` 自行開發模組，可以根據專案需求高度自訂和擴充，屬於較進階的應用。

node_modules

套件管理工具（如 `npm`、`yarn`、`pnpm`、`bun`）用來儲存專案相依套件的目錄。相依套件的具體版本資訊記錄在 `package.json` 和 `lock` 檔案，`node_modules/` 應該要加入 `.gitignore`，避免被推送到 Git 儲存庫。

pages

用來配置專案的主要頁面，當我們在 `pages/` 建立檔案時，Nuxt 會根據資料夾以及檔案結構，自動生成基於 vue-router 的路由，讓我們能更有效率的開發和管理頁面。預設目錄結構並沒有 `pages/` 資料夾，在此情況下 vue-router 並不會被載入，整個專案只有 `app.vue` 單一頁面。

plugins

用來擴充應用程式的功能，除了可以載入套件外，也可以用來註冊自訂指令。Nuxt 會自動掃描 `plugins/` 目錄中的檔案，並在應用程式初始化時載入。

如果使用的第三方套件，沒有經由 Nuxt 團隊或社群整合為模組（Module），通常需要在 `plugins/` 目錄中手動載入套件並配置功能，或是在 `modules/` 進行整合與封裝，才能在專案內應用。

public

`public/` 目錄不會經過建構工具（如 Vite 或 Webpack）處理，適合用來存放不能被變更檔名或較少異動的檔案，例如：`favicon.ico`、`sitemap.xml`、不常更新的圖片等。靜態資源如果需經過建構工具處理，可以放置於 `assets/` 目錄。

server

`server/` 目錄主要用來定義伺服器端的邏輯，我們可以在 `server/api/` 建立 API 路由，處理請求並回傳資料，或者使用 `server/middleware/` 來定義伺服器 Middleware，在處理請求之前進行檢驗、身份驗證或數據處理。

stores

使用 Pinia 工具來管理應用程式的狀態，需另外安裝 Pinia 套件與 `@pinia/nuxt` 模組。當應用規模增大或需要管理更複雜的狀態時，Pinia 可以將狀態拆分到不同的 store 模組中，並透過內建方法來更新狀態與讀取狀態，讓我們能以更有結構化的方式進行狀態管理。

utils

用來定義無狀態邏輯（Stateless Logic）的工具函式。與 `composables/` 做語意上的區隔，`utils/` 封裝的函式不涉及內部狀態變化，只根據輸入產生輸出，無論何時輸入相同的值，都可以得到相同結果。

.env

用來定義專案中的環境變數，這些變數可以在應用程式的不同環境中進行配置，例如開發、測試和生產環境。透過 `.env` 文件，可以將機密資訊（如 API 金鑰、資料庫連接字串等）從程式碼中分離，以保護應用程式的安全性。`.env` 應該要加入 `.gitignore`，避免將敏感資料推送到 Git 儲存庫。

.gitignore

使用 Git 版本控制時，指示 Git 忽略的檔案或目錄，建議加入 `.gitignore` 的內容：

```
# 執行開發與生產環境編譯產生的檔案
.output
.data
.nuxt
.nitro
```

```
.cache
dist

# node_modules
node_modules

# 記錄檔
logs
*.log

# 環境變數檔，排除 .env.example
.env
.env.*
!.env.example
```

▲ .gitignore

.nuxtignore

Nuxt3 的配置文件，用來排除不需要在編譯過程中處理的檔案，例如測試文件、暫存或範例檔案，撰寫規範類似於 `.gitignore`。

app.config.ts

設定全域共用的響應式資料，可以在客戶端取得，因此不建議將任何機密資料存放於此。能夠在執行階段的生命週期或是插件更新。範例：

```
export default defineAppConfig({
  themeColor: {
    primary: '#D7A462',
    secondary: '#E7A1A1'
  }
});
```

▲ app.config.ts

使用 `useAppConfig` 函式來讀取參數：

```
<script setup>
const appConfig = useAppConfig();
// ...
</script>
```

▲ pages/index.vue

app.vue

專案根元件。Nuxt3 將 `app.vue` 移至專案目錄，讓開發者可以選擇只用 `app.vue` 建置網站（例如單頁 Landing Page），而不需定義 `pages/` 資料夾。在這種情況下，vue-router 不會被載入。

若要同時使用 `app.vue` 與 `pages/` 目錄，需在 `app.vue` 加上 `<NuxtPage>` 元件，用於顯示頁面內容，這個元件相當於 Vue.js 中的 `<RouterView>`。

```
<template>
  <div>
    <NuxtPage />
  </div>
</template>
```

▲ app.vue

error.vue

自訂應用程式的錯誤頁面，用來處理全域錯誤（例如頁面不存在或伺服器錯誤），會覆寫 Nuxt 預設的錯誤頁。當應用程式發生致命錯誤（fatal error）時，會依據情況自動渲染這個頁面。

nuxt.config.ts

Nuxt 應用程式設定檔，用來覆寫或是擴充應用程式的設定，詳細的應用會在各章節搭配說明。

```
export default defineNuxtConfig({
  // My Nuxt config
});
```

▲ nuxt.config.ts

package.json

套件的資訊清單檔，定義整個應用程式的名稱、資訊、相依套件、套件版本號和腳本等，適用於主流 Node.js 套件管理工具（如 `npm`、`yarn`、`pnpm`），透過 `package.json` 文件內容來安裝套件與執行腳本。

tsconfig.json

TypeScript 編譯設定檔，Nuxt3 完整支援 TypeScript 開發，並根據已解析路徑別名與其他預設配置自動產生 `.nuxt/tsconfig.json` 檔，使用 Nuxt CLI 建置專案後，預設內容如下，我們可以根據專案需求自行擴充。

```
{
  "extends": "./.nuxt/tsconfig.json"
}
```

▲ tsconfig.json

第三章
加入程式碼檢核工具

3-1 ESLint JS / TS 程式碼檢核與自動修正

> 本篇安裝套件版本：
>
> ESLint v9.9.1 搭配 @nuxt/eslint v0.5.3
>
> vue-tsc v2.0.29 搭配 typescript v5.5.4

ESLint（ECMAScript Lint）* 是一個開源的 JavaScript / TypeScript **程式碼規範工具**，用於檢查程式碼中的問題與錯誤，例如未使用或未定義的變數、重複的程式碼、錯誤的語法等。

透過 ESLint，可以根據專案需求和團隊規範，定義合適的程式碼規則，並整合到開發流程中，以提高程式碼品質、減少錯誤，並確保一致的程式碼風格。

需要注意的是，考量到維護成本，ESLint v8.53.0 已棄用**格式化（formatting）相關規則** **，例如縮排、結尾分號、引號等。

格式化規則可以搭配 Prettier 或 dprint 工具，這類工具已經配置了完整的規則，但是彈性較低，無法自訂或調整規則；或是使用 ESLint Stylistic ***，自訂程式碼樣式規則。

本篇將使用 `@nuxt/eslint` 整合模組進行安裝說明。`@nuxt/eslint` 預設搭配新版 ESLint（v8.45.0 以上），使用**扁平化配置格式（Flat Config）**，並整合 ESLint Stylistic，可以直接配置格式化規則。

▶ ESLint 新舊版本比較

- **舊版本**：設定檔為 `.eslintrc.*`，不支援 ESM 語法，若專案的模組系統預設為 ESM，副檔名不能直接使用 `.js`，需調整為 `.cjs` 或其他

---

* ESLint https://eslint.org/

** ESLint 棄用格式化規則說明 https://eslint.org/blog/2023/10/deprecating-formatting-rules

*** ESLint Stylistic https://eslint.style/

- **新版本**：設定檔為 `eslint.config.*` ，支援 ESM 語法，將原本多層嵌套結構調整為扁平化配置方式，提升文件的簡潔性與可讀性

▶ @nuxt/eslint

- **搭配 `@nuxt/eslint-config` 規範**：不同於常見的 Airbnb、Standard 規範，`@nuxt/eslint-config` 是非主觀性的，只聚焦於基本的語法檢查，允許開發者自行定義規則
- **整合 ESLint Stylistic**：用來配置格式相關規則
- **整合 Nuxt Devtools 開發者工具**：用來檢視解析後的 ESLint 配置

● ● ● ● ● ● ● ●

安裝 ESLint

▶ Step1：套件安裝

首先，安裝 ESLint 與 `@nuxt/eslint` 模組：

```
npm install -D eslint @nuxt/eslint
```

▶ Step2：nuxt.config 配置模組

安裝完成後，在 `modules` 註冊模組，並使用 `eslint` 設置模組選項：

`config.stylistic` 用來啟用 **ESLint Stylistic 規則**，以進行格式和樣式檢查。可以設置為 `true` 啟用，或者使用物件來自訂規則：

```
export default defineNuxtConfig({
  modules: [
    '@nuxt/eslint'
  ],
  eslint: {
    config: {
      stylistic: {
        indent: 2, // 使用 2 個空格縮排
        semi: true, // 強制使用分號
        quotes: 'single', // 強制使用單引號
        commaDangle: 'never', // 禁止加上結尾逗號
        // ...
      }
    }
  }
});
```

▲ nuxt.config.ts

▶ Step3：配置 ESLint 設定檔

接下來，當我們執行 `npm run dev` 啟動開發伺服器時，會自動在專案根目錄生成 `eslint.config.mjs` 檔案（若無則自行手動新增），用來設定 ESLint 規則。`withNuxt` 會將自訂的規則加在 Nuxt 預設規則後，覆寫預設規則。

範例：

- 配置一：指定匹配模式為 `.vue` 檔案
- 配置二：不指定 `files` 檔案類型，規則適用於所有檔案

```
import withNuxt from './.nuxt/eslint.config.mjs';

export default withNuxt(
  {
    files: ['**/*.vue'],
    rules: {
```

```
      // 關閉標籤時不需換行
      'vue/html-closing-bracket-newline': 'off',
      // 不限制每行屬性數，避免強制換行
      'vue/max-attributes-per-line': 'off',
      // ...
    }
  },
  {
    rules: {
      'no-console': 'warn', // 使用 console 時顯示警告提示
      'no-var': 'error', // 強制使用 const 和 let 替代 var
      'eqeqeq': 'error', // 使用嚴格的相等運算子（===、!==）
      // ...
    }
  }
);
```

▲ eslint.config.mjs

▶ Step4：手動執行檢查

在 package.json 腳本增加 Lint 指令：

```
{
  "scripts": {
    // ...
    "lint": "eslint .",
    "lint:fix": "eslint . --fix"
  }
}
```

▲ package.json

接下來可以執行 npm run lint 進行程式碼檢核，或是執行 npm run lint:fix 自動修正。

```
⊗ claire-nb:first-nuxt-app-2 claire.chang$ npm run lint

  > lint
  > eslint .


  /Users/claire.chang/Web/nuxt3/first-nuxt-app-2/nuxt.config.ts
    10:1  error  Expected indentation of 6 spaces but found 8  @stylistic/indent

  /Users/claire.chang/Web/nuxt3/first-nuxt-app-2/pages/index.vue
    6:1  warning  Unexpected console statement  no-console

  ✖ 2 problems (1 error, 1 warning)
    1 error and 0 warnings potentially fixable with the `--fix` option.

○ claire-nb:first-nuxt-app-2 claire.chang$ ▯
```

VS Code 自動修正和格式化

▶ Step1：安裝擴充

首先安裝擴充：VS Code ESLint extension *

▶ Step2：配置自動格式化

在當前工作區根目錄新增 `.vscode/settings.json`，或是透過快捷鍵 `cmd+shift+p`（Windows / Linux 為 `ctrl+shift+p`）打開命令提示字元，選擇 `Open Workspace Settings (JSON)` 來建立檔案。

接著加入以下內容，設定完成後，可能需要重啟專案才能成功運作。之後在儲存檔案時，就會自動進行程式碼修正與格式化。

* VS Code ESLint extension https://marketplace.visualstudio.com/items?itemName=dbaeumer.vscode-eslint

```
{
  "editor.codeActionsOnSave": {
    "source.fixAll": "never",
    "source.fixAll.eslint": "explicit"
  }
}
```

▲ .vscode/settings.json

● ● ● ● ● ● ● ●

啟用 TypeScript 型別檢查

Nuxt3 完整支援 TypeScript，但基於效能考量，預設在執行 `npm run dev` 或 `npm run build` 時，不會自動檢查型別。可以透過以下方式啟動型別檢核：

首先安裝 `vue-tsc` 以及 `typescript`：

```
npm install -D vue-tsc typescript
```

接著手動執行檢核：

```
npx nuxi typecheck
```

或是在 `nuxt.config` 配置自動檢核：

```
export default defineNuxtConfig({
  typescript: {
    typeCheck: true
  }
});
```

▲ nuxt.config.ts

後續在執行 `npm run dev` 或 `npm run build` 時都會進行型別檢核。

> **NOTE**：
>
> 預設的 TypeScript 配置位於 `.nuxt/tsconfig.json`。如果透過 `tsconfig.json` 調整配置，這些選項會直接覆蓋 `.nuxt/tsconfig.json` 的內容。例如，在 `tsconfig.json` 中直接設定 `compilerOptions.paths`，將會覆寫預設的路徑別名，可能導致模組解析錯誤。因此，建議在 `nuxt.config` 中透過 `alias` 配置來設定路徑別名。

3-2 Stylelint CSS / SCSS 程式碼檢查與自動排版

> 本篇搭配 stylelint v16.9.0 與 @nuxtjs/stylelint-module v5.2.0

Stylelint * 是一套 **CSS 和預處理器（像是 SCSS、Sass、Less、Stylus）程式碼規範工具**，幫助我們發現潛在的錯誤、遵守自訂的規則，維持程式碼的品質和一致性。

以 Vue 單一元件檔（SFC）為例，主要包含三個程式碼區塊：

- **`<template>`**：Vue 模板語法，用來定義 HTML 結構，包含插槽 `{{ }}`、條件判斷、迴圈等。雖然模板語法不是嚴格的 JavaScript 語法，但 ESLint 可以透過 Vue 插件（如 `eslint-plugin-vue`）對模板進行檢查
- **`<script>`**：JavaScript 程式碼區塊，用於定義元件的邏輯、狀態管理等，由 ESLint 進行檢查
- **`<style>`**：CSS 樣式區塊，用於定義元件樣式，由 Stylelint 進行檢查

ESLint 與 Stylelint 的搭配使用，讓專案維持良好的程式碼規範。

> **NOTE**：
>
> CSS / SCSS 樣式應用請參考 4-12 單元。

• • • • • • • •

安裝 Stylelint

▶ Step1：套件安裝

安裝 Stylelint 與 Nuxt 模組 `@nuxtjs/stylelint-module`：

```
npm install -D stylelint @nuxtjs/stylelint-module
```

* Stylelint https://stylelint.io/

▶ Step2：nuxt.config 配置模組

在 `modules` 註冊模組，並使用 `stylelint` 設置模組選項，以下範例：

- `lintOnStart`：應用程式啟動時是否自動檢查所有相關檔案
- `chokidar`：是否啟用監聽器，在檔案變更時自動檢查

```
export default defineNuxtConfig({
  modules: [
    '@nuxtjs/stylelint-module'
  ],
  stylelint: {
    lintOnStart: true,
    chokidar: true
  }
});
```

▲ nuxt.config.ts

配置 Stylelint 設定檔

▶ Step1：新增設定檔

在專案根目錄新增 `.stylelintrc.mjs`。

▶ Step2：搭配規則套件

Stylelint 提供了眾多規則，除了可以自行定義外，也可以使用預先配置好的規則。本篇將搭配 `stylelint-config-standard-vue`，該套件基於 `stylelint-config-standard` 規則，並擴展了對 Vue 單一元件檔 `<style>` 區塊的樣式規範檢查。此外，也擴展 `stylelint-config-recommended-vue` 的規則，提供了更全面的樣式檢查。

> **NOTE**：
>
> 需搭配 Stylelint v14.0.0 以上版本。

首先安裝套件：

```
npm install -D stylelint-config-standard-vue
```

接著在 `.stylelintrc.mjs` 加入擴充：

```
export default {
  extends: [
    'stylelint-config-standard-vue'
  ]
};
```

▲ .stylelintrc.mjs

> **NOTE**：
>
> 此套件針對 Vue 單一元件檔定義了 `customSyntax` 規則，因此若搭配其他套件擴充，`stylelint-config-standard-vue` 需放置在陣列最後一筆，否則會造成 Vue 檔解析失敗拋出錯誤，例如 `Unknown word CssSyntaxError`。

▶ 搭配 SCSS

若使用 SCSS 進行開發，需要額外安裝 `stylelint-config-standard-scss`。這個套件基於 `stylelint-config-standard`，並擴展了對 SCSS 語法的支援與規則。

```
npm install -D stylelint-config-standard-scss
```

加入擴充：

```
export default {
  extends: [
    'stylelint-config-standard-scss',
    'stylelint-config-standard-vue/scss'
  ]
};
```

▲ .stylelintrc.mjs

▶ 覆寫規則

透過 `overrides` 加入自訂規則，會覆寫前面擴充的規則。

```
export default {
  overrides: [
    {
      // 指定匹配的檔案類型
      files: ['**/*.vue', '**/*.scss'],
      rules: {
        // 允許使用的單位
        'unit-allowed-list': ['em', 'rem', 's', '%', 'px'],
        // @import 語法搭配字串格式
        'import-notation': 'string',
        // ...
      }
    }
  ]
};
```

▲ .stylelintrc.mjs

▶ Step3：設定 CSS 屬性的排序規則

> 若不需排序規則，可以忽略此步驟。

安裝插件：

```
npm install -D stylelint-order
```

註冊插件並定義規格：

```
export default {
  // ...
  plugins: [
    'stylelint-order'
  ],
  overrides: [
    {
      files: ['**/*.vue', '**/*.scss'],
      rules: {
        // ...
        'order/properties-order': [ // 規範 CSS 屬性排序順序
          'position',
          'top',
          'bottom',
          'right',
          'left',
          'display',
          'align-items',
          'justify-content',
          // ...
        ]
      }
    }
  ]
};
```

▲ .stylelintrc.mjs

▶ Step4：手動執行檢查

在 `package.json` 腳本增加 Lint 指令：

```
{
  "scripts": {
    // ...
    "lint:css": "stylelint '**/*.{vue,scss,css}'",
    "lint:css:fix": "stylelint '**/*.{vue,scss,css}' --fix"
  }
}
```

▲ package.json

接下來可以執行 `npm run lint:css` 進行程式碼檢核，或是執行 `npm run lint:css:fix` 自動修正。

```
claire-nb:first-nuxt-app claire.chang$ npm run lint:css
npm run lint:css

> lint:css
> stylelint '**/*.{vue,scss,css}'


pages/index.vue
  35:13  ×  Unexpected unit "vw"  unit-allowed-list

× 1 problem (1 error, 0 warnings)

claire-nb:first-nuxt-app claire.chang$
```

VS Code 自動修正和格式化

▶ Step1：安裝擴充

首先安裝擴充：VS Code Stylelint extension *

▶ Step2：配置自動格式化

在當前工作區根目錄新增 `.vscode/settings.json`，或是透過快捷鍵 `cmd+shift+p`（Windows / Linux 為 `ctrl+shift+p`）打開命令提示字元，選擇 `Open Workspace Settings (JSON)` 來建立檔案。

接著加入以下內容，設定完成後，可能需要重啟專案才能成功運作，接著在儲存檔案時，就會自動進行程式碼修正與格式化。

```
{
  "editor.codeActionsOnSave": {
    "source.fixAll": "never",
    "source.fixAll.stylelint": "explicit"
  },
  // 驗證的文件類型
  "stylelint.validate": [ "css", "scss", "vue" ]
}
```

▲ .vscode/settings.json

* VS Code Stylelint extension https://marketplace.visualstudio.com/items?itemName=stylelint.vscode-stylelint

第四章
各目錄說明與功能應用

4-1 Pages 目錄：自動生成路由

pages/ 目錄用來配置專案的主要頁面，當我們在 pages/ 建立檔案時，Nuxt 會根據資料夾以及檔案結構，自動生成基於 vue-router 的路由，讓我們能更有效率的開發和管理頁面。

app.vue

專案根元件。Nuxt3 將 app.vue 移至專案目錄，讓開發者可以選擇只用 app.vue 來建置網站（例如單頁 Landing Page），而不需定義 pages/ 資料夾。在這種情況下，vue-router 不會被載入。

使用 Nuxt CLI 建置專案時，app.vue 預設內容如下：

- **<NuxtWelcome> 元件**：為 Nuxt 預設的歡迎畫面
- **<NuxtRouteAnnouncer> 元件**：Nuxt v3.12 新增的元件，加入一個包含頁面標題的隱藏元素，當頁面切換時，告知使用無障礙輔助科技（如螢幕閱讀器）的使用者，以提升網站的可訪問性

```
<template>
  <div>
    <NuxtRouteAnnouncer />
    <NuxtWelcome />
  </div>
</template>
```

▲ app.vue

若要同時使用 app.vue 與 pages/ 目錄，需在 app.vue 加上 <NuxtPage> 元件，用於顯示頁面內容，這個元件相當於 Vue.js 中的 <RouterView>。

```
<template>
  <div>
    <NuxtRouteAnnouncer />
    <NuxtPage />
  </div>
</template>
```

▲ app.vue

● ● ● ● ● ● ● ●

新增 Pages 檔案

首先，在 `pages/` 建立首頁 `index.vue`：

```
pages/
|— index.vue
```

```
<template>
  <div>
    <h1>Home Page</h1>
  </div>
</template>
```

▲ pages/index.vue

`pages/index.vue` 會映射到應用程式的 `/` 路由，執行 `npm run dev` 啟動開發伺服器，在瀏覽器開啟 http://localhost:3000，畫面如下：

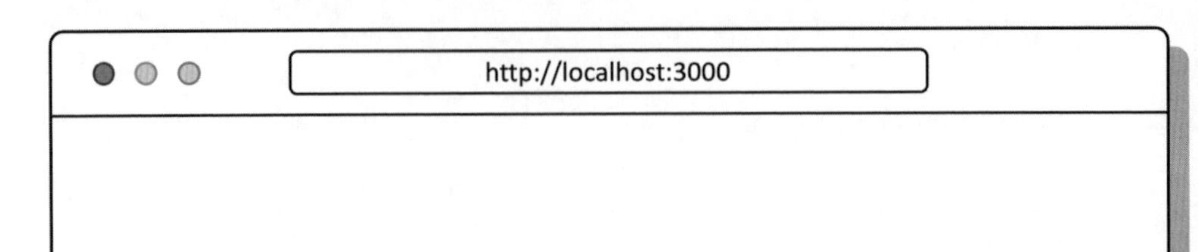

自動生成的路由結構：

```
[
  {
    path: '/',
    component: '~/pages/index.vue',
    name: 'index'
  }
]
```

> **NOTE**：
>
> Nuxt 使用 Vue 的 `<Transition>` 元件來處理頁面和模板的轉場效果。因此，一個頁面必須有唯一的根元素，路由轉換才能正常運作。需注意 HTML 註解也會被視為一個元素。

錯誤範例：

```
<template>
  <!-- 註解也視為一個元素，因此頁面無法正常渲染 -->
  <h1>Home page</h1>
</template>
```

```
<template>
  <h1>Home page</h1>
  <p> 兩個根元素，頁面無法正常渲染 </p>
</template>
```

• • • • • • • •

動態路由

Nuxt3 使用中括號 `[]` 表示動態路由（Nuxt2 使用下底線 `_`）。動態路由可以用於資料夾或檔案名稱。

> **NOTE**：
>
> 若動態路由是可選的，需使用雙括號 `[[]]` 表示，例如：`pages/[[slug]]/index.vue` 同時匹配 `/` 和 `/about`。

範例：

```
pages/
|— index.vue
|— product-[category]/
    |— [id].vue
```

在元件內，可以使用組合式函式 `useRoute`，或是透過 `$route` 在 `<template>` 取得路由資訊：

```
<template>
  <div>
    <h3>{{ $route.params.category }}</h3>
    <p>{{ $route.params.id }}</p>
  </div>
</template>

<script setup>
const route = useRoute();
console.log(route.params.category);
console.log(route.params.id);
</script>
```

▲ pages/product-[category]/[id].vue

開啟頁面 /product-apple/12345，畫面如下：

http://localhost:3000/product-apple/12345

apple

12345

NOTE：

具名父層路由優先度會高於巢狀動態路由。範例：

如下目錄結構，對於 `/hello/world` 路由，會顯示 `pages/hello.vue` 的內容，而不是 `pages/hello/[slug].vue`，因爲 `pages/hello.vue` 的優先度較高：

```
pages/
|— hello.vue
|— hello/
    |— [slug].vue
```

若希望 `/hello/world` 顯示 `pages/hello/[slug].vue` 的內容，可以將目錄結構調整為以下，`pages/hello/index.vue` 會匹配 `/hello` 路由，`pages/hello/[slug].vue` 會匹配 `/hello/world` 路由：

```
pages/
|— hello/
    |— index.vue
    |— [slug].vue
```

● ● ● ● ● ● ● ●

匹配路徑下所有路由

透過 `[…slug].vue` 將動態路由解構，來捕捉此路徑下未定義的所有路由。

範例：

```
pages/
|— index.vue
|— about.vue
|— [...slug].vue
```

```
<template>
  <div>
    <h3>Page Not Found</h3>
    <p>{{ $route.params.slug }}</p>
  </div>
</template>
```

▲ pages/[⋯slug].vue

當我們開啟 /user 或是 /user/daniel，會渲染 `[…slug].vue` 的內容，畫面如下：

http://localhost:3000/user/daniel

Page Not Found

["user", "daniel"]

透過 `[…slug].vue`，我們可以簡單地捕捉特定路徑下不存在的頁面。全域的錯誤頁面（不限於 404 錯誤），則由根目錄的 `error.vue` 處理。詳細應用方式可以參考 4-15 單元。

• • • • • • • •

巢狀路由（Nested Routes）

也稱為嵌套路由，在頁面內透過 `<NuxtPage>` 嵌套另一個路由，意即在父元件內渲染不同子元件，適合用於建立複雜的路由結構。

範例：`parent.vue` 元件嵌套 `child-a.vue` 與 `child-b.vue`

目錄結構如下，需注意 `parent/` 目錄與 `parent.vue` 檔案名稱必須相同：

```
pages/
|— parent/
    |— child-a.vue
    |— child-b.vue
|— parent.vue
```

自動生成的路由結構：

```
[
  {
    path: '/parent',
    component: '~/pages/parent.vue',
    name: 'parent',
    children: [
      {
        path: 'child-a',
        component: '~/pages/parent/child-a.vue',
        name: 'parent-child-a'
      },
      {
        path: 'child-b',
        component: '~/pages/parent/child-b.vue',
        name: 'parent-child-b'
      }
    ]
  }
]
```

`parent.vue` 必須加上 `<NuxtPage>` 用來顯示子頁面內容：

```
<template>
  <div>
    <!-- 共用 Sidebar -->
    <div>
      <NuxtLink to="/parent/child-a">child-a</NuxtLink>
      <NuxtLink to="/parent/child-b">child-b</NuxtLink>
    </div>

    <NuxtPage />
  </div>
</template>
```

▲ pages/parent.vue

/parent、/parent/child-a 和 /parent/child-b 的畫面結果：

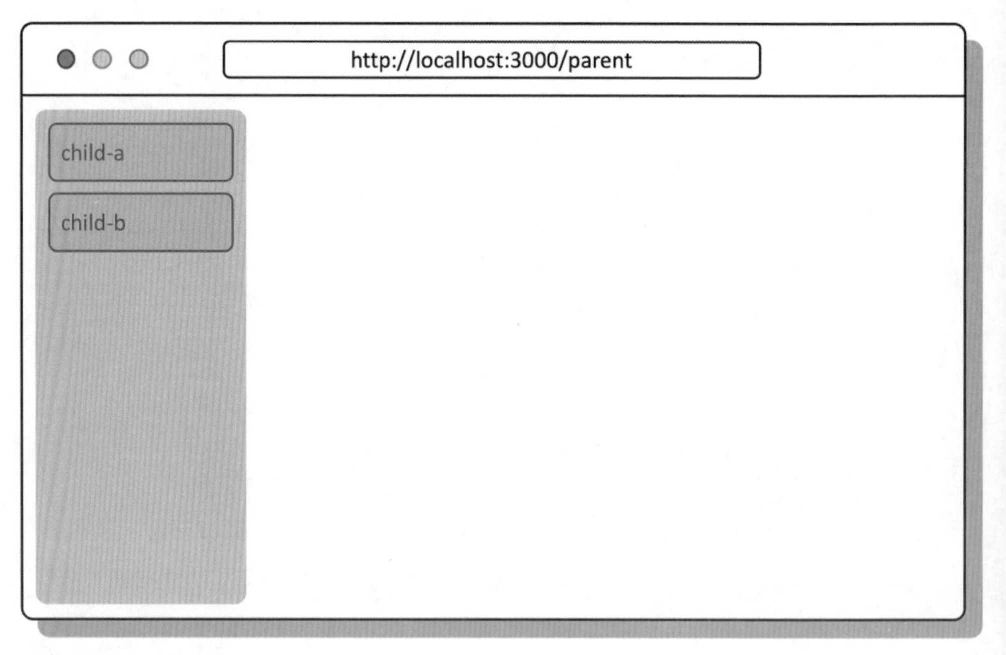

▲ /parent

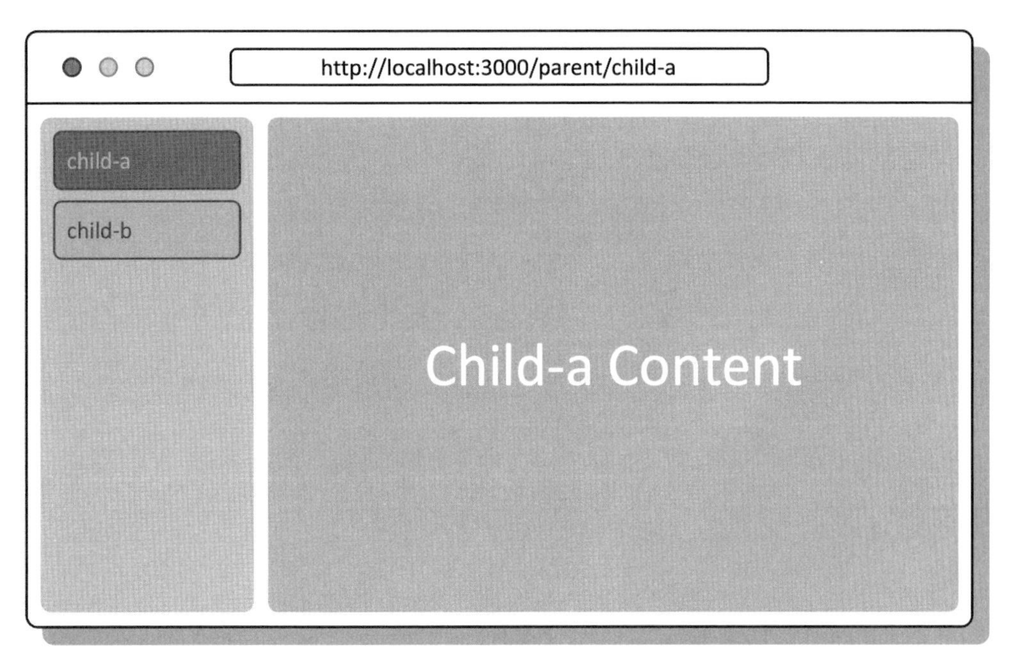

▲ /parent/child-a

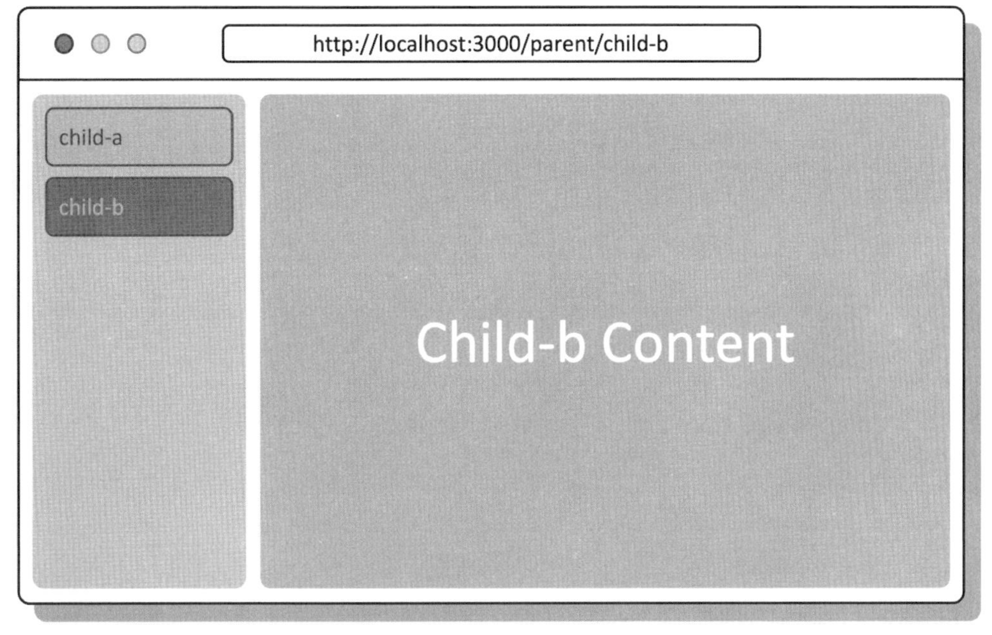

▲ /parent/child-b

此時 /parent 路由內的 `<NuxtPage>` 元件不會顯示任何內容，因為沒有匹配到任何子路由。可以新增 `pages/parent/index.vue` 元件，以產生一個空的嵌套路由。

```
pages/
|— parent/
    |— ...
    |— index.vue
|— parent.vue
```

生成的路由結構：

```
[
  {
    path: '/parent',
    component: '~/pages/parent.vue',
    children: [
      // ...
      {
        path: '',
        component: '~/pages/parent/index.vue',
        name: 'parent'
      }
    ]
  }
]
```

```
<<template>
  <div>
    <h2>Parent Content</h2>
  </div>
</template>
```

▲ pages/parent/index.vue

在瀏覽器開啟 /parent，`<NuxtPage>` 會顯示 `pages/parent/index.vue` 元件內容：

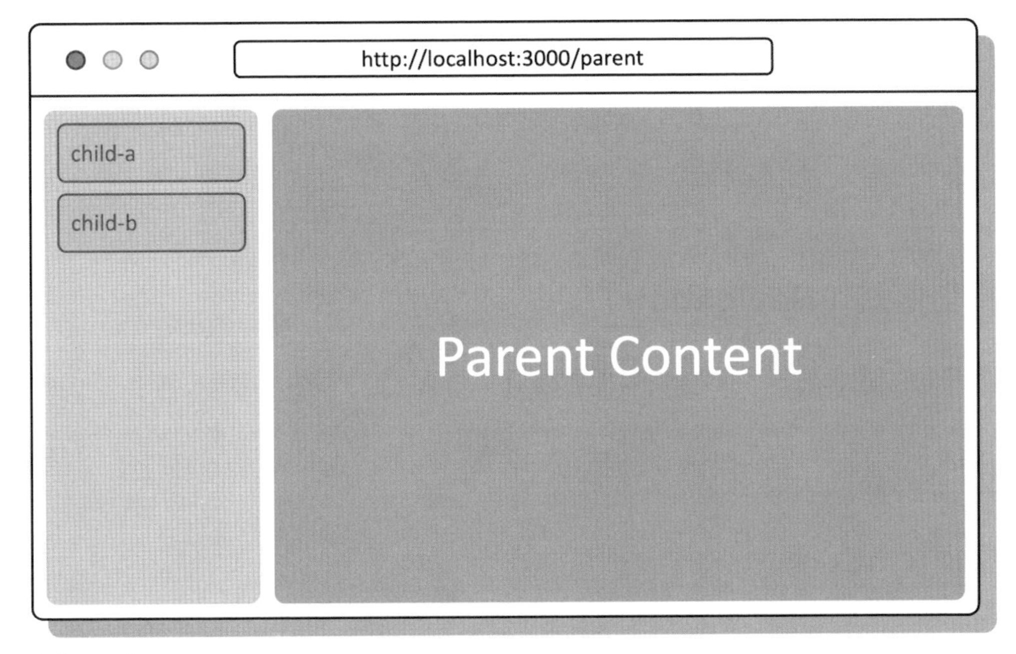

▲ /parent

若希望進到 /parent 路由時導向子路由，可以在 `pages/parent/index.vue` 使用 Middleware 搭配 `navigateTo` 輔助函式設定自動導向：

```
<template>
  <div>Parent Content</div>
</template>

<script setup>
definePageMeta({
  middleware: [
    function(to, from) {
      return navigateTo(
        '/parent/child-a',
        { redirectCode: 301 }
```

```
      );
    }
  ]
});
</script>
```

▲ pages/parent/index.vue

● ● ● ● ● ● ● ●

頁面導航（Navigation）

透過 `<NuxtLink>` 元件進行頁面間導航。Nuxt3 的 `<NuxtLink>` 整合了 vue-router 的 `<RouterLink>` 和 HTML 的 `<a>` 標籤，能夠智能判斷內部或外部連結，並自動加入預設屬性或預先載入。

```
<template>
  <div>
    <!-- 內部連結 -->
    <NuxtLink to="/hello">Internal</NuxtLink>
    <!-- 外部連結 -->
    <NuxtLink to="https://my-website.com">
      External
    </NuxtLink>
  </div>
</template>
```

▲ pages/index.vue

渲染後的結果如下，外部連結自動加上 `rel` 屬性：

```
<!-- 內部連結 -->
<a href="/hello">Internal</a>

<!-- 外部連結 -->
```

```
<a href="https://my-website.com" rel="noopener noreferrer">
  External
</a>
```

▶ 自訂屬性

也可以透過 `props` 手動加入屬性：

- `target="_blank"`：另開新分頁
- `external="false"`：設定為內部連結
- `no-rel`：移除 `rel` 屬性

```
<template>
  <div>
    <NuxtLink
      to="<https://my-website.com>"
      target="_blank"
      :external="false"
      no-rel>
      External
    </NuxtLink>
  </div>
</template>
```

▲ pages/index.vue

4-2 Components 目錄：建立共用元件

`components/` 目錄用來配置 Vue 共用元件，元件的特性是將部分 UI 樣式和程式碼封裝起來，以便重複使用。`components/` 內的檔案，Nuxt 會自動匯入，因此專案內的 `app.vue`、`pages/`、`layouts/` 以及其他元件，都可以直接使用此目錄內的任何元件。

建立與應用元件

```
components/
|── TheHeader.vue
|── TheFooter.vue
```

```
<template>
  <nav>
    Header
  </nav>
</template>
```

▲ components/TheHeader.vue

在頁面中使用元件：

```
<template>
  <div>
    <TheHeader />
    <h1>Home Page</h1>
    <TheFooter />
  </div>
</template>
```

▲ pages/index.vue

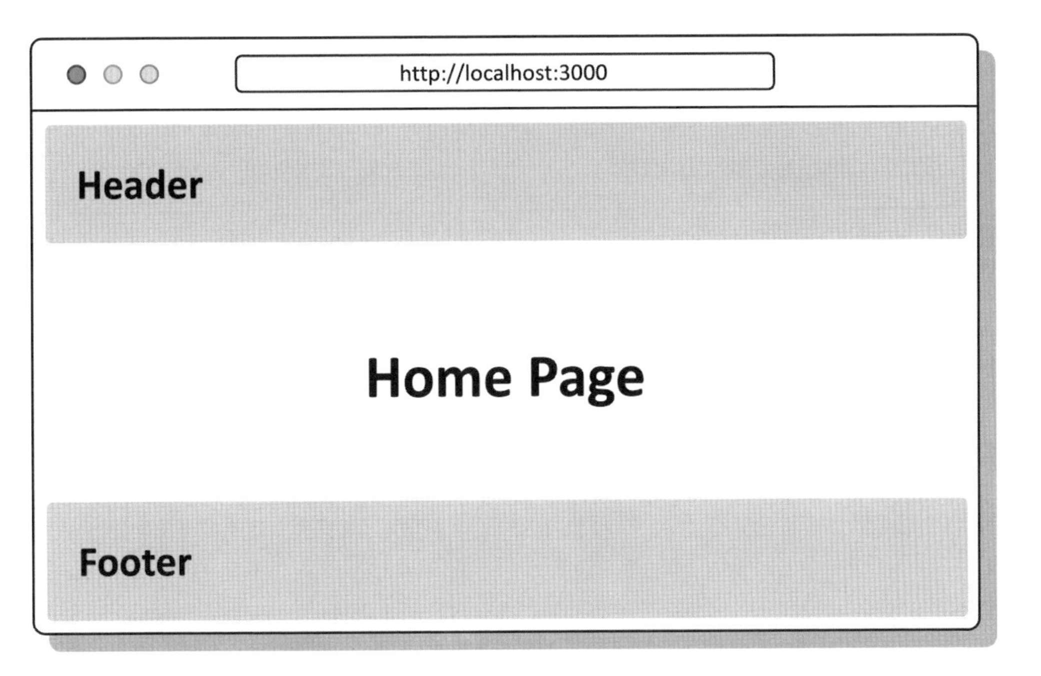

元件名稱

元件名稱規則為**路徑前綴**加上**檔案名稱**。

範例：巢狀檔案結構

```
components/
|— base/
    |— top/
        |— Banner.vue
```

產生的元件名稱：

```
<BaseTopBanner />
```

▶ 移除 / 調整路徑前綴

預設只會掃描 `components/` 目錄，若想加入其他目錄，或是自訂元件命名規則，可以在 `nuxt.config` 調整。

範例：根據下述範例依序說明

```
export default defineNuxtConfig({
  components: [
    // 規則一：將 ~/custom-module/components 目錄加入掃描
    // 範例：custom-module/components/Indicator.vue
    //       -> <Indicator>
    {
      path: '~/custom-module/components'
    },
    // 規則二：~/components/main 目錄去掉路徑前綴
    // 範例：components/main/Button.vue -> <Button>
    {
      path: '~/components/main',
      pathPrefix: false
    },
    // 規則三：~/components/special-components 前綴為 Special
    // 範例：components/special-components/Form.vue
    //       -> <SpecialForm>
    {
      path: '~/components/special-components',
      prefix: 'Special'
    },
    // 規則四：最後加入 ~/components，以保留預設命名規則
    // 範例：components/home/Banner.vue -> <HomeBanner>
    '~/components'
  ]
});
```

▲ nuxt.config.ts

● ● ● ● ● ● ● ●

動態元件

使用 Vue 的 `<component :is="componentName">` 語法加入動態元件，`is` 屬性用來綁定元件，搭配 `resolveComponent` 輔助函式匯入元件，或是直接從 `#components` 匯入元件。

範例：元件內容如下

```
components/
|── BasePrevButton.vue
|── BaseNextButton.vue
```

方法一：搭配 `resolveComponent` 輔助函式匯入元件。

```
<template>
  <div>
    <component
      :is="isPrev ? BasePrevButton : BaseNextButton" />
    <button @click="isPrev = !isPrev">Toggle Button</button>
  </div>
</template>

<script setup>
const isPrev = ref(true);

const BasePrevButton = resolveComponent('BasePrevButton');
const BaseNextButton = resolveComponent('BaseNextButton');
</script>
```

▲ pages/index.vue

方法二：使用 `#components` 匯入元件。

```
<template>
  <div>
    <component
      :is="isPrev ? BasePrevButton : BaseNextButton" />
    <button @click="isPrev = !isPrev">Toggle Button</button>
  </div>
</template>

<script setup>
import { BasePrevButton, BaseNextButton } from '#components';

const isPrev = ref(true);
</script>
```

▲ pages/index.vue

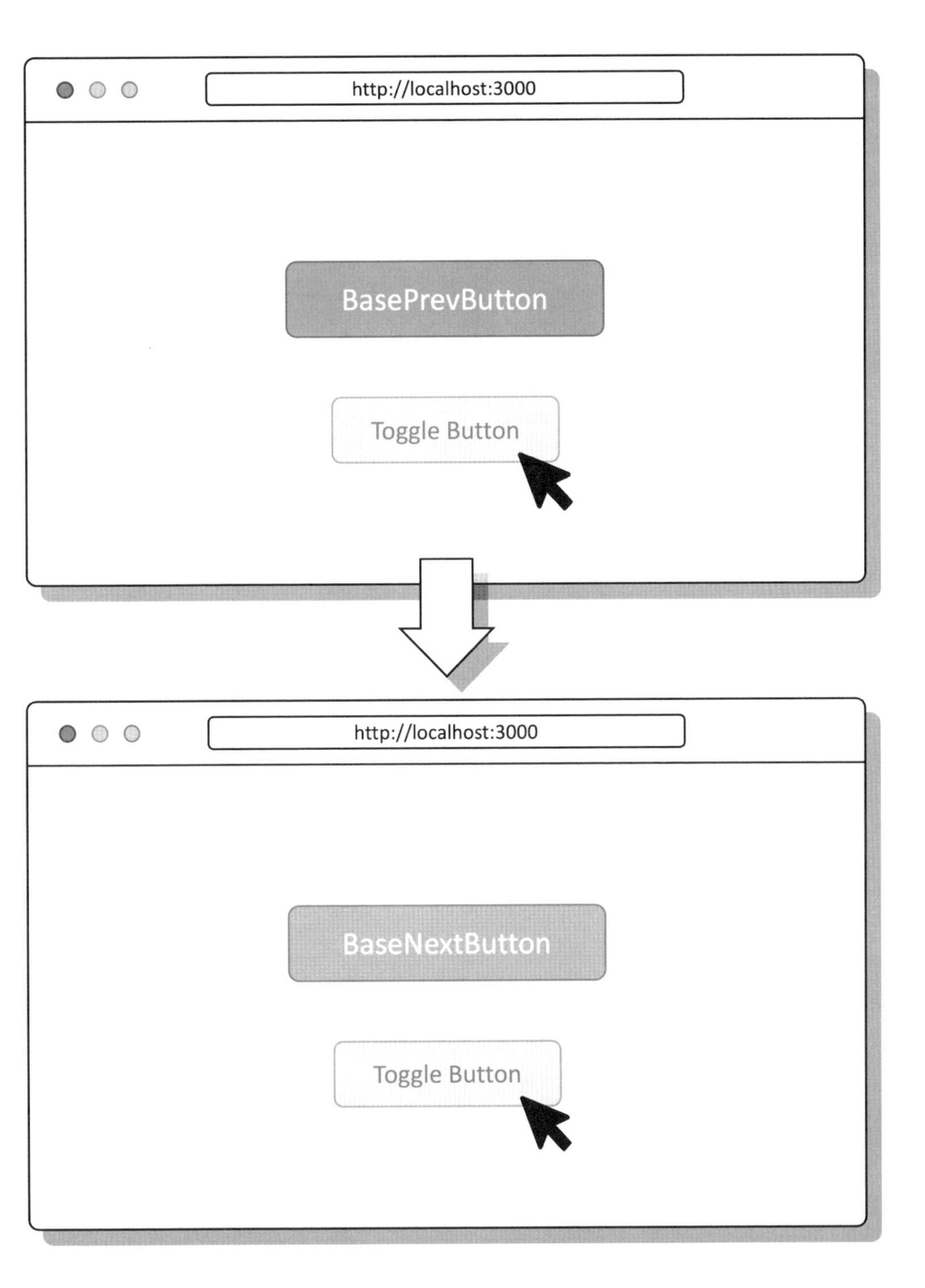
http://localhost:3000
BasePrevButton
Toggle Button
http://localhost:3000
BaseNextButton
Toggle Button

動態載入元件（延遲載入）

動態載入也稱為延遲載入（Lazy Loading），在頁面載入時，不會立即載入元件，而是等到元件被應用時才加以載入。

透過控制元件的加載時間，降低一開始進入頁面時載入的 JavaScript 資源大小，減少資源消耗，提升網頁載入速度，使用方式為在元件加上 `Lazy` 前綴。

範例：

在 `<Notify>` 元件加上 `Lazy` 前綴，進入頁面時不會立即載入元件，而是等到點擊按鈕時才載入。

```
<template>
  <div>
    <LazyNotify v-if="isShow" />
    <button type="button" @click="isShow = true">
      顯示 Notify
    </button>
  </div>
</template>

<script setup>
const isShow = ref(false);
</script>
```

▲ pages/index.vue

可以透過開發者工具的 `Network` 標籤 → `JS` 查看載入時機：

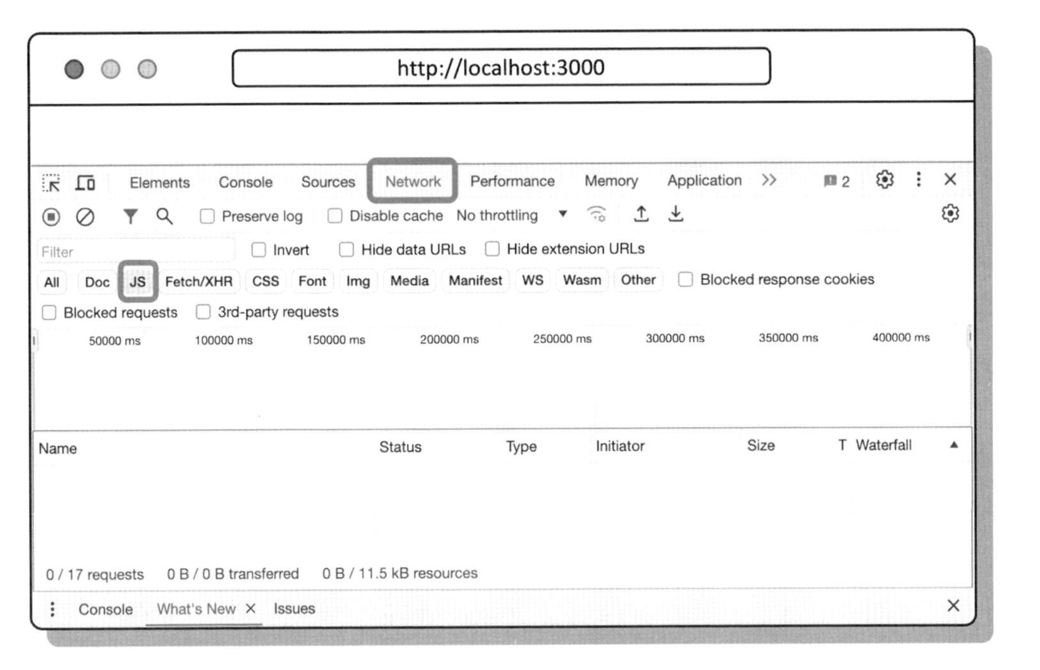

調整元件渲染時機（客戶端 / 伺服器端）

▶ 客戶端元件

在元件檔名加上 `.client` 後綴。

適用於依賴於 `window`、`document` 等瀏覽器 API 的元件，例如，元件會觸發 DOM 元素操作，這時使用 `.client` 後綴，可以避免在伺服器端渲染時發生錯誤。

範例：

```
components/
|— Banner.client.vue
```

限制 `Banner.vue` 元件只在客戶端渲染，而不會在伺服器端渲染。

```
<template>
  <div>
    <Banner />
  </div>
</template>
```

▲ pages/index.vue

執行 `npx nuxi analyze`，點擊 Client bundle stats，可以發現 `Banner.vue` 存在瀏覽器打包項目中。

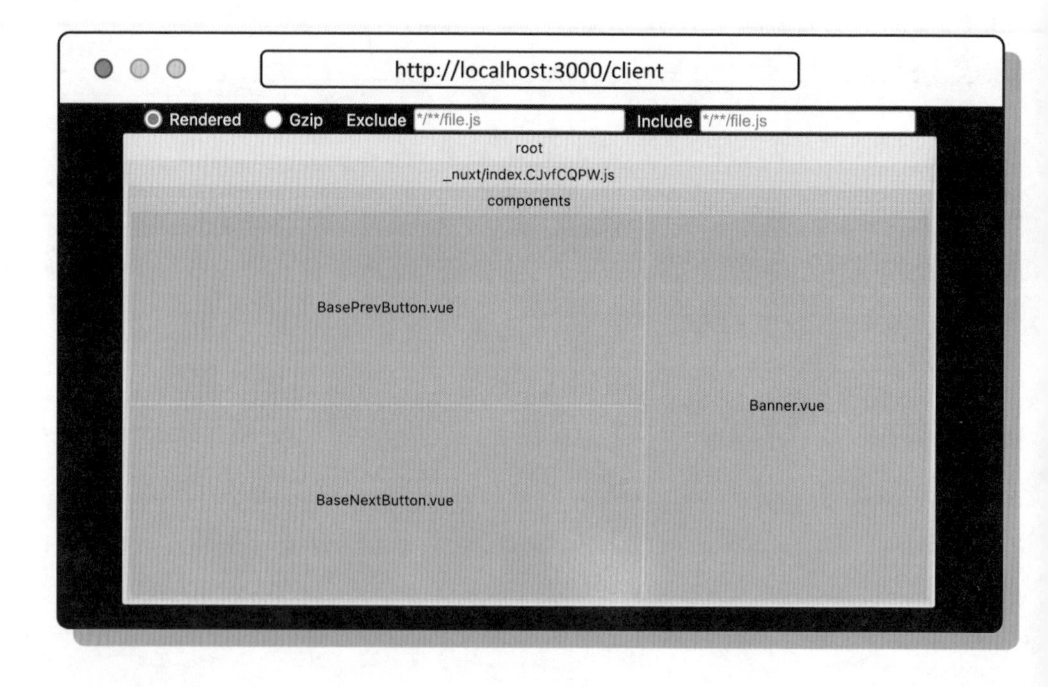

▶ 伺服器端元件

在元件檔名加上 `.server` 後綴。

只在伺服器端渲染元件，因伺服器端無法執行 JavaScript，適合不需使用者互動的元件。若搭配父層傳遞的 props 來操作元件，每次資料更新時，都會觸發網路請求（network request），重新取得 HTML 並渲染元件。

伺服器端元件目前還在實驗階段，需先在 `nuxt.config` 啟用功能：

```
export default defineNuxtConfig({
  experimental: {
    componentIslands: true
  }
});
```

▲ nuxt.config.ts

範例：

```
components/
|— Banner.server.vue
```

```
<template>
  <image src="/img/banner.jpg" />
</template>
```

▲ components/Banner.server.vue

`Banner.vue` 元件會在伺服器端渲染完畢，不會加入客戶端打包資源。

```
<template>
  <div>
    <Banner />
  </div>
</template>
```

▲ pages/index.vue

執行 `npx nuxi analyze`，點擊 Client bundle stats，`Banner.vue` 不在瀏覽器打包項目內，因此能有效縮小客戶端打包後的檔案大小。

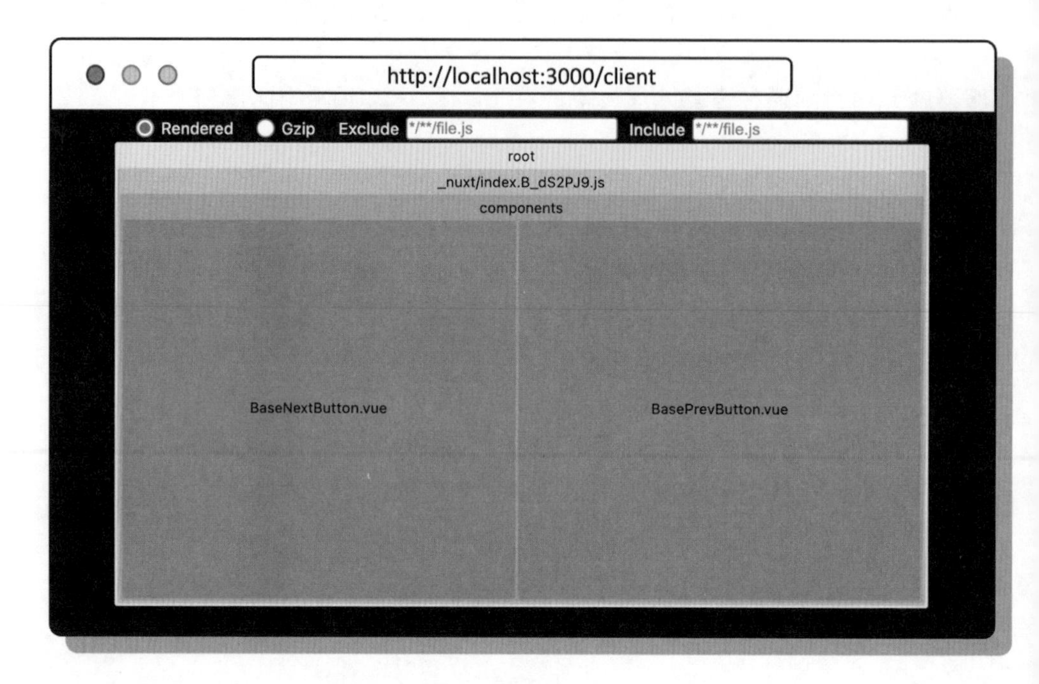

▶ 配對元件（伺服器端搭配客戶端）

同名的兩個元件，分別加上 `.client` 與 `.server` 後綴，可以將其視為是兩個各一半的元件，以因應更複雜的使用情境。例如，實作一個瀑布流元件：

- `.server` 用來渲染佔位符或預設的靜態內容，這些內容能夠被搜尋引擎爬蟲讀取，並確保在客戶端載入前，使用者可以看到基本的版面結構
- `.client` 用來渲染完整的動態效果，像是滾動載入更多內容或延遲載入圖片

範例：

```
components/
|— Masonry.server.vue
|— Masonry.client.vue
```

使用 `Masonry.vue` 元件時，執行順序為：

- 伺服器端先渲染 `Masonry.server`
- 接著在客戶端 `mounted` 生命週期渲染 `Masonry.client`

```
<template>
  <div>
    <Masonry />
  </div>
</template>
```

▲ pages/index.vue

▶ <ClientOnly> 元件

除了前面提到元件檔名加上 `.client` 後綴的客戶端元件，要限制元件在客戶端渲染，也可以使用內建元件 `<ClientOnly>`。

此外，如果我們使用的第三方套件依賴瀏覽器相關的 API，直接使用相關元件可能會導致錯誤，如 `window is not defined`。這是因為在伺服器端渲染時，這些瀏覽器相關的物件並不存在。這種情況下，可以使用 `<ClientOnly>` 來避免問題。

`<ClientOnly>` 提供以下 props 以及插槽（slots），用來自訂在伺服器端預渲染的內容：

props：

- `placeholderTag` 或 `fallbackTag`：指定在伺服器端渲染的 HTML 標籤
- `placeholder` 或 `fallback`：指定在伺服器端渲染的內容

slots：

- `#fallback` 具名插槽：指定伺服器端呈現的內容

範例：

```
components/
|— Banner.vue
```

`Banner.vue` 元件限制在客戶端渲染：

```
<template>
  <div>
    <ClientOnly>
      <Banner />
    </ClientOnly>
  </div>
</template>
```

▲ pages/index.vue

搭配 `fallbackTag` 與 `fallback` 指定伺服器端渲染的內容：

```
<template>
  <div>
    <ClientOnly fallback-tag="h6" fallback="Loading...">
      <Banner />
    </ClientOnly>
  </div>
</template>
```

▲ pages/index.vue

或是搭配 `#fallback` 插槽，執行結果同上。

```
<template>
  <div>
    <ClientOnly>
      <Banner />

      <template #fallback>
        <h6>Loading...</h6>
      </template>
    </ClientOnly>
  </div>
</template>
```

▲ pages/index.vue

4-3 Layouts 目錄：自訂頁面模板

`layouts/` 目錄用來定義佈局模板，佈局模板可以視為是包覆在頁面外的**包裹元件**，將常用的版面提取到模板內共用，像是 Header、Footer、Sidebar 等。`layouts/` 適合搭配有多個佈局的專案使用，若整個專案只有一種佈局，直接在 `app.vue` 定義即可。

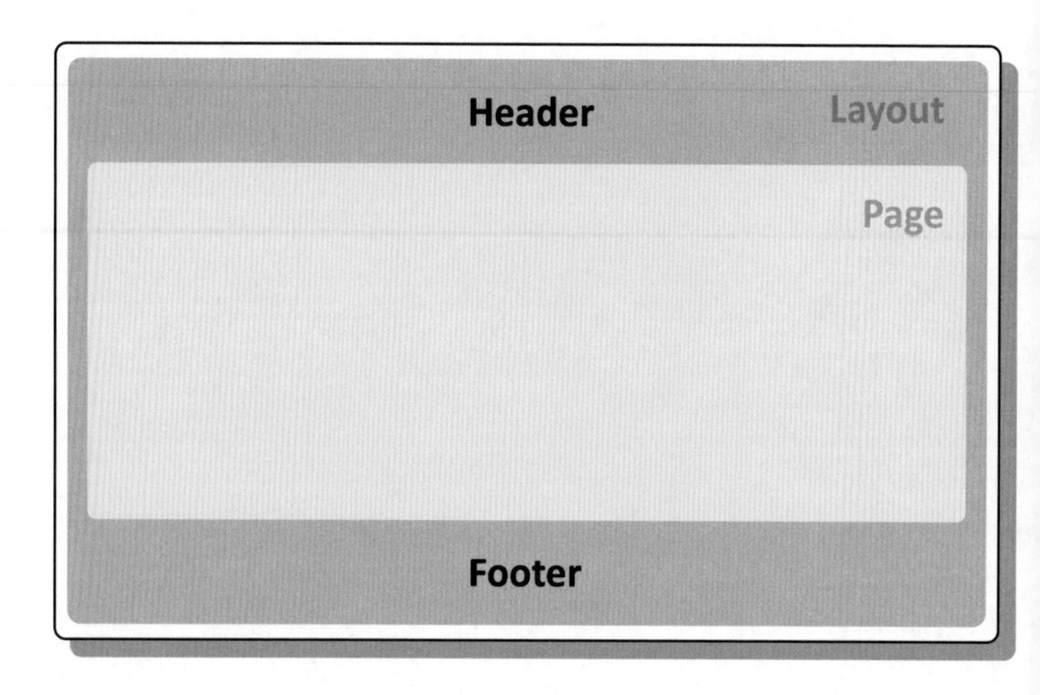

• • • • • • • •

建立預設模板

預設模板的名稱為 `default`。在 `layouts/` 目錄下建立 `default.vue`，並在模板中加上 `<slot>` 插槽，用來顯示頁面的內容。

```
layouts/
|— default.vue
```

```
<template>
  <div>
    <nav>Header</nav>
    <slot />
    <div>Footer</div>
  </div>
</template>
```

▲ layouts/default.vue

也可以將 Header、Footer 內容封裝成元件，以便在不同的頁面和模板中重複使用。接著在模板中引用元件：

```
<template>
  <div>
    <TheHeader />
    <slot />
    <TheFooter />
  </div>
</template>
```

▲ layouts/default.vue

● ● ● ● ● ● ● ●

啟用模板

在 `app.vue` 加上 `<NuxtLayout>` 元件，接著所有 `pages/` 目錄下的頁面都會套用模板。若沒有指定模板名稱，預設使用 `layouts/default.vue` 模板。

```
<template>
  <NuxtLayout>
    <NuxtPage />
  </NuxtLayout>
</template>
```

▲ app.vue

接著，為了方便檢視模板的效果，調整首頁的內容如下：

```
<template>
  <div>
    <h3>Home Page</h3>
  </div>
</template>
```

▲ pages/index.vue

執行 `npm run dev` 啟動開發伺服器，在瀏覽器開啟 http://localhost:3000，可以看到已成功套用模板：

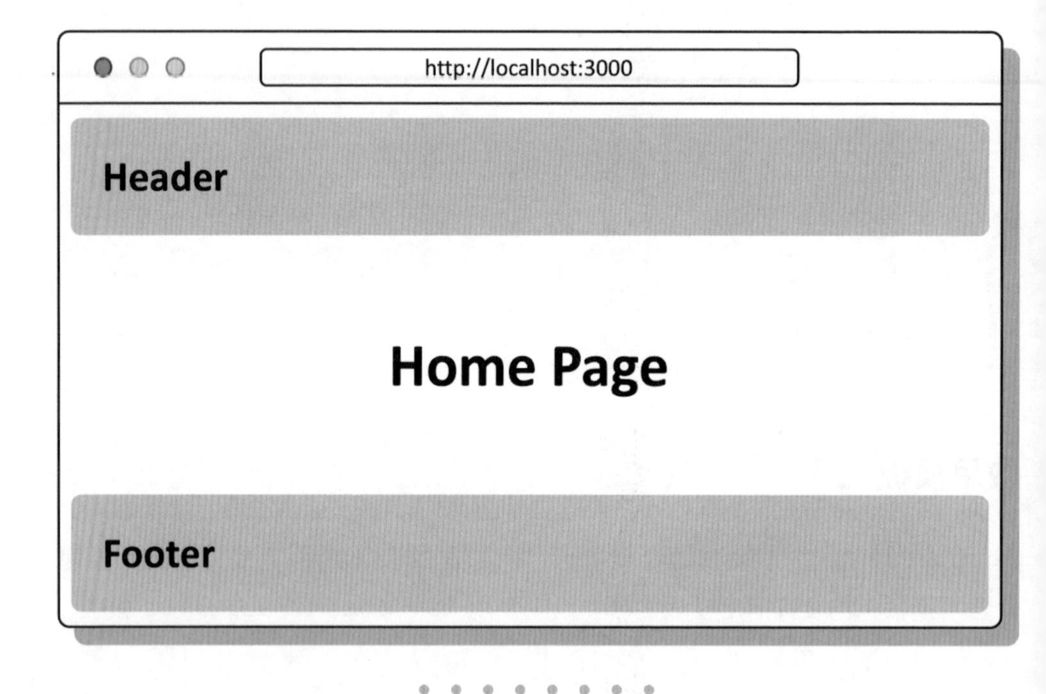

使用其他具名模板

除了預設模板 `default.vue`，也可以新增其他具名模板，以搭配不同的佈局需求。

範例：新增具名模板 `custom.vue`

```
layouts/
|── default.vue
|── custom.vue
```

```
<template>
  <div>
    <h2>Custom Layout</h2>
    <slot />
  </div>
</template>
```

▲ layouts/custom.vue

▶ 方法一：全域指定模板

`<NuxtLayout>` 使用 `name` 屬性來指定模板，所有 `pages/` 目錄下的頁面都會套用此具名模板。

```
<template>
  <NuxtLayout name="custom">
    <NuxtPage />
  </NuxtLayout>
</template>
```

▲ app.vue

▶ 方法二：單一頁面指定模板

在單一頁面使用 `definePageMeta` 輔助函式指定模板名稱。

```
<template>
  <div>
    <h3>About Page</h3>
  </div>
</template>

<script setup>
definePageMeta({
  layout: 'custom'
});
</script>
```

▲ pages/about.vue

▶ 方法三：頁面直接配置 <NuxtLayout>

使用 `definePageMeta` 設定 `layout: false` 關閉預設模板，接著直接使用 `<NuxtLayout>` 元件並指定模板名稱。

```
<template>
  <div>
    <NuxtLayout name="custom">
      <h3>About Page</h3>
    </NuxtLayout>
  </div>
</template>

<script setup>
definePageMeta({
  layout: false
});
</script>
```

▲ pages/about.vue

NOTE：

Nuxt 使用 Vue 的 `<Transition>` 元件來處理頁面和模板的轉場效果，因此在頁面上直接使用 `<NuxtLayout>` 元件時，建議不要放置於根元素，或是關閉轉場效果：

```
<script setup>
definePageMeta({
  pageTransition: false,
  layoutTransition: false
});
</script>
```

▲ pages/about.vue

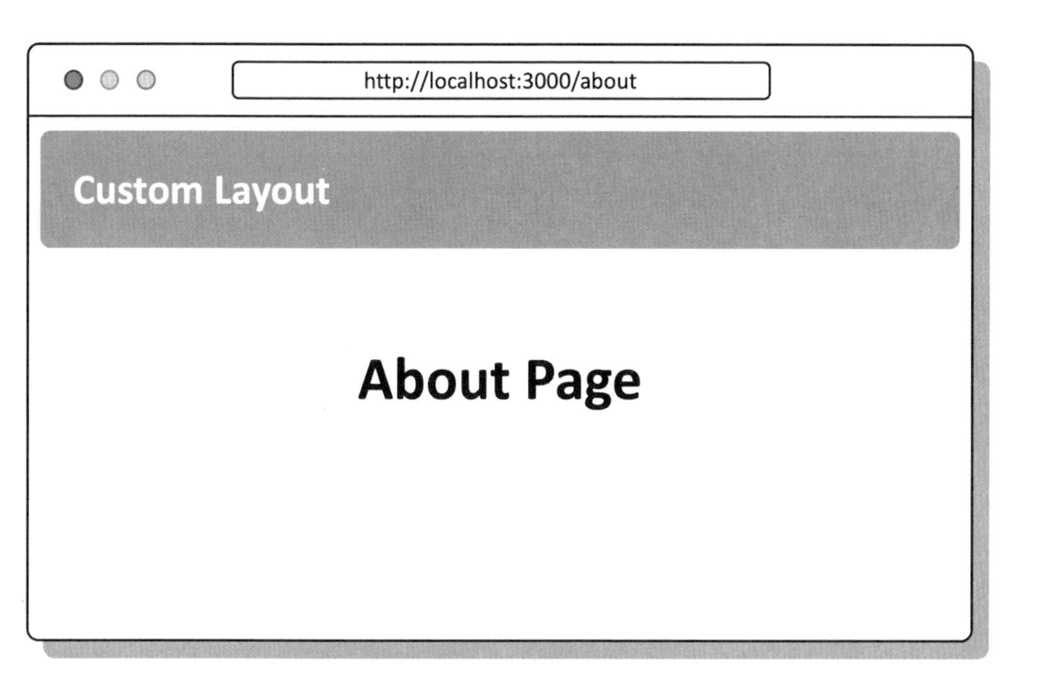

具名模板命名規則

模板名稱遵循 `kebab-case` 命名規則。巢狀目錄內的模板，名稱為路徑前綴加上檔案名稱組成，並移除重複的名稱片段。

範例：

- `layouts/customLayout.vue`：名稱為 `custom-layout`
- `layouts/custom/customMain.vue`：名稱為 `custom-main`
- `layouts/custom/index.vue`：名稱為 `custom`

```
layouts/
|— customLayout.vue
|— custom/
    |— customMain.vue
    |— index.vue
```

● ● ● ● ● ● ● ●

動態切換模板

搭配 `setPageLayout` 輔助函式來動態切換模板。以下範例動態切換 `default` 與 `custom` 模板。

```
<template>
  <div>
    <h3>Home Page</h3>

    <button @click="setPageLayout('default')">
      default layout
    </button>
    <button @click="setPageLayout('custom')">
      custom layout
    </button>
  </div>
</template>
```

▲ pages/index.vue

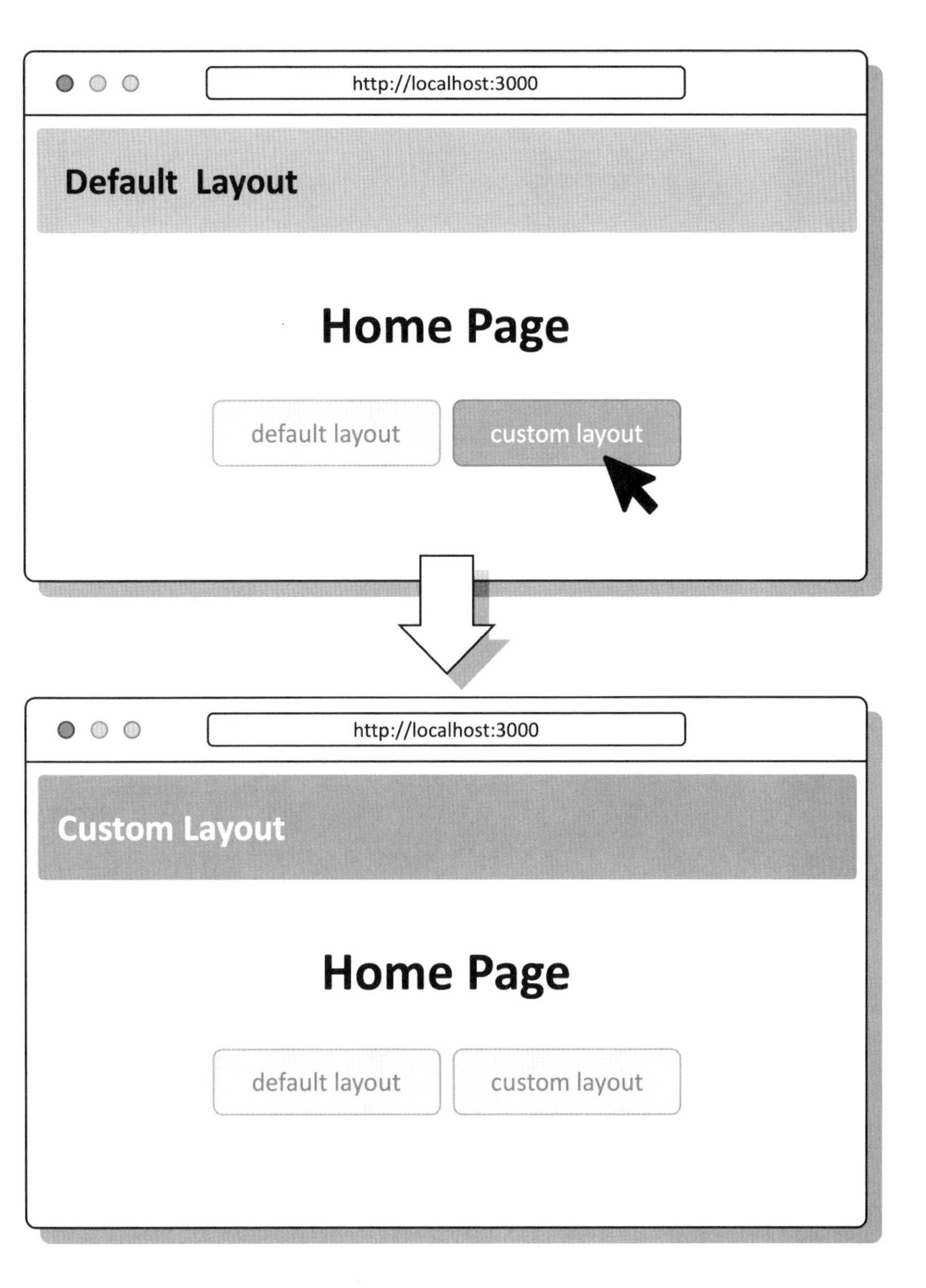
http://localhost:3000
Default Layout
Home Page
default layout
custom layout
http://localhost:3000
Custom Layout
Home Page
default layout
custom layout

搭配具名插槽

前面提到，在模板內加上匿名插槽 `<slot>` 來顯示頁面的內容。除了匿名插槽之外，也可以定義多個具名插槽，以因應更複雜的使用情境。

範例：

在模板內定義了兩個具名插槽 `content` 以及 `footer`。

```
<template>
  <div>
    <nav>Header</nav>
    <slot name="content" />
    <div>Sidebar</div>
    <slot name="footer" />
  </div>
</template>
```

▲ layouts/custom.vue

在頁面中使用具名插槽，分別傳入插槽的內容。

```
<template>
  <div>
    <NuxtLayout name="custom">
      <template #content>
        <h3>Content</h3>
      </template>

      <template #footer>
        <h3>Footer</h3>
      </template>
    </NuxtLayout>
  </div>
</template>
```

```
<script setup>
definePageMeta({
  layout: false
});
</script>
```

▲ pages/index.vue

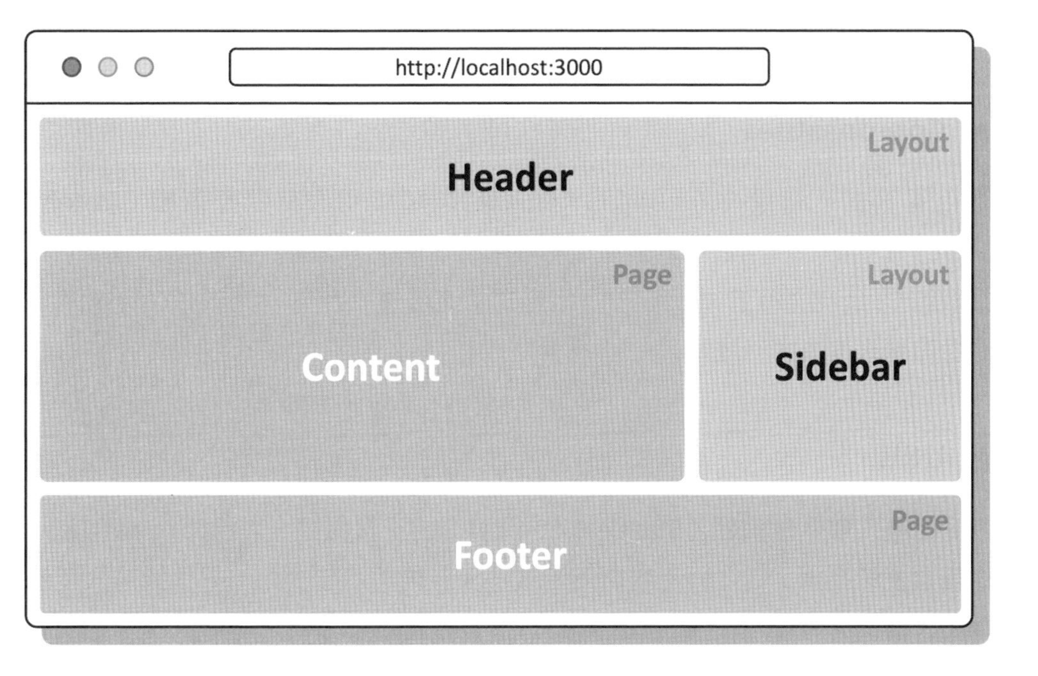

4-4 Composables 與 Utils 目錄：自訂共用方法

`composables/` 與 `utils/` 目錄用來將重複使用的邏輯或功能封裝成函式，在不同的元件或模組中共用。兩者的使用情境有些不同，接下來分別說明 `composables/` 與 `utils/` 目錄的特點與使用時機。

使用時機比較

▶ Composables

組合式函式，利用 Composition API 來封裝和複用「**有狀態邏輯**（Stateful Logic）」的函式。組合式函式可以將複用邏輯抽出，並組合在 `setup` 函式中。相較於 Options API 的 `mixins/`，組合式函式可讀性更高，且能避免命名衝突，適合處理高複雜度的邏輯。

▶ Utils

用來定義「**無狀態邏輯**（Stateless Logic）」的工具函式。與 `composables/` 做語意上的區隔，`utils/` 封裝的函式不涉及內部狀態變化，只根據輸入產生輸出，無論何時輸入相同的值，都可以得到相同結果。

● ● ● ● ● ● ● ●

狀態邏輯說明

▶ 無狀態邏輯函式

無狀態邏輯函式不會受其他狀態影響。例如：計算兩個數字相加的函式，輸入值後經過函式運算回傳結果，無論何時輸入相同的值，都可以得到相同輸出結果。大部分封裝共用方法屬於此類。

```
export default (a, b) => {
  return a + b;
};
```

▲ utils/calculateSum.js

▶ 有狀態邏輯函式

有狀態邏輯函式會依賴或控制內部狀態。例如：追蹤頁面捲動位置的函式，當頁面捲動時，函式會更新內部的狀態變數。每次觸發 `updateScroll` 函式時，`scrollY` 狀態會跟著調整，每次回傳的結果不一定相同。

```
export default () => {
  const scrollY = ref(0);

  const updateScroll = () => {
    scrollY.value = window.scrollY;
  };

  onMounted(() => {
    window.addEventListener('scroll', updateScroll);
  });

  onUnmounted(() => {
    window.removeEventListener('scroll', updateScroll);
  });

  return { scrollY };
};
```

▲ composables/useScrollTracker.js

Composables

在說明 `composables/` 使用方式前，先來了解一下 Composition API 的 Composables 與 Options API 的 Mixins 差異：

▶ Mixins

Options API 是依據「**生命週期與性質**」來拆分程式碼，這樣的結構雖然直觀，但是當專案邏輯越來越複雜時，使用多個 Mixins 可能會發生不易追踪參數和方法來源，或產生命名衝突，因此降低程式碼的可讀性。

▶ Composables

Composition API 是依據「**邏輯功能**」拆分程式碼，可讀性較高，也能有效避免命名衝突，適用於高複雜邏輯和多功能的應用開發。

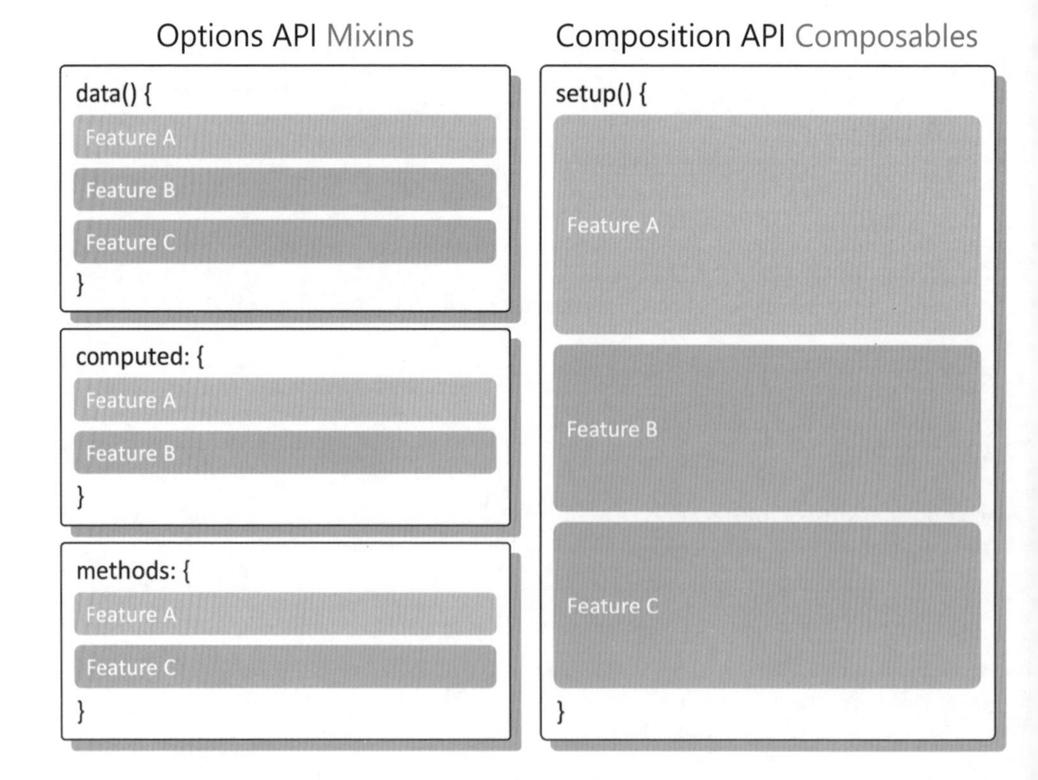

▶ 使用方式

範例：

```
composables/
|── useAddCounter.js
```

▶ 方法一：具名匯出

匯出函式時指定**函式名稱**，以下範例組合式函式名稱為 `useCounter`，而不是檔案名稱 `useAddCounter`。

```
export const useCounter = () => {
  const count = ref(0);

  const add = () => {
    count.value++;
  };

  return { count, add };
};
```

▲ composables/useAddCounter.js

▶ 方法二：預設匯出

匯出函式時使用**檔案名稱**作為函式名稱，以下範例檔案名稱為 `useAddCounter` 或 `use-add-counter`，組合式函式名稱同為 `useAddCounter`。

```
export default () => {
  const count = ref(0);

  const add = () => {
    count.value++;
  };
```

```
  return { count, add };
};
```

▲ composables/useAddCounter.js or composables/use-add-counter.js

在頁面中使用組合式函式：

```
<template>
  <div>
    count: {{ count }}
    <button type="button" @click="add()">Add</button>
  </div>
</template>

<script setup>
const { count, add } = useAddCounter();
</script>
```

▲ pages/index.vue

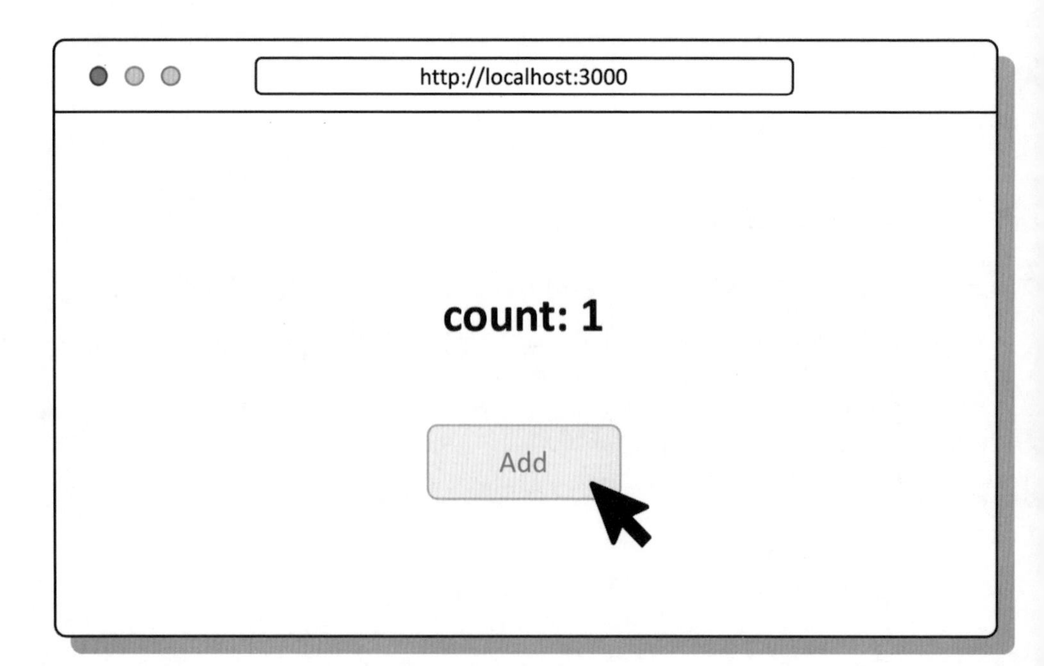

▶ 使用規範

- **命名規則**：建議使用 `use` 開頭搭配駝峰命名，以便於跟其他函式做區隔
- **副作用（Side Effects）**：在組合式函式執行與 DOM 元素相關的操作時，若搭配伺服器端渲染，要注意生命週期的問題，建議定義在客戶端 `onMounted` 生命週期。此外，如果搭配了事件監聽（Event Listener），需在 `onUnmounted` 清除副作用，如前面提到的頁面滾動監聽

```
export default () => {
  // ...

  onMounted(() => {
    window.addEventListener('scroll', updateScroll);
  });
  onUnmounted(() => {
    window.removeEventListener('scroll', updateScroll);
  });

  // ...
};
```

- **使用限制**：
  - 在插件與路由 Middleware 內使用
  - 在 `setup` 或是 `<script setup>` 直接調用
  - 在其他組合式函式內使用
  - 在生命週期 Hooks 內使用
- **響應式資料**：建議使用 `ref` 來定義參數，因為 `reactive` 在解構後會失去響應性，回傳的資料將無法保持響應

▶ 延伸應用

- **調用其它組合式函式**：

```
export default () => {
  const { count, add } = useAddCounter();
  const doubleCount = computed(() => count.value * 2);
  return { doubleCount, add };
};
```

▲ composables/useAddTwoCounter.js

- **使用插件注入**：關於 Provide 插件注入的詳細說明請參考 4-5 單元。

```
export default () => {
  const { $hello } = useNuxtApp();
  // ...
};
```

▲ composables/useTest.js

▶ 自訂檔案掃描規則

預設情況下，Nuxt 只會自動掃描 `composables/` 目錄內的第一層檔案。

範例：

以下檔案結構，只有 `useAddCounter.js` 會自動匯入。

```
composables/
|— useAddCounter.js
|— nested/
    |— useScrollTracker.js
```

可以透過以下方式調整掃描的規則：

方法一：新增 `composables/index.js`，在這個檔案重新匯出需要自動匯入的組合式函式。

```
// 重新匯出具名匯出
export { useScrollTracker } from './nested/useScrollTracker.
js';
// 重新匯出預設匯出
export { default as useScrollTracker } from './nested/
useScrollTracker.js';
```

▲ composables/index.js

方法二：在 nuxt.config 的 imports.dirs 設定自動匯入的路徑。以下配置會匯出 composables/ 目錄下所有檔案。

```
export default defineNuxtConfig({
  imports: {
    dirs: [
      'composables/**'
    ]
  }
});
```

▲ nuxt.config.ts

● ● ● ● ● ● ● ●

Utils

用於封裝無狀態邏輯，utils/ 目錄的自動匯入規則同 composables/，可以根據專案需求進行配置。需要注意的是，utils/ 內的函式不能在 server/ 目錄中直接使用，如果需要在 server/ 目錄內使用共用函式，則需將函式定義在 server/utils/ 目錄中。

範例：數字千分位格式化函式

```
utils/
|── toThousands.js
```

▶ 方法一：具名匯出

匯出函式時指定**函式名稱**，以下範例函式名稱為 `thousandsSeparator`，而不是檔案名稱 `toThousands`。

```
export const thousandsSeparator = (num) => {
  if (!num) {
    return num;
  }
  const parts = num.toString().split('.');
  parts[0] = parts[0].replace(/\B(?=(\d{3})+(?!\d))/g, ',');
  return parts.join('.');
};
```

▲ tils/toThousands.js

▶ 方法二：預設匯出

匯出函式時會使用**檔案名稱**作為函式名稱，以下範例檔案名稱為 `toThousands` 或 `to-thousands`，函式名稱同為 `toThousands`。

```
export default (num) => {
  if (!num) {
    return num;
  }
  const parts = num.toString().split('.');
  parts[0] = parts[0].replace(/\B(?=(\d{3})+(?!\d))/g, ',');
  return parts.join('.');
};
```

▲ utils/toThousands.js or utils/to-thousands.js

接下來，我們可以在 `.js`、`.ts`、`.vue` 檔案中使用函式。以下說明在頁面中使用工具函式：

```
<template>
  <div>
    $ {{ toThousands(19999) }}
  </div>
</template>
```

▲ pages/count.vue

4-5 Plugins 目錄：擴充功能與自訂指令

`plugins/` 目錄用來擴充應用程式的功能，除了可以載入套件外，也可以用來註冊自訂指令。Nuxt 會自動掃描 `plugins/` 目錄中的檔案，並在應用程式初始化時載入。

前端開發常會搭配第三方套件，例如：表單驗證、圖片輪播、提示訊息等，這些套件通常已經過開發者設計並測試，可以直接安裝使用，以節省開發時間。如果這些套件沒有經由 Nuxt 團隊或社群整合為模組（Module），則需要在 `plugins/` 目錄中手動載入套件並配置功能，或是在 `modules/` 進行整合與封裝，才能在專案內應用。

在安裝套件之前，可以先透過「Nuxt Modules」* 關鍵字搜尋是否有 Nuxt 模組可以使用（詳細說明請參考 4-6 單元），Nuxt 模組的安裝與使用方式相對簡單。如果沒有相關模組，可以參考本篇說明，在 `plugins/` 擴充套件功能。

建立 Plugins

範例：

```
plugins/
|— testPlugin.js
```

▶ 方法一：使用函式定義插件

插件包含一個參數 `nuxtApp`，`nuxtApp` 表示 Nuxt 應用的實體，裡面包含 `vueApp` Vue 的實體。

我們可以透過插件擴充 `nuxtApp` 的功能，以下是常用的方法：

* Nuxt Modules https://nuxt.com/modules

- **`nuxtApp.provide()`**：注入變數或是輔助函式
- **`nuxtApp.vueApp.use()`**：在 Vue 實體註冊插件，等同於 Vue.js 的 `app.use()`
- **`nuxtApp.vueApp.component()`**：在 Vue 實體全域註冊元件，等同於 Vue.js 的 `app.component()`
- **`nuxtApp.vueApp.directive()`**：在 Vue 實體註冊自訂指令，等同於 Vue.js 的 `app.directive()`

```
export default defineNuxtPlugin((nuxtApp) => {
  // 對 nuxtApp 進行操作
});
```

▲ plugins/testPlugin.js

▶ 方法二：使用物件語法定義插件

```
export default defineNuxtPlugin({
  name: 'test-plugin',
  async setup(nuxtApp) {
    // 對 nuxtApp 進行操作
  },
  // ...
});
```

▲ plugins/testPlugin.js

● ● ● ● ● ● ● ●

Provide 全域注入輔助函式（helper）

透過 `provide(name, value)`，將全域變數或函式注入到 `nuxtApp`。以下是兩種常見的定義方式：

```
export default defineNuxtPlugin((nuxtApp) => {
  // 方法一：直接注入函式
  nuxtApp.provide('greet', msg => `Hello ${msg} !`);

  // 方法二：回傳 provide 物件
  return {
    provide: {
      greet: msg => `Hello ${msg} !`
    }
  };
});
```

▲ plugins/testPlugin.js

> **NOTE**：
>
> Nuxt3 的 `provide()` 注入方法類似 Nuxt2 的 `inject()`：
>
> ```
> // Nuxt2 inject
> export default ({ app }, inject) => {
>   inject('greet', msg => `Hello ${msg} !`);
> }
> ```
>
> ▲ plugins/testPlugin.js

接著就可以在頁面透過 `useNuxtApp` 取得 Nuxt 實體，並使用 `$greet` 方法。

```
<template>
  <div>
    {{ $greet('World') }}
  </div>
</template>

<script setup>
const { $greet } = useNuxtApp();
</script>
```

▲ pages/index.vue

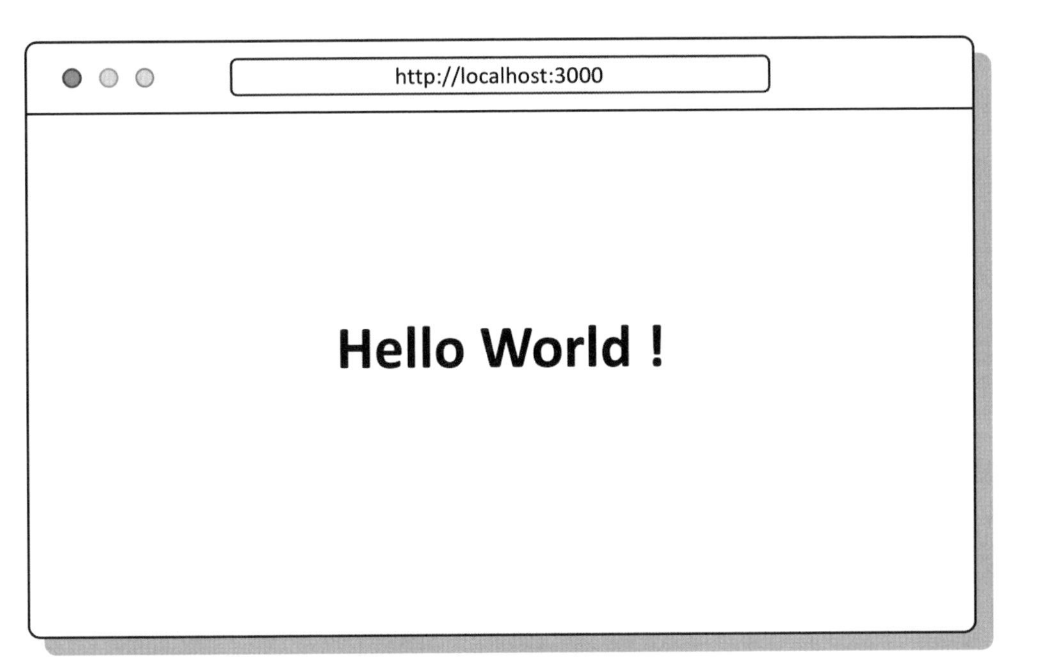

> **NOTE**：
> 使用 Provide 注入輔助函式時，要特別小心，避免污染全局命名空間。此外，因為函式掛載在 Nuxt 實體上，可能會增加打包後的檔案大小。

註冊 Vue 插件 / 元件

接下來藉由第三方套件安裝與使用，來說明如何在 Vue 實體註冊全域插件或是元件。

範例：@kyvg/vue3-notification * 提示訊息彈跳視窗套件

> **NOTE**：
> 此套件有 Nuxt 整合模組 nuxt3-notifications，在 **4-6** 單元會進一步說明。本範例以 vue3-notification 套件說明如何使用插件進行配置。

* @kyvg/vue3-notification 套件 https://github.com/kyvg/vue3-notification

▶ Step1：安裝套件

```
npm i -D @kyvg/vue3-notification
```

▶ Step2：建立 Plugin

在 Nuxt 註冊插件，首先建立檔案：

```
plugins/
|— notification.js
```

在插件中匯入套件，並使用 `nuxtApp.vueApp.use()` 方法註冊插件：

```
import Notifications from '@kyvg/vue3-notification';

export default defineNuxtPlugin((nuxtApp) => {
  nuxtApp.vueApp.use(Notifications);
});
```

▲ plugins/notification.js

比較：Vue 專案註冊插件方式

```
import { createApp } from 'vue';
import Notifications from '@kyvg/vue3-notification';

const app = createApp({ ... });
app.use(Notifications);
```

▲ main.js

▶ Step3：使用 notify 提示訊息

在 `app.vue` 加上 `<Notifications>` 元件：

```
<template>
  <div>
    <Notifications />
    <NuxtPage />
  </div>
</template>
```

▲ app.vue

在頁面使用時，需先匯入套件的 `useNotification` 組合式函式，並調用函式內的 `notify` 方法來觸發提示訊息。

```
<script setup>
import { useNotification } from '@kyvg/vue3-notification';
const { notify } = useNotification();

onMounted(() => {
  notify({
    type: 'success',
    title: 'Notification Title',
    text: 'Notification Text'
  });
});
</script>
```

▲ pages/index.vue

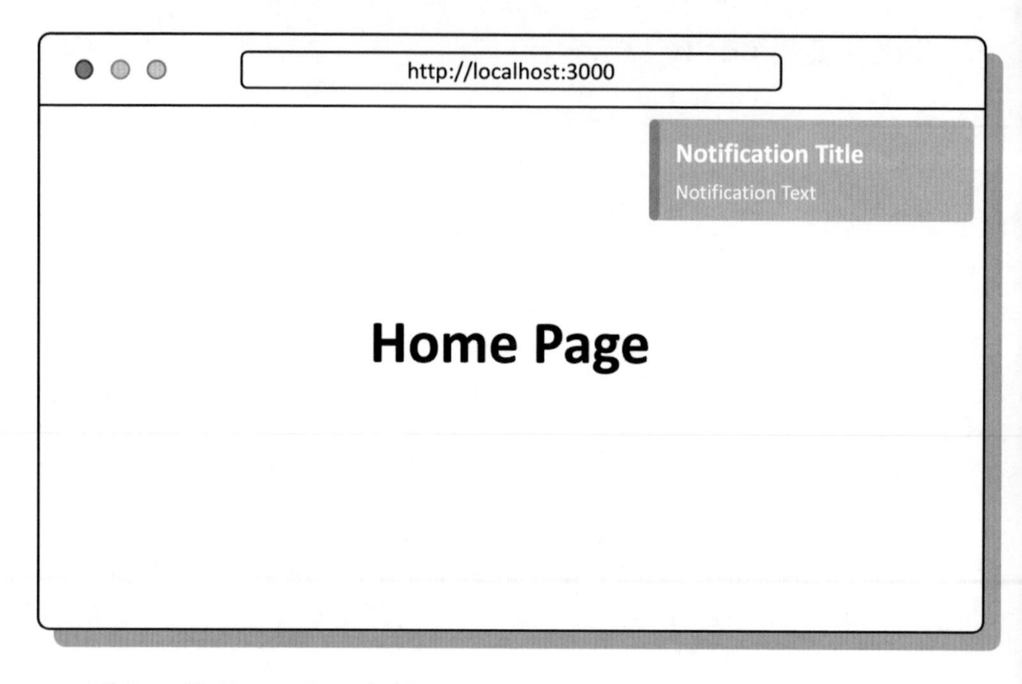

▶ 補充：共用 notify 方法

如果專案中的多個頁面都需要使用提示訊息，可以考慮將 `notify` 方法提取出來，這樣就不需在每個頁面都單獨匯入 `useNotification`。以下提供兩種方式：

方法一：使用 `nuxtApp.provide()` 注入 `notify` 方法

```
import Notifications, { useNotification } from '@kyvg/vue3-
notification';
const { notify } = useNotification();

export default defineNuxtPlugin((nuxtApp) => {
  nuxtApp.vueApp.use(Notifications);

  return {
    provide: {
      notify
    }
  };
});
```

▲ plugins/notification.js

接著在頁面透過 useNuxtApp 取得 Nuxt 實體，即可調用 $notify 方法。

```
<script setup>
const { $notify } = useNuxtApp();

onMounted(() => {
  $notify({
    type: 'success',
    title: 'Notification Title',
    text: 'Notification Text'
  });
});
</script>
```

▲ pages/index.vue

方法二：在 composables/ 匯出 useNotification 函式

plugins/notification.js 維持「Step2」的配置，並新增 composables/index.js，在這個檔案匯出 useNotification 組合式函式。

```
export { useNotification } from '@kyvg/vue3-notification';
```

▲ composables/index.js

接著在頁面可以直接調用 useNotification 的 notify 方法。

```
<script setup>
const { notify } = useNotification();

onMounted(() => {
  notify({
    type: 'success',
    title: 'Notification Title',
    text: 'Notification Text'
```

```
  });
});
</script>
```

▲ pages/index.vue

● ● ● ● ● ● ● ●

Vue Directives 自訂指令

除了 Vue 內建的指令（如 `v-model`、`v-for`、`v-show` 等），我們也可以使用 Vue 的 `directive(name, { ... })` 方法自訂指令，將 DOM 元素和元件進行動態綁定與操作。

範例：在插件中自訂全域使用的 `focus` 指令

```
plugins/
|— focus.js
```

```
export default defineNuxtPlugin((nuxtApp) => {
  nuxtApp.vueApp.directive('focus', {
    mounted(el) {
      el.focus();
    }
  });
});
```

▲ plugins/focus.js

接著可以在模板中使用 `v-focus` 自訂指令：

```
<template>
  <form>
```

```
    <label>email</label>
    <input type="email" v-focus />
    <label>password</label>
    <input type="password" />
  </form>
</template>
```

▲ pages/index.vue

頁面載入時，`v-focus` 會自動將焦點設置在 `email` 輸入框。畫面效果如下：

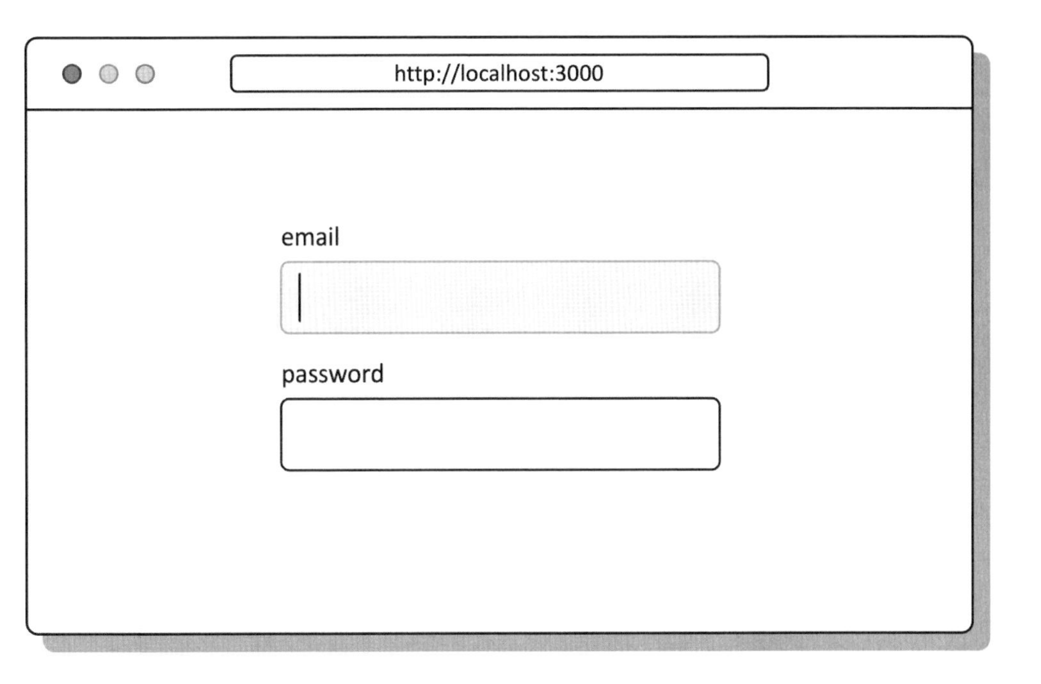

調整載入順序

插件是在應用程式初始化時依序載入，當一個插件依賴於另一個插件時，可以透過調整插件名稱來調整載入順序，確保被依賴的插件優先載入。

範例：

以下結構中，`01.asyncPlugin.js` 會優先載入，因此 `02.testPlugin.js` 可以使用 `01.asyncPlugin.js` 注入的內容。

```
plugins/
|— 01.asyncPlugin.js
|— 02.testPlugin.js
```

> **NOTE：**
>
> 檔案名稱的排序是按照字母順序（alphabetical）而不是數字，因此 `10.asyncPlugin.js` 的排序會在 `2.testPlugin.js` 之前。為了確保按照預期的順序載入，需加上「0」前綴來調整排序。

▶ 同時載入插件

`plugins/` 目錄中的插件預設會按順序依序載入。如果希望同時載入，可以在插件內加上 `parallel: true`，下一個插件會與當前插件同步載入。

```
export default defineNuxtPlugin({
  name: 'async-plugin',
  parallel: true,
  async setup(nuxtApp) {
    // ...
  }
});
```

▲ plugins/01.asyncPlugin.js

調整載入時機（客戶端 / 伺服器端）

如果要根據執行環境調整插件的載入時機，可以在插件檔名加上 `.client` 或 `.server` 後綴，分別指定只在客戶端或伺服器端載入。

```
plugins/
|— asyncPlugin.client.js
|— testPlugin.server.js
```

> **NOTE**：
>
> 如果第三方套件依賴於 `window`、`document` 等瀏覽器相關的 API，直接載入插件可能會拋出錯誤，例如 `window is not defined`。這是因為在伺服器端渲染時，這些瀏覽器相關的物件不存在。這時候可以在插件檔名加上 `.client` 後綴，限制在客戶端載入。

搭配組合式函式 / 工具函式

插件可以使用 `composables/` 組合式函式以及 `utils/` 工具函式。

```
export default defineNuxtPlugin((nuxtApp) => {
  const { count } = useAddCounter();
  // ...
});
```

▲ plugins/testPlugin.js

> **NOTE**：組合式函式的使用限制
>
> - 若組合式函式依賴於稍後載入的另一個插件，可能無法正常運作，需調整插件的載入順序
> - 若組合式函式依賴於 Vue 的生命週期，可能無法正常運作，因為組合式函式綁定的是使用他的 Vue 元件實體，而插件綁定的是 Nuxt 實體

註冊插件

預設情況下，Nuxt 只會自動載入 `plugins/` 目錄中的第一層檔案。子目錄中的插件，需要在 `nuxt.config` 中手動註冊。

範例：

以下目錄結構，只有 `testPlugin.js` 會被自動載入。

```
plugins/
|— testPlugin.js
|— nested/
    |— asyncPlugin.js
```

在 `nuxt.config` 中註冊插件，接著就可以使用 `asyncPlugin.js` 的功能：

```
export default defineNuxtConfig({
  plugins: [
    '~/plugins/nested/asyncPlugin'
  ]
});
```

▲ nuxt.config.ts

4-6 Module 模組相關應用

4-5 單元說明如何透過插件（Plugin）來擴充第三方套件功能，如果該套件已經有 Nuxt 團隊或社群開發的整合模組（Module），在安裝與配置上會相對簡單，不需手動設定插件。

為了避免增加開發者的學習負擔，Nuxt 框架並未內建所有可能需要的功能。這樣的設計保持核心功能簡潔，同時透過模組系統，簡化了應用程式的擴充過程，提升功能整合的效率。

模組與插件比較

Nuxt 的模組系統主要用來擴展核心功能，將繁瑣的配置封裝起來。模組的載入時機較早，在執行 `npm run dev` 啟動開發伺服器或 `npm run build` 專案建置時，即依序載入。而插件則是在應用程式初始化時才載入。因此模組適合用來自訂功能或修改核心功能，例如：覆寫樣板、增加 CSS 樣式庫、多國語系支援等。此外，模組也可以封裝成 npm 套件，方便跨專案重複使用，且不需像插件一樣手動配置。

● ● ● ● ● ● ● ●

模組的安裝應用

以 4-5 單元提到的 @kyvg/vue3-notification 提示訊息彈跳視窗套件為例，該套件也有 Nuxt 整合模組 nuxt3-notifications *，讀者可以比較兩者的安裝與註冊方式。

* nuxt3-notifications https://github.com/windx-foobar/nuxt3-notifications

▶ Step1：模組安裝

```
npm i -D nuxt3-notifications
```

▶ Step2：nuxt.config 配置模組

直接在 `nuxt.config` 中註冊模組即可使用，不需另外建立插件配置。

```
export default defineNuxtConfig({
  modules: [
    'nuxt3-notifications'
  ]
});
```

▲ nuxt.config.ts

預設元件名稱為 `NuxtNotifications`，也可以調整元件名稱，如下調整為 `Notifications`。

```
export default defineNuxtConfig({
  modules: [
    'nuxt3-notifications'
  ],
  nuxtNotifications: {
    componentName: 'Notifications'
  }
});
```

▲ nuxt.config.ts

▶ Step3：使用 notify 提示訊息

在 `app.vue` 加上 `<Notifications>` 元件：

```
<template>
  <div>
    <Notifications />
    <NuxtPage />
  </div>
</template>
```

▲ app.vue

在頁面調用 `useNotification` 組合式函式，並使用 `notify` 方法觸發提示訊息。

```
<script setup>
const { notify } = useNotification();

onMounted(() => {
  notify({
    type: 'success',
    title: 'Notification Title',
    text: 'Notification Text'
  });
});
</script>
```

▲ pages/index.vue

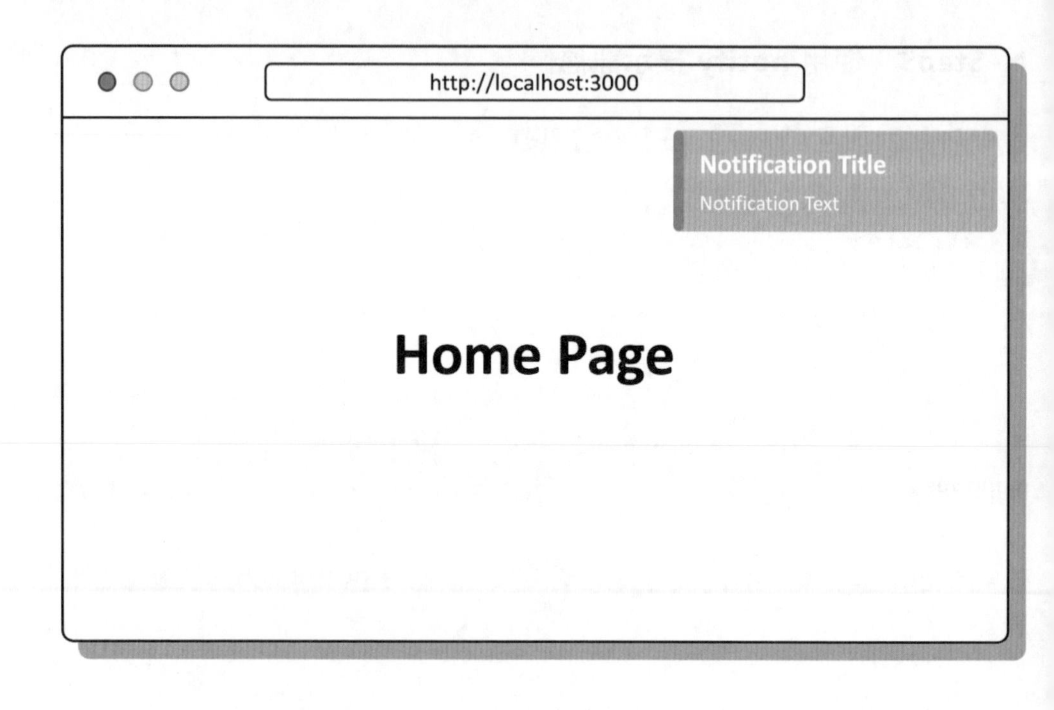

自訂本地模組

我們也可以在 `modules/` 自行開發模組，模組的開發屬於較進階的功能，接下來藉由實作一個簡單的模組，來說明如何開發應用。

▶ 自動註冊

匹配以下路徑結構的檔案，Nuxt 會自動註冊，不需要在 `nuxt.config` 中配置。

- `modules/*/index.{js,ts}`
- `modules/*.{js,ts}`

▶ 基礎模組實作

實作一個主題色彩的模組，並擴充 `runtimeConfig` 的內容。

Step1：建立模組

```
modules/
|── theme-color
    |── index.js
```

`@nuxt/kit` 提供一系列工具，幫助開發者建立模組，並在模組內搭配其他模組使用。以下使用 `defineNuxtModule` 函式來定義一個模組，並動態擴充 `runtimeConfig` 的內容，將主題色彩配置儲存在 `public` 中，讓伺服器端和客戶端都能使用。

```
import { defineNuxtModule } from '@nuxt/kit';
import { defu } from 'defu';

export default defineNuxtModule({
  meta: {
    // 模組的 npm 套件名稱
    name: 'nuxt-theme-color',
    // nuxt.config 檔內配置模組的 key
    configKey: 'themeColor',
    // 定義 Nuxt 版本相容性
    compatibility: {
      nuxt: '^3.0.0'
    }
  },
  // 模組預設配置
  defaults: {
    primary: '#5B9BD5',
    secondary: '#E7A1A1',
    success: '#70AD47',
    danger: '#D71E1E'
  },
```

```
  // 註冊 Nuxt hooks
  hooks: {
    'modules:done': () => {
      console.log('Module is ready');
    },
    'ready': () => {
      console.log('Nuxt is ready');
    }
  },
  // 包含模組邏輯的函式，支援非同步
  setup(options, nuxt) {
    // 使用 defu 將模組配置擴充到 runtimeConfig.public
    nuxt.options.runtimeConfig.public.themeColor = defu(
      nuxt.options.runtimeConfig.public.themeColor,
      options
    );
  }
});
```

▲ modules/theme-color/index.js

Step2：nuxt.config 調整色彩配置

透過 `nuxt.config` 中的 `themeColor`（上一步自訂的 `configKey`）來覆寫模組預設的色彩。

```
export default defineNuxtConfig({
  themeColor: {
    primary: '#D7A462',
    secondary: '#E7A1A1'
  },
  runtimeConfig: {
    public: {
      themeColor: {} // 模組會動態擴充此內容
    }
  }
});
```

▲ nuxt.config.ts

Step3：透過 runtimeConfig 取得色彩

模組定義完成後，可以在頁面中調用 `useRuntimeConfig` 組合式函式，取得 `runtimeConfig` 中的主題色彩配置。

```
<script setup>
const themeColor = useRuntimeConfig().public.themeColor;
console.log(themeColor.primary); // 輸出 '#D7A462'
</script>
```

▲ pages/index.vue

以上只完成了模組的一部分，要能夠完整應用色彩樣式，還需要將這些變數注入到應用程式的 `<head>`。下一步將在模組中加入插件，讓功能更完整。

▶ 全域注入 CSS 變數

接續前一步，這部分會搭配插件實作，插件的應用說明請參考 4-5 單元。

Step4：建立插件

首先在模組目錄內新增一個插件檔：

```
modules/
|── theme-color
  |── index.js
  |── runtime
     |── plugin.js
```

在插件中使用 `useHead` 組合式函式，在 `<head>` 加入 `<style>` 標籤，並動態加入 CSS 變數。

```
export default defineNuxtPlugin((nuxtApp) => {
  const themeColor = useRuntimeConfig().public.themeColor;
```

```
  useHead({
    style: [
      {
        children: `
          :root {
            ${Object.entries(themeColor)
              .map(([key, value]) =>
                `--${key}-color: ${value};`
              )
              .join('\n')}
          }
        `,
        type: 'text/css'
      }
    ]
  });
});
```

▲ modules/theme-color/runtime/plugin.js

Step5：在模組中註冊插件

接著在模組內使用 `addPlugin` 函式加入插件，並使用 `createResolver` 方法建立解析器來解析路徑：

```
import { defineNuxtModule, createResolver, addPlugin } from
'@nuxt/kit';
import { defu } from 'defu';

export default defineNuxtModule({
  // ...
  setup(options, nuxt) {
    nuxt.options.runtimeConfig.public.themeColor = defu(
      nuxt.options.runtimeConfig.public.themeColor,
      options
    );

    // 加入插件來注入 CSS 變數
```

```
    const { resolve } = createResolver(import.meta.url);
    addPlugin(resolve('./runtime/plugin'));
  }
});
```

▲ modules/theme-color/index.js

開啟瀏覽器，在開發者工具中可以看到 <head> 已加入 CSS 變數：

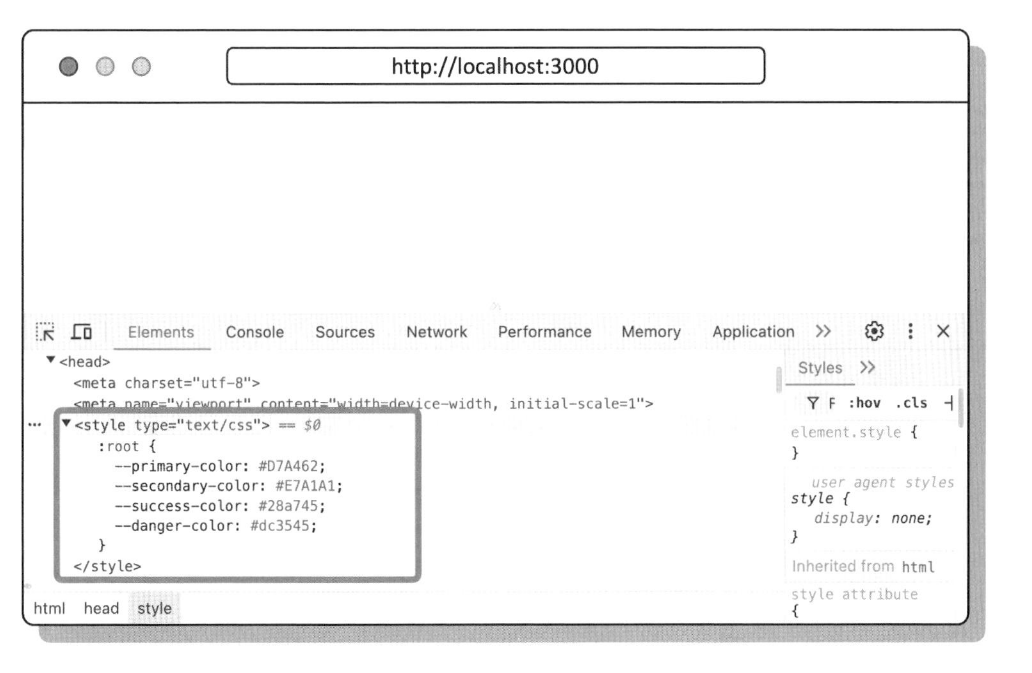

Step6：完整應用色彩樣式

成功在 <head> 中加入變數後，現在我們就可以在任何元件的樣式中使用這些變數，應用於整個專案中。

```
<template>
  <div>
    <h1>Home Page</h1>
    <h2>Hello World!</h2>
  </div>
</template>
```

```
<style scoped>
h1 {
  color: var(--primary-color);
}
h2 {
  color: var(--secondary-color);
}
</style>
```

▲ pages/index.vue

自行設計模組可以根據專案需求高度自訂和擴充，但也需要更深入的開發與測試，尤其是在處理框架邏輯、生命周期管理及多模組協作。此外，模組的維護和更新還需要考慮與框架版本的相容性。因此，若有合適的官方或社群模組，優先使用能減少開發負擔；而自行開發模組則更適合需要高度客製化的需求。

• • • • • • • •

Nuxt Modules

Nuxt 官方與社群提供許多實用的模組，開發者可以透過搜尋「Nuxt Modules」* 關鍵字來找到適合的模組進行安裝。這些模組已經將套件邏輯封裝好，與 Nuxt 應用整合，能夠節省封裝與配置的成本，讓我們能更專注於實際開發工作上。

* Nuxt Modules https://nuxt.com/modules

4-7 Middleware 目錄：監聽路由變化

`middleware/` 目錄用來定義路由 Middleware，為 Nuxt 的「**路由守衛（Navigation Guards）**」。Middleware 功能類似於 vue-router 的 `beforeEach` 回呼函式（Callback），並能在客戶端與伺服器端執行邏輯，在進到特定的路由之前執行操作或進行檢核，例如：權限驗證、資料處理以及路由重新導向等。

▶ 常用函式

以下是常搭配 Middleware 使用的輔助函式，可以直接在 Middleware 回傳：

- **`navigateTo`**：重新導向其他頁面，例如：`navigateTo('/', { redirectCode: 301 })` 調整為 301 轉址（預設為 302 轉址）
- **`abortNavigation`**：中斷導航，若傳入參數則會拋出錯誤資訊，例如：`abortNavigation('沒有頁面權限')`

● ● ● ● ● ● ● ●

▶ Middleware 定義方式

- 具名 Middleware：在 `middleware/` 目錄下定義，並透過 `definePageMeta` 在需要的頁面中配置使用
- 全域 Middleware：同具名 Middleware 的定義方式，但是檔名需加上 `.global` 後綴，會自動在所有頁面中載入
- 匿名 Middleware：直接在頁面內使用 `definePageMeta` 函式定義

具名 Middleware

範例：在 `middleware/` 目錄中建立檔案

```
middleware/
|── check-auth.js
```

```
export default defineNuxtRouteMiddleware((to, from) => {
  // 執行一些邏輯
});
```

▲ middleware/check-auth.js

接下來試著在 Middleware 加上一些功能：

- 判斷未登入：`return navigateTo('/login')` 導向登入頁
- 判斷無頁面權限：`return abortNavigation(error)` 拋出錯誤資訊

```
export default defineNuxtRouteMiddleware((to, from) => {
  const isLoggedIn = true; // 模擬登入狀態
  const hasPermission = false; // 模擬權限狀態

  if (!isLoggedIn) {
    // 未登入則跳轉至登入頁面
    return navigateTo('/login');
  }

  if (!hasPermission) {
    // 權限不足則中斷導航並拋出錯誤
    return abortNavigation({
      statusCode: 403,
      message: '無頁面權限'
    });
  }
});
```

▲ middleware/check-auth.js

與 vue-router 的 `beforeEach` 不同，Nuxt 的 Route Middleware 沒有 `next` 參數，必須藉由回傳值來執行重新導向、終止導航，或是繼續執行下一個 Middleware。

比較：vue-router 的 `beforeEach` 回呼函式

```
router.beforeEach((to, from, next) => {
  if (to.path !== '/login' && !hasPermission) {
    next('/login');
  } else {
    next();
  }
});
```

接著在頁面中使用 `definePageMeta` 函式，將具名 Middleware 配置到特定頁面：

```
<script setup>
definePageMeta({
  // 或使用字串 middleware:: 'check-auth'
  middleware: ['check-auth']
});
</script>
```

▲ pages/member.vue

NOTE：Middleware 命名規則

Middleware 名稱使用 kebab-case 命名規則，例如：檔案路徑 `middleware/testMiddleware.js`，使用 Middleware 名稱為 `test-middleware`。

在瀏覽器開啟頁面，驗證無權限並跳轉至錯誤頁面。

全域 Middleware

定義方式與具名 Middleware 相同，不過檔名需加上 `.global` 後綴，在所有頁面中自動執行。

範例：

```
middleware/
|— check-auth.global.js
```

匿名 Middleware

匿名 Middleware 不需建立檔案，可直接在頁面內使用 `definePageMeta` 函式定義，適合用於局部的頁面邏輯處理。

```
<script setup>
definePageMeta({
  middleware: [
    (to, from) => {
      const isLoggedIn = false; // 模擬登入狀態

      if (!isLoggedIn) {
        return navigateTo('/login');
      }
    }
  ]
});
</script>
```

▲ pages/member.vue

● ● ● ● ● ● ● ●

調整 Middleware 執行時機（客戶端 / 伺服器端）

在頁面初始化時，Middleware 預設會在伺服器端與客戶端各執行一次。我們可以根據需求調整載入的時機，限制只在特定環境執行。

▶ 範例一：限制在客戶端執行

若 Middleware 依賴於 `localStorage` 等瀏覽器 API，必須限制在客戶端執行，避免在伺服器端渲染時拋出錯誤，例如 `localStorage is not defined`。

```
export default defineNuxtRouteMiddleware((to, from) => {
  if (import.meta.server) {
    return;
  }
  if (import.meta.client) {
    const userName = localStorage.getItem('user');
    console.log(userName);
  }
});
```

▲ middleware/example.js

▶ 範例二：限制在伺服器端執行

判斷在頁面初始化時，只在伺服器端載入，避免重複執行邏輯。

```
export default defineNuxtRouteMiddleware((to, from) => {
  const nuxtApp = useNuxtApp();
  if (
    import.meta.client
      && nuxtApp.isHydrating
      && nuxtApp.payload.serverRendered
  ) {
    return;
  }
  // 執行一些操作
});
```

▲ middleware/example.js

● ● ● ● ● ● ● ●

調整執行順序

Middleware 的執行順序首先為全域 Middleware（依照字母順序），接著是頁面定義的 Middleware（依照配置順序）。

範例：

```
middleware/
|— check-auth.global.js
|— setting.global.js
|— redirect.js
```

```
<script setup>
definePageMeta({
  middleware: [
    (to, from) => {
      // 匿名 Middleware
    },
    'redirect'
  ]
});
</script>
```

▲ pages/member.vue

執行順序如下：

1. `check-auth.global.js`
2. `setting.global.js`
3. 匿名 Middleware
4. `redirect.js`

實務應用上，可能會有某個 Middleware 檔案需要優先執行的需求，在這種情況下，我們可以藉由命名來更改載入順序。以下調整名稱後，`01.setting.global.js` 會比 `02.check-auth.global.js` 優先執行。

```
middleware/
|— 01.setting.global.js
|— 02.check-auth.global.js
```

```
|— redirect.js
```

NOTE：

檔案名稱的排序是按照字母順序（alphabetical）而不是數字，因此 `10.check-auth.global.js` 的排序會在 `2.setting.global.js` 之前。為了確保按照預期的順序載入，需加上「0」前綴來調整排序。

● ● ● ● ● ● ● ●

動態加入 Middleware

使用 `addRouteMiddleware(name, middleware, options)` 輔助函式，在執行期間動態加入 Middleware。

範例：在插件中註冊動態 Middleware

```
plugins/
|— add-middleware.js
```

▶ 具名 Middleware

若與其他 Middleware 重複命名，動態的 Middleware 會覆蓋 `middleware/` 目錄內同名檔案，以下範例會覆蓋 `middleware/redirect.js`。

```
export default defineNuxtPlugin(() => {
  addRouteMiddleware('redirect', (to, from) => {
    // ...
  });
});
```

▲ plugins/add-middleware.js

▶ 全域 Middleware

在選項加上 `global: true`，讓 Middleware 在全域作用。

```
export default defineNuxtPlugin(() => {
  addRouteMiddleware('redirect', (to, from) => {
    // ...
  },
  { global: true }
  );
});
```

▲ plugins/add-middleware.js

▶ 匿名 Middleware

```
export default defineNuxtPlugin(() => {
  addRouteMiddleware((to, from) => {
    // ...
  });
});
```

▲ plugins/add-middleware.js

● ● ● ● ● ● ● ●

巢狀路由的 Middleware

巢狀路由的子頁面會繼承父頁面定義的 Middleware。

範例：

```
pages/
|— admin/
    |— member.vue
|— admin.vue
```

```
<template>
  <div>
    <NuxtPage />
  </div>
</template>

<script setup>
definePageMeta({
  middleware: [
    (to, from) => {
      const isLoggedIn = false; // 模擬登入狀態

      if (!isLoggedIn) {
        return navigateTo('/login');
      }
    }
  ]
});
</script>
```

▲ pages/admin.vue

```
<template>
  <div>
    <h1>Admin - Member Page</h1>
  </div>
</template>
```

▲ pages/admin/member.vue

在這個範例中，`admin/member.vue` 會繼承 `admin.vue` 中定義的 Middleware，因此在進到子頁面前，會一同執行父元件的 Middleware。

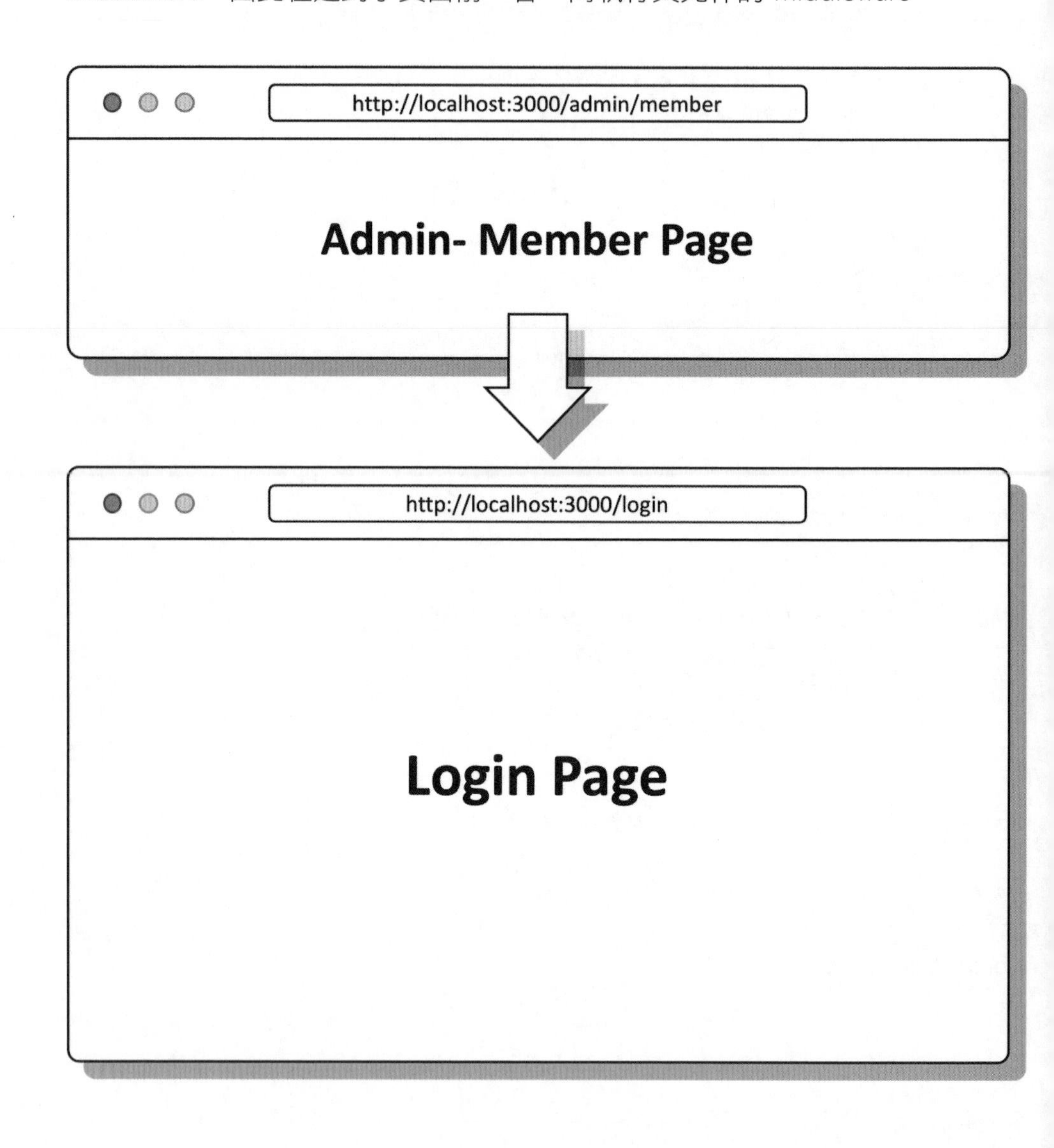

4-8 Assets 與 Public 目錄：靜態資源管理

`assets/` 與 `public/` 目錄用來管理靜態資源，例如：樣式表（CSS、SCSS）、字體、圖片、SVG 等。不過兩者適合存放的檔案類型與檔案的使用方式不同，接下來分別說明。

Assets 與 Public 比較

▶ Public

`public/` 目錄內的檔案不會經過建構工具（如 Vite 或 Webpack）處理，適合用來存放不能被變更檔名或較少異動的檔案。

> **NOTE**：
> `public/` 目錄的功能等同於 Nuxt2 的 `static/` 目錄。

▶ Assets

`assets/` 目錄適合存放需要經過建構工具（如 Vite 或 Webpack）處理的靜態資源。這些資源會被編譯、壓縮與最佳化，避免受瀏覽器快取影響，確保資源更新時能夠正確被載入。

• • • • • • • •

Public

▶ 適合存放的檔案

- 不需經由建構工具處理（壓縮、最佳化）：例如 `sitemap.xml` 這類不需要編譯或壓縮的檔案

- **檔名必須保持不變**：例如 `robots.txt` 必須固定檔名，搜尋引擎爬蟲才能正確解析
- **固定性高的檔案**：例如 `favicon.ico` 網站圖示，通常不會頻繁變動

▶ 常見檔案類型

- `favicon.ico`
- `robots.txt`
- `sitemap.xml`
- `CNAME`（DNS 紀錄）
- 不常更新的圖片

▶ 使用方式

`public/` 目錄中的檔案可以直接透過根路徑 `/` 引用。

範例：

```
public/
|— favicon.ico
|— image/
    |— picture.jpg
```

透過 `/favicon.ico` 路徑引用 `public/favicon.ico` 資源：

```
export default defineNuxtConfig({
  app: {
    head: {
      link: [
        {
          rel: 'icon',
```

```
          type: 'image/x-icon',
          href: '/favicon.ico'
        }
      ]
    }
  }
});
```

▲ nuxt.config.ts

透過 `/image/picture.jpg` 路徑引用 `public/image/picture.jpg` 資源：

```
<template>
  <div>
    <img src="/image/picture.jpg">
    <div class="background" />
  </div>
</template>

<style scoped>
.background {
  background-image: url("/image/picture.jpg");
  /* ... */
}
</style>
```

▲ pages/index.vue

▶ 動態路徑的使用

範例：

```
public/
|—— image/
    |—— picture.jpg
```

```
<template>
  <div>
    <img :src="`/image/${imageName}`">
  </div>
</template>

<script setup>
const imageName = 'picture.jpg';
</script>
```

`public/` 目錄中的檔案路徑會對應到網站的根路徑。執行 `npm run dev` 啟動開發伺服器，並在瀏覽器輸入 `http://localhost:3000/image/picture.jpg` 即可檢視圖片。

Assets

▶ 適合存放的檔案

- **需要經由 Vite / Webpack 等建構工具處理（壓縮、最佳化）**：例如 CSS、圖片等靜態資源。在專案發佈前，預先對進行檔案壓縮和最佳化處理，以提升網站載入速度與效能
- **經常更新的檔案，需避免瀏覽器快取**：編譯處理後的檔案名稱，根據文件內容自動加上 `hash`，每次更新後檔名都會變更，確保瀏覽器強制讀取最新版本的檔案，避免使用舊的快取。例如：`img.png` 編譯後變為 `img.2d8efhg.png`

▶ 常見檔案類型

- CSS、Sass、SCSS 等
- 字體
- SVG
- 需要被編譯、壓縮或較常更新的圖片

▶ 使用方式

`assets/` 不能像 `public/` 目錄中的檔案一樣直接使用靜態路徑。這些檔案必須透過 `~/assets/` 路徑引用，並由建構工具進行處理。

範例：

```
assets/
|— scss/
    |— app.scss
|— image/
    |— picture.jpg
```

透過 `~/assets/scss/app.scss` 路徑引用 `assets/scss/app.scss` 資源：

```
export default defineNuxtConfig({
  css: [
    '~/assets/scss/app.scss'
  ]
});
```

▲ nuxt.config.ts

透過 `~/assets/image/picture.jpg` 路徑引用 `assets/image/picture.jpg` 資源：

```
<template>
  <div>
    <img src="~/assets/image/picture.jpg">
    <div class="background" />
  </div>
</template>

<style scoped>
.background {
  background-image: url("~/assets/image/picture.jpg");
  /* ... */
}
</style>
```

▲ pages/index.vue

執行 `npm run dev` 啟動開發環境時，Nuxt 會自動處理這些檔案，並將它們存放在 `/_nuxt/` 路徑下。執行 `npm run build` 進行生產環境建置專案後，這些資源會附加一組 `hash` 值，確保每次更新後的資源能正確載入，如下圖所示。

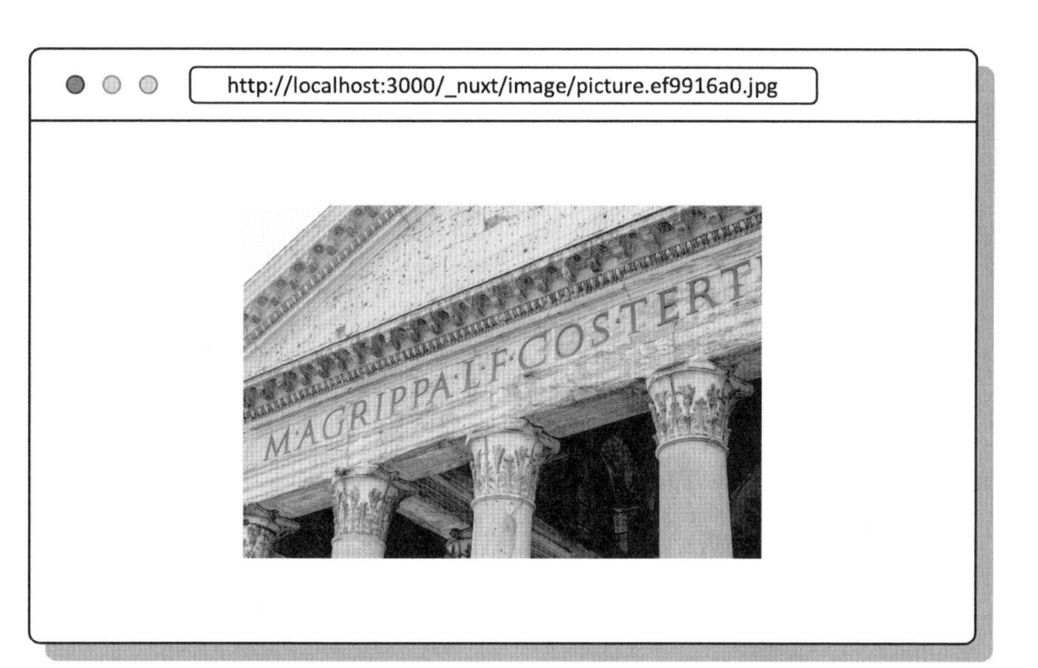

▶ 路徑別名的應用

Nuxt3 應用預設提供了幾個路徑別名（alias），因此我們也可以透過 `@/assets/` 來引用 `assets/` 目錄下的檔案。以下為預設的路徑別名配置：

```
{
  "~": "/<srcDir>",
  "@": "/<srcDir>",
  "~~": "/<rootDir>",
  "@@": "/<rootDir>",
  "assets": "/<srcDir>/assets",
  "public": "/<srcDir>/public"
}
```

如果想進一步簡化路徑，也可以在 `nuxt.config` 中自定義其他路徑別名。以下範例新增 `image` 與 `scss` 路徑別名。

```
import { fileURLToPath } from 'url';

export default defineNuxtConfig({
  alias: {
    image: fileURLToPath(
      new URL('./assets/image', import.meta.url)
    ),
    scss: fileURLToPath(
      new URL('./assets/scss', import.meta.url)
    )
  }
});
```

▲ nuxt.config.ts

在模板引用 `assets/image/picture.jpg` 時，可以使用簡化後的路徑：

```
<template>
  <div>
    <img src="image/picture.jpg">
  </div>
</template>
```

▲ pages/index.vue

▶ 動態路徑的使用

在 Nuxt2 搭配 Webpack 開發時，我們可以使用 CommonJS 模組的 `require()` 匯入資源。以下範例 `imageName` 用來設定圖片名稱，例如：`picture.jpg`。

```
<template>
  <img :src="imageSrc">
</template>

<script>
export default {
  props: {
```

```
    imageName: {
      type: String,
      default: 'picture.jpg'
    }
  },
  computed: {
    imageSrc() {
      return require(`~/assets/image/${this.imageName}`);
    }
  }
};
</script>
```

▲ Nuxt2：components/TheImage.vue

不過在 Nuxt3 搭配 Vite 開發時，由於 Vite 使用瀏覽器的原生 ES Modules（Natvie ESM）匯入機制，`require()` 不再適用。

可以改用 Vite 提供的 `import.meta.glob` 方法，預先匯入多個資源，接著動態指定要渲染的資源，來達到類似的功能。

範例：

```
assets/
|— image/
    |— picture.jpg
    |— picture-2.jpg
    |— ...
```

```
<template>
  <div>
    <img :src="imageSrc(imageName)">
    <small>{{ imageSrc(imageName) }}</small>
  </div>
</template>

<script setup>
defineProps({
```

```
    imageName: {
      type: String,
      default: 'picture.jpg'
    }
  });

  const imageSrc = (name) => {
    const images = import.meta.glob('~/assets/image/*', {
      eager: true,
      import: 'default'
    });
    return images[`/assets/image/${name}`];
  };
  </script>
```

▲ components/TheImage.vue

使用 `import.meta.glob` 功能時，Vite 會將內容轉譯為對應的 `import` 語法來載入資源，生成的程式碼如下：

```
import __glob__0_0 from '~/assets/image/picture.jpg';
import __glob__0_1 from '~/assets/image/picture-2.jpg';

const images = {
  '~/assets/image/picture.jpg': __glob__0_0,
  '~/assets/image/picture-2.jpg': __glob__0_1
};
```

接下來，試著在頁面使用 `<TheImage>` 元件載入指定圖片：

```
<template>
  <div>
    <TheImage image-name="picture-2.jpg" />
  </div>
</template>
```

▲ pages/index.vue

最後，執行 `npm run build`，開啟瀏覽器預覽結果：

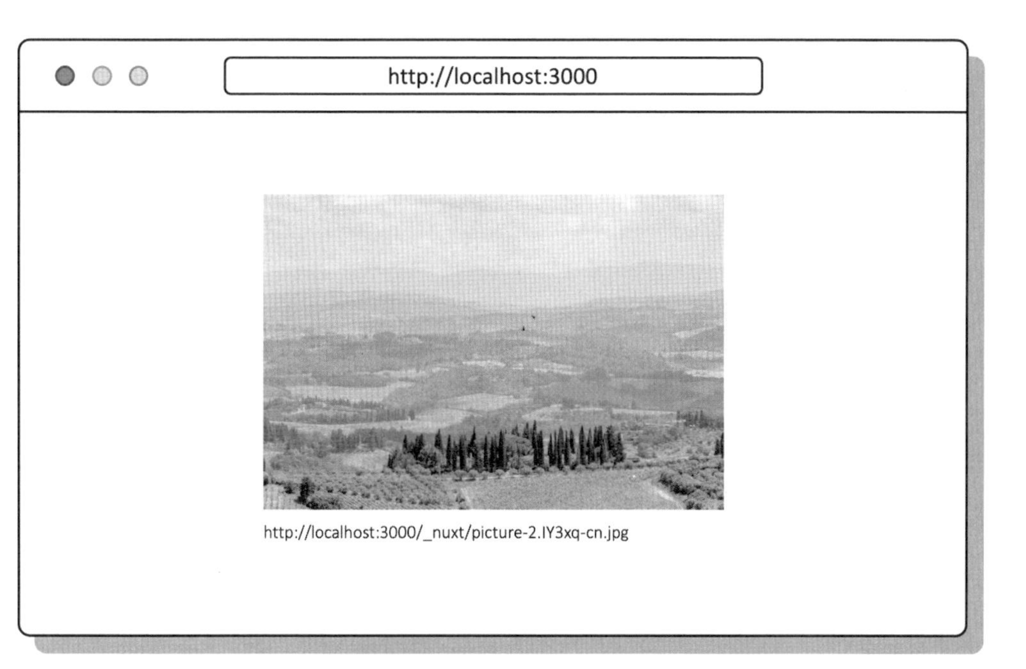

靜態資源與 .output 目錄

執行 `npm run build` 進行生產環境建置專案時，會自動生成 `.output` 目錄。`assets/` 和 `public/` 目錄中的相關資源會存放在 `.output/public/` 內，我們可以透過此目錄查看最終的編譯和打包結果。

範例：原始檔案結構如下

```
public/
|— public-picture.jpg
assets/
|— assets-picture.jpg
```

執行生產環境建置後的結果：

- `public/` 目錄內的檔案，會不經過處理直接放到 `.output/public/`
- `assets/` 目錄內的檔案，經過編譯後會檔名加上 `hash`，並放置在 `.output/public/_nuxt/`

```
.output/
|— public/
  |— _nuxt/
     |— assets-picture.ef9916a0.jpg
  |— public-picture.jpg
```

4-9 Nuxt3 API 串接方法：$fetch、useAsyncData、useFetch

useFetch ≈ useAsyncData + $fetch

使用 Ajax（Asynchronous JavaScript and XML）進行 API 請求已成為前端開發的必備技能。在 Vue 或 Nuxt2 專案中，常使用 Axios 套件來與後端伺服器進行資料交換。

Nuxt3 內建了 `$fetch`、`useAsyncData` 以及 `useFetch` 函式，不需另外安裝套件即可使用，確保整體兼容性與快取效能。根據不同的需求和情境，我們可以靈活運用這些函式。

接下來分別說明這三個方法的使用方式。

● ● ● ● ● ● ● ●

$fetch

`$fetch` 是 Nuxt3 基於 unjs/ofetch * 擴展的輔助函式，具備多項優點，包括自動解析回傳資料、支援攔截器、傳遞參數的便利性，以及 TypeScript 的支援。

* unjs/ofetch https://github.com/unjs/ofetch

在伺服器端渲染期間，使用 `$fetch` 向 `server/` 目錄下的 API 發出請求時，伺服器會直接在內部執行 API 的邏輯函式，模擬請求過程，減少 HTTP 請求次數。

> **NOTE**：
>
> 在 `setup()` 函式中直接調用 `$fetch`，會導致資料**在伺服器和客戶端分別請求一次**，因為 `$fetch` 不會將資料傳遞到客戶端，造成不必要的重複請求以及資料不一致的問題。為避免此情況，建議搭配 `useAsyncData` 使用，或是包裝在其他函式內，在客戶端觸發請求。

▶ 使用方式

```
$fetch(url, options)
```

相關參數：

- **`URL`**：API 路徑
- **`Options`**：完整選項請參考 unjs/ofetch
  - **`method`**：請求方法，預設為 `GET`
  - **`baseURL`**：請求的基本域名
  - **`body`**：請求的 body 資料
  - **`retry`**：發生錯誤時重新請求次數
  - **`params`** / **`query`**：查詢參數
  - **`interceptors`**：攔截器，包含 `onRequest`、`onRequestError`、`onResponse`、`onResponseError`

▶ 使用範例

將 `$fetch` 包裝在 `submit()` 函式內，適合用來處理**透過使用者互動觸發的**請求。完成表單後，按下送出發送 API 請求。

```
<template>
  <form @submit.prevent="submit">
    <input type="text" v-model="form.name" />
    <input type="email" v-model="form.email" />
    <button>submit</button>
  </form>
</template>

<script setup>
const form = ref({ name: '', email: '' });

// 送出表單
const submit = async () => {
  const response = await $fetch('/api/contact', {
    method: 'POST',
    body: form.value
  });
  console.log(response);
};
</script>
```

▲ pages/index.vue

▶ 搭配攔截器（Interceptors）

攔截器可以進一步執行資料處理或是捕捉錯誤：

```
const response = await $fetch('/api/contact', {
  // ...
  onRequest({ request, options }) {
    // 設定請求時的標頭或調整選項
  },
  onRequestError({ request, options, error }) {
    // 捕捉請求時發生的錯誤
  },
  onResponse({ request, response, options }) {
    // 處理回傳的資料
  },
  onResponseError({ request, response, options }) {
    // 捕捉回傳時發生的錯誤
  }
});
```

• • • • • • • •

useAsyncData

用來處理非同步請求的組合式函式，需搭配非同步函式使用（通常搭配 `$fetch`）。在伺服器端發出請求後，會將取得的資料傳送到客戶端，避免在頁面載入時重複發送請求。確保資料在伺服器端和客戶端之間同步，並減少不必要的資源浪費。

▶ 使用方式（搭配 $fetch）

```
useAsyncData(() => $fetch(...), options)
// 或是
useAsyncData(key, () => $fetch(...), options)
```

相關參數：

- **`Key`**：唯一值，沒有帶入預設會自動生成，用來避免重複發送相同的請求
- **`Handler`**：非同步函式處理器，必須回傳真值。在這裡使用 `$fetch` 來發送請求
- **`Options`**：完整選項請參考官方文件
  - **`server`**：是否在伺服器端進行請求，預設 `true`
  - **`lazy`**：是否在載入路由後才解析非同步函式，預設為 `false`。預設情況下，在進入路由時，會開始執行非同步函式，並直到請求完成後才會渲染頁面，會阻塞頁面的顯示
  - **`default`**：用來設定請求完成前的預設值，適合搭配 `lazy: true` 使用
  - **`transform`**：用來修改 `handler` 回傳結果的函式
  - **`pick`**：從 `handler` 回傳結果中提取指定的屬性
  - **`watch`**：傳入陣列，監聽指定的響應式資料變更，自動重新發出請求

- **deep**：是否深層監聽響應式物件資料，預設 `true`
- **immediate**：是否立即觸發，預設 `true`

回傳值：

- **data**：非同步函式回傳結果
- **refresh** / **execute**：重新執行函式
- **error**：請求失敗的錯誤資訊
- **status**：表示請求狀態，包含 `idle`、`pending`、`success`、`error`
- **clear**：清除回傳內容，並取消目前正在進行的所有請求

▶ 使用範例

使用 `watch` 監聽 `id` 更動，自動重新發出請求。

```
<template>
  <div>
    <pre>{{ user }}</pre>
    <button type="button" @click="lastUser()">
      prev
    </button>
    <button type="button" @click="nextUser()">
      next
    </button>
  </div>
</template>

<script setup>
const id = ref(1);
const {
  data: user,
  status,
  refresh: getUser,
  error
```

```
} = await useAsyncData(
  'getUser',
  () => $fetch(`/api/user/${id.value}`),
  {
    watch: [id]
  }
);

const nextUser = () => {
  id.value++;
};

const lastUser = () => {
  id.value--;
};
</script>
```

▲ pages/index.vue

● ● ● ● ● ● ● ●

useFetch

為 `useAsyncData` 跟 `$fetch` 封裝後的組合式函式，在伺服器端發出請求後，將取得的資料傳送到客戶端，並會根據 API 路徑和選項自動生成唯一 `key` 值，避免重複發送請求的問題。

`useAsyncData` 和 `useFetch` 回傳相同的物件類型，並且可以透過選項控制這組合式函式的行為，例如：是否延遲載入資料、是否立即觸發請求等，能依據需求靈活調整。

▶ 使用方式

```
useFetch(url, options)
// 幾乎等同於
useAsyncData(key, () => $fetch(...), options)
```

相關參數：

- **`URL`**：API 路徑
- **`Options`**：
  - 擴充 unjs/ofetch 跟 `useAsyncData` 的選項，因此也能使用攔截器
  - **`key`**：唯一值，沒有帶入預設會自動生成，用來避免重複發送相同的請求
  - **`watch`**：監聽一組響應式資料的陣列，資料變更時自動重新發送請求，預設會監聽所有響應式資料來源（URL 跟 Options）。可以設置 `watch: false` 忽略監聽，並搭配 `immediate: false`，調整為手動觸發函式

回傳值：

- 同 `useAsyncData`

▶ 使用範例

將前面 `useAsyncData` 搭配 `$fetch` 範例調整為 `useFetch`。

```
<template>
  <div>
    <pre>{{ user }}</pre>
    <button type="button" @click="lastUser()">
      prev
    </button>
    <button type="button" @click="nextUser()">
      next
    </button>
  </div>
</template>

<script setup>
const id = ref(1);
```

```
const {
  data: user,
  status,
  refresh: getUser,
  error
} = await useFetch(
  () => `/api/user/${id.value}`,
  {
    key: 'getUser'
  }
);

const nextUser = () => {
  id.value++;
};

const lastUser = () => {
  id.value--;
};
</script>
```

▲ pages/index.vue

比較：直接使用 `$fetch`

前面提到，使用 `$fetch` 需透過函式包裝，以避免重複請求的問題。將上述範例使用 `getUser` 函式包裝 `$fetch` 進行改寫，除了需在 `mounted` 生命週期先調用函式，當 `id` 更新時也需要手動觸發函式，維護跟易讀性相對較低。

```
<script setup>
const id = ref(1);
const user = ref({});

const getUser = async () => {
  const response = await $fetch(`/api/user/${id.value}`);
  user.value = response;
};

onMounted(() => {
  getUser();
});

const nextUser = () => {
  id.value++;
  getUser();
};

const lastUser = () => {
  id.value--;
  getUser();
};
</script>
```

▲ pages/index.vue

useFetch 使用須知

▶ 響應式資料監聽

`useFetch` 預設會監聽所有響應式資料來源，資料變更時自動重新發送請求。如果資料來源非響應式，就不會觸發請求更新。

錯誤範例：

由於傳入的 API 路徑非響應式，因此只要 `useFetch` 被調用之後，路徑就不會因 `id` 變化而更新。

```
<script setup>
const id = ref(1);

const { data } = await useFetch(
  `/api/user/${id.value}`
);
</script>
```

需將 API 路徑調整為響應式，才能正確被監聽：

```
<script setup>
const id = ref(1);

const { data } = await useFetch(
  () => `/api/user/${id.value}`
);
</script>
```

▶ 使用限制

4-4 單元提到組合式函式的使用限制：

- 在 `setup()` 或 `<script setup>` 直接調用
- 在其他組合式函式內調用
- 在生命週期 Hooks 內調用

如果 `useFetch` 或 `useAsyncData` 被放在非立即執行的函式中，可能會發生不可預期的錯誤 *。因每次調用 `useFetch` 都會建立一個新的實體，導致重複請求與資源浪費。

此外，Vue 將難以追蹤這些實體的生命週期，在元件卸載時，`useFetch` 函式中的響應式資料和監聽器可能無法正確清除，導致內存洩漏。

錯誤範例：

以一開始 `$fetch` 的範例，改寫為 `useFetch`。每次觸發 `submit` 函式都會建立新的實體，當元件（`index.vue`）卸載時，資料可能無法正確清除。

```
<template>
  <form @submit.prevent="submit">
    <input type="text" v-model="form.name" />
    <input type="email" v-model="form.email" />
    <button>submit</button>
  </form>
</template>

<script setup>
const form = ref({ name: '', email: '' });

const submit = async () => {
  const { data } = await useFetch('/api/contact', {
    method: 'POST',
    body: form
  });
  console.log(data);
};
</script>
```

▲ pages/index.vue

* Alexander Lichter 說明 useFetch 錯誤使用方式 https://www.youtube.com/watch?v=njsGVmcWviY

● ● ● ● ● ● ● ●

▶ useLazyAsyncData & useLazyFetch

分別為 `useAsyncData` 和 `useFetch` 設定 `lazy: true` 的簡化函式。非同步請求不會阻塞頁面的渲染，頁面會先渲染完成，然後非同步請求在背景中執行，並在完成後更新頁面。

● ● ● ● ● ● ● ●

▶ 補充：使用代理伺服器（Proxy）解決跨網域問題

當瀏覽器從一個來源向另一個不同的來源發送 HTTP 請求時，會因為同源政策（Same Origin Policy）產生跨來源資源共用（CORS）問題。因此當我們在開發階段，向遠端伺服器發送 API 請求時，就會發生錯誤，解決跨域問題的其中一種方法是使用代理伺服器（Proxy）。

在 Nuxt3 可以使用以下兩種方式配置 Proxy：

範例：

將開發伺服器 `/api` 路徑下的請求轉發到代理的目標伺服器 `https://example.com`。

當向 `http://localhost:3000/api/v1/users` 發出請求，會被轉發到 `https://example.com/api/v1/users`。

方法一：使用 Nitro `devProxy`

`/api` 路徑會**移除**並代理到遠端伺服器，因此目標路徑必須加上 `/api`。

```
export default defineNuxtConfig({
  nitro: {
    devProxy: {
      '/api': {
        target: 'https://example.com/api',
        changeOrigin: true
      }
    }
  }
});
```

▲ nuxt.config.ts

方法二：使用 Vite `server.proxy`

`/api` 路徑會**保留**並代理到遠端伺服器。也可以使用 `rewrite` 改寫規則，將 `/api` 路徑取代為空值。

```
export default defineNuxtConfig({
  vite: {
    server: {
      proxy: {
        '/api': {
          target: 'https://example.com',
          changeOrigin: true,
          // 可以選擇改寫 /api 路徑為空值
          rewrite: path => path.replace(/^\/api/, '')
        }
      }
    }
  }
});
```

▲ nuxt.config.ts

> **NOTE**：
>
> Proxy 僅限於開發環境使用，協助我們在開發階段，將 API 請求代理到遠端伺服器，正式環境碰到跨域問題，還是需要後端伺服器處理。

4-10 Server 目錄：建立第一支 API

Nuxt3 搭配的伺服器引擎 **Nitro**，讓我們可以在伺服器端定義邏輯，像是建立 Server API 以及透過 Server Middleware 處理事件，讓 Nuxt 具備全端功能。

API（Application Programming Interface，應用程式介面）用於串聯不同系統。不同系統可能有各自的程式、資料庫和邏輯，直接整合會非常困難，但透過 API 溝通，系統之間可以輕鬆地互相交換資料。

> **NOTE**：
>
> 在伺服器端渲染期間，使用 `$fetch` 向 `server/` 目錄下的 API 發出請求時，伺服器會直接在內部執行 API 的邏輯函式，模擬請求過程，減少 HTTP 請求次數。`$fetch` 與 `useFetch` 的詳細應用可以參考 **4-9** 單元。

▶ Server 目錄功能

- **`api/`**：用於建立帶有 `/api` 前綴的 API 路由
- **`routes/`**：用於建立不帶 `/api` 前綴的伺服器路由
- **`middleware/`**：每次發出 HTTP 請求前執行，並在其他伺服器路由之前執行。可以用來新增或檢查標頭（Headers）、記錄請求，或擴充請求物件的內容。

• • • • • • • •

建立 API

在 `server/` 目錄中建立 API，Nuxt 會根據檔案結構自動生成對應的 API 路徑。

放置於 `server/api/` 目錄下的檔案，會自動加上 `/api` 前綴路徑（如 `/api/hello`）。如果不希望加上 `/api` 前綴，可以將檔案放在 `server/routes/` 目錄下。API 支援 `.js` 與 `.ts` 副檔名。

範例：

```
server/
|— api/
    |— hello.js
|— routes/
    |— hello.js
```

在檔案中使用 `defineEventHandler` 建立事件處理器，可以回傳 JSON 資料或 Promise 物件等：

```
export default defineEventHandler((event) => {
  return {
    status: true,
    result: 'Hello World!'
  };
});
```

▲ server/api/hello.js

試著在頁面內使用 `useFetch` 發送 API 請求並取得結果：

```
<template>
  <div>
    Response: {{ data.result }}
  </div>
</template>
```

```
<script setup>
const { data } = await useFetch('/api/hello');
</script>
```

▲ pages/index.vue

在瀏覽器開啟 `http://localhost:3000` 查看內容：

接下來，我們可以試著在 `server/routes/` 目錄下註冊不帶 `/api` 前綴的伺服器路由：

```
export default defineEventHandler((event) => {
  return `
    <h1>Hello Server Route</h1>
  `;
});
```

▲ server/routes/hello.js

在瀏覽器中開啟 `http://localhost:3000/hello` 查看結果：

HTTP Methods

Server API 預設使用 `GET` 請求方法。如果需要使用其他方法（`POST`、`PATCH`、`DELETE` 等），在檔名後加上對應的 HTTP 方法名稱即可。

範例：

```
server/
|— api/
    |— user.post.js
    |— user.delete.js
```

在 `/api/user.post.js` 中，可以使用 `readBody` 函式（參考本篇常用輔助

函式說明）來讀取請求的 Body 內容：

```
export default defineEventHandler(async (event) => {
  const body = await readBody(event);
  return body;
});
```

▲ server/api/user.post.js

在頁面中，使用 `useFetch` 發送 POST 請求並顯示結果：

```
<template>
  <div>
    <div>Name: {{ user.name }}</div>
    <div>Age: {{ user.age }}</div>
  </div>
</template>

<script setup>
const { data: user } = useFetch('/api/user', {
  method: 'POST',
  body: {
    name: 'Daniel',
    age: 18
  }
});
</script>
```

▲ pages/index.vue

匹配路徑下所有路由

伺服器端路由與 4-1 單元中提到的路由解構類似。可以使用如 `[...]` 或 `[...slug]` 檔名來捕捉此路徑下未被定義的所有路由，進行一些處理。

範例：

```
server/
|— api/
    |— hello.js
    |— [...].js
```

在 `[...].js` 檔案中，我們可以使用 `createError` 拋出錯誤訊息，當接收到未定義路徑的請求時，回傳 404 錯誤：

> **NOTE**：
>
> `createError` 應用說明請參考 4-15 單元。

```
export default defineEventHandler(() => {
  throw createError({
    statusCode: 404,
    statusMessage: 'API Path Not Found'
  });
});
```

▲ server/api/[...].js

透過 `useFetch` 向未定義的路由（例如 `/api/nothing`）發出請求時，取得回傳的錯誤訊息。

```
<script setup>
const { data, error } = await useFetch('/api/nothing');

if (error.value) {
  // 進行錯誤處理
}
</script>
```

▲ pages/index.vue

● ● ● ● ● ● ● ●

API 建立與資料串接實作

接下來示範 Server API 的建立與資料串接。以下範例使用靜態資料進行說明，資料庫的整合請參考 4-11 單元。

首先建立以下檔案：

```
public/
|— users.json
server/
|— api/
  |— user/
     |— [id].js
pages/
|— user/
  |— [id].vue
```

▶ Step1：建立靜態資料

在 `public/users.json` 中加入一些假資料：

```
[
  {
    "id": 1,
    "name": "Daniel",
    "email": "hi.daniel@gmail.com",
    "phone": "0912345678"
  },
  {
    "id": 2,
    "name": "Claire",
    "email": "hi.claire@gmail.com",
    "phone": "0987654321"
  }
]
```

▲ public/users.json

▶ Step2：建立 API

`server/api/user/[id].js` 使用方括號 `[]` 表示動態參數，並透過 `getRouterParam` 函式來取得路由中的參數：

```
import users from '@/public/users.json';

export default defineEventHandler((event) => {
  const id = getRouterParam(event, 'id');
  return users.find(user => user.id === parseInt(id)) || {};
});
```

▲ server/api/user/[id].js

▶ Step3：發出請求

`pages/user/[id].vue` 使用方括號 `[]` 表示動態路由。`useRoute` 函式用來取得路由參數，並使用 `useFetch` 發送 API 請求：

```
<template>
  <div>
    <div>Name: {{ user.name }}</div>
    <div>Email: {{ user.email }}</div>
    <div>Phone: {{ user.phone }}</div>
  </div>
</template>

<script setup>
const route = useRoute();
const { data: user } = useFetch(
  `/api/user/${route.params.id}`
);
</script>
```

▲ pages/user/[id].vue

接著，在瀏覽器開啟 `http://localhost:3000/user/1`，查看請求結果：

http://localhost:3000/user/1

Name: Daniel
Email: hi.daniel@gmail.com
Phone: 0912345678

Server Middleware

在每次發出 HTTP 請求之前觸發，用來增加或檢查標頭（Headers）、記錄請求，或擴充請求物件的內容。與 Route Middleware 不同，頁面導航（Navigation）並不會觸發 Server Middleware。

範例：

建立 `server/middleware/log.js`，用來記錄所有進入伺服器的請求。

```
server/
|── middleware/
    |── log.js
```

使用 `getRequestURL` 函式（參考本篇常用輔助函式說明）來取得請求的完整路徑並記錄：

```
export default defineEventHandler((event) => {
  console.log(`發出請求：${getRequestURL(event)}`);
});
```

▲ server/middleware/log.js

> **NOTE**：
>
> Server Middleware 不能回傳任何值或終止請求，只能用於監控請求、擴充請求資訊，或是拋出錯誤。

● ● ● ● ● ● ● ●

常用輔助函式

Nitro 使用 unjs/h3 框架來處理 HTTP 請求和路由，讓我們能夠完全掌控 Nuxt 的伺服器端邏輯。unjs/h3 提供了許多輔助函式 *，幫助我們更快速地解析請求。以下是幾個常用的輔助函式介紹。

▶ readBody

非同步函式，用來取得請求的 Body 內容。

```
export default defineEventHandler(async (event) => {
  const body = await readBody(event);
  return body;
});
```

▲ server/api/user.post.js

* unjs/h3 提供的相關函式 https://www.jsdocs.io/package/h3#package-index-functions

▶ getRequestURL

用來取得請求的完整路徑。

```
export default defineEventHandler((event) => {
  const fullPath = getRequestURL(event);
  return fullPath;
});
```

▲ server/api/user.js

▶ getRouterParam

用來取得路由參數，適合搭配動態路由使用。可以直接使用 `event.context.params` 來取得參數。

```
export default defineEventHandler((event) => {
  // 等同於 const { name } = event.context.params;
  const name = getRouterParam(event, 'name');
  return name;
});
```

▲ server/api/user/[name].js

▶ getQuery

用來取得路徑中的查詢參數。以下範例中，當 API 路徑為 `/api/user?name=daniel` 時，回傳的查詢參數為 `{ name: 'daniel' }`。

```
export default defineEventHandler((event) => {
  const query = getQuery(event);
  return query;
});
```

▲ server/api/user.js

▶ parseCookies

用來解析請求中的 Cookie 資料。

```
export default defineEventHandler((event) => {
  const cookies = parseCookies(event);
  return cookies;
});
```

▲ server/api/user.js

4-11 Server API 整合 MongoDB

本篇搭配 mongoose v8.5

在前一篇 4-10，我們介紹了 Nuxt3 搭配伺服器引擎 Nitro，以及如何在 Nuxt 應用程式中建立 Server API。

實務的網站開發中，通常需要搭配資料庫（Database）來整合數據。本篇將説明如何在 Nuxt 使用 MongoDB，並帶到 MongoDB 的基礎應用，包括建立本地端資料庫、後端連接資料庫、API 開發與前端 API 串接，進行資料庫的 CRUD 操作（新增、查詢、更新、刪除），讓我們的 Nuxt 應用程式具備完整的「**全端功能**」。

開始之前，建議讀者先具備以下知識：

- Nuxt3 串接 API 方法 **`$fetch`**、**`useFetch`**：請參考 4-9 單元
- Nuxt3 建立 Server API：請參考 4-10 單元

● ● ● ● ● ● ● ●

MongoDB 與相關工具

在進入實作之前，先簡單介紹 MongoDB 與本篇會使用到的相關工具。

▶ MongoDB

MongoDB 是一種非關聯式資料庫（NoSQL，Not Only SQL）管理系統，以 BSON（Binary JSON）格式儲存數據，適合彈性和變化性高的資料儲存需求。

- 一個 **資料庫**（Database）由一個或多個 **集合**（Collection）組成
- 一個 **集合**（Collection）包含一個或多個 **文件**（Document）
- 每一筆資料為一個 **文件**（Document），裡面可以有多個 **欄位**（Field）

參考以下圖示：

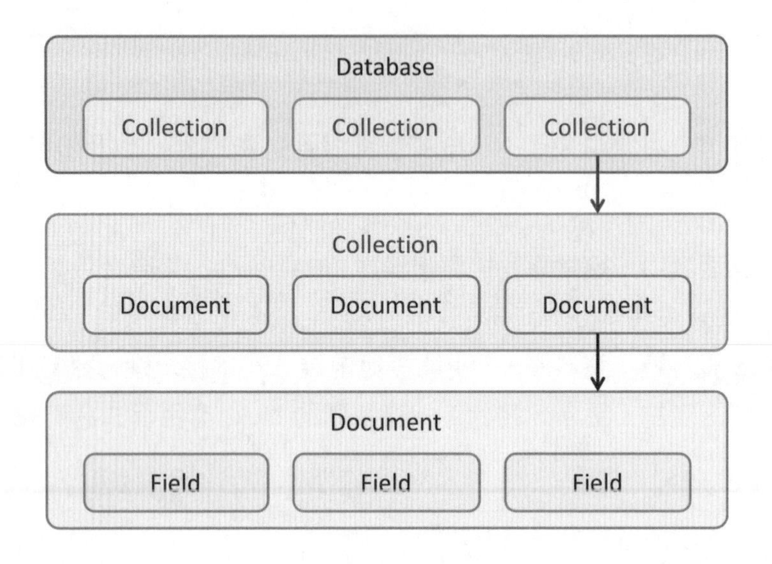

▶ Mongoose

Mongoose 是 MongoDB 的 ODM（Object Data Modeling）工具，在 Node.js 環境中透過 MongoDB driver 與資料庫溝通，進行 CRUD 操作。

相較於使用原生的 MongoDB Shell 查詢語言，使用 ODM 可以將資料庫的資料表示為 JavaScript 的物件，在應用程式中更容易操作和處理。

▶ Compass

Compass 為 MongoDB 的跨平台 GUI（Graphical User Interface）工具，提供視覺化的介面來管理和操作 MongoDB 資料庫，讓資料庫管理變得更加方便與直觀。

● ● ● ● ● ● ● ●

MongoDB 整合實作

接下來將說明如何在 Nuxt3 應用程式中整合 MongoDB。

分為以下幾個步驟：

1. MongoDB 前置環境準備
2. 安裝 Mongoose
3. 透過 Mongoose 連接 Database
4. 建立模型 Model 與集合 Collection
5. 建立 Server API
6. 前端串接 API，新增一筆資料

● ● ● ● ● ● ● ●

Step1：MongoDB 前置環境準備

▶ 安裝本機 MongoDB 環境

前往 MongoDB 官方網站，安裝社群版本 Install MongoDB Community Edition *。選擇對應的作業系統版本，依照說明進行安裝。

主要步驟：

1. **安裝 MongoDB 社群版**：根據作業系統選擇適合的安裝方式
   - macOS：透過 Homebrew 套件管理工具安裝
   - Windows：透過安裝程序（MSI 檔）安裝

* MongoDB 社群版 https://www.mongodb.com/docs/manual/administration/install-community/

2. **啟動 MongoDB 伺服器**：啟動資料庫伺服器，並開始監聽資料庫的連線請求，管理資料的存取

> **NOTE**：
>
> 啟動 `mongod` 時，macOS 系統若出現安全性錯誤，請到「系統設定」→「隱私權與安全性」中允許此應用程式，接著再次啟動 `mongod`。

▶ 安裝 Compass

搜尋並下載 MongoDB Compass *（GUI 工具），選擇對應的作業系統版本並下載安裝。安裝完成後，啟動 Compass 並建立與本地端資料庫的連線。URI 格式如下（預設為 `mongodb://localhost:27017`）：

```
mongodb://<username>:<password>@<host>:<port>
```

成功連線後，可以看到以下內容，`admin`、`config` 和 `local` 為預設的系統資料庫，用於支援 MongoDB 的運作和管理。

* MongoDB Compass https://www.mongodb.com/try/download/compass

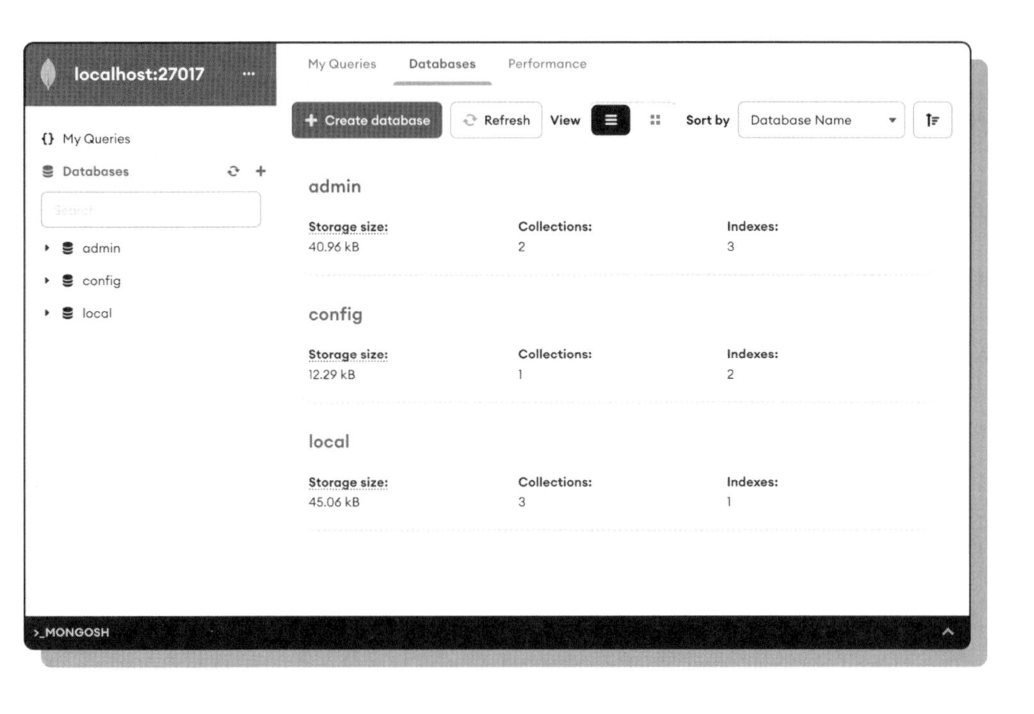

Step2：安裝 Mongoose

在專案中執行以下指令來安裝 Mongoose：

```
npm i -D mongoose
```

Step3：透過 Mongoose 連接 Database

接下來新增伺服器插件，讓伺服器在初始化時自動連接資料庫。將檔案放置於 `server/plugins/` 目錄，目錄內的檔案會自動註冊為 Nitro 插件。

```
server/
|— plugins/
    |— connection.js
```

連線配置說明：

- 透過 `mongoose.connect(URI)` 與資料庫建立連線
- URI 格式如下：`mongodb://<username>:<password>@<host>:<port>/<dbname>`，`<dbname>` 為自訂的資料庫名稱，以下範例為 `nuxt_app`

```
import mongoose from 'mongoose';

export default defineNitroPlugin(async () => {
  try {
    await mongoose.connect('mongodb://localhost:27017/
    nuxt_app');
    console.log('DB 連線成功 ');
  } catch (err) {
    console.error('DB 連線失敗 ', err);
  }
});
```

▲ server/plugins/connection.js

實務上通常會將 URI 定義為環境變數，以提高安全性並方便管理不同環境的設定。在專案的根目錄新增 `.env` 檔案，配置連線路徑：

```
MONGODB_URI=mongodb://localhost:27017/nuxt_app
```

▲ .env

然後將 `mongoose.connect()` 連線路徑調整為環境變數：

```
mongoose.connect(process.env.MONGODB_URI);
```

接著在執行 `npm run dev` 啟動開發伺服器時，會與資料庫建立連線。

> **NOTE**：
>
> 如果連線時發生錯誤
>
> `MongooseServerSelectionError: connect ECONNREFUSED ::1:27017`，可以嘗試將 `localhost` 改為 `127.0.0.1`。這是因為在 Node.js v18 以上版本中偏好使用 IPv6 地址，`localhost` 會被解析為 IPv6 的 `::1`，而不是 IPv4 的 `127.0.0.1`，可能導致 Mongoose 連線失敗。

• • • • • • • •

Step4：建立 Model 與 Collection

透過 Schema 來定義集合的結構，然後基於該 Schema 建立 Model。在第一次插入資料時，MongoDB 會自動建立對應的集合。

範例：在 `server/models/` 目錄建立模型

```
server/
|── models/
    |── user.js
```

說明：

- 建立 Schema，透過 Schema 規範文件（Document）的資料內容、型別、預設值等
- 建立 Model，將模型與資料庫集合連接，用來操作資料庫中的集合

> **NOTE**：
>
> `mongoose.model()` 的第一個參數為集合名稱，第二個參數為 Schema。其中集合名稱為大寫開頭單數，對應資料庫中的小寫開頭複數集合。例如，`User` 將對應資料庫中的 `users` 集合。

```
import mongoose from 'mongoose';

// 建立 Schema
const userSchema = new mongoose.Schema({
  name: {
    type: 'string',
    required: true
  },
  email: {
    type: 'string',
    required: true,
    unique: true
  }
}, {
  versionKey: false
});

// 建立 Model
const User = mongoose.model('User', userSchema);

export default User;
```

▲ server/models/user.js

NOTE：

由於模型尚未被應用，因此在 Compass 中還看不到資料庫與集合，先接續下一步驟。

● ● ● ● ● ● ● ●

Step5：建立 Server API 與模型應用

建立一個 Server API，使用模型來處理資料的新增操作。

範例：建立 POST API

```
server/
|── api/
    |── user.post.js
```

說明：

- 使用 unjs/h3 的 `readBody()` 輔助函式來取得請求的 Body 內容（Nitro 搭配 unjs/h3 構建伺服器）
- 使用模型對集合進行溝通操作，透過 Mongoose `create()` 方法新增一筆資料
- 資料新增成功後，透過 Mongoose `findOne()` 方法查詢並回傳該筆資料
- 搭配 `createError()` 輔助函式進行錯誤處理

```
import User from '@/server/models/user';

export default defineEventHandler(async (event) => {
  try {
    const { name, email } = await readBody(event);
    // 新增一筆資料
    await User.create({ name, email });
    // 查詢該筆資料
    const user = await User.findOne({ email });
    return user;
  } catch (error) {
    return createError(error);
  }
});
```

▲ server/api/user.post.js

執行 `npm run dev` 啟動開發環境伺服器，然後開啟 Compass 並建立連線，在 Compass 如果可以看到 `nuxt_app` 資料庫和 `users` 集合，代表前面的配置都正確，接下來就可以進行資料庫操作囉！

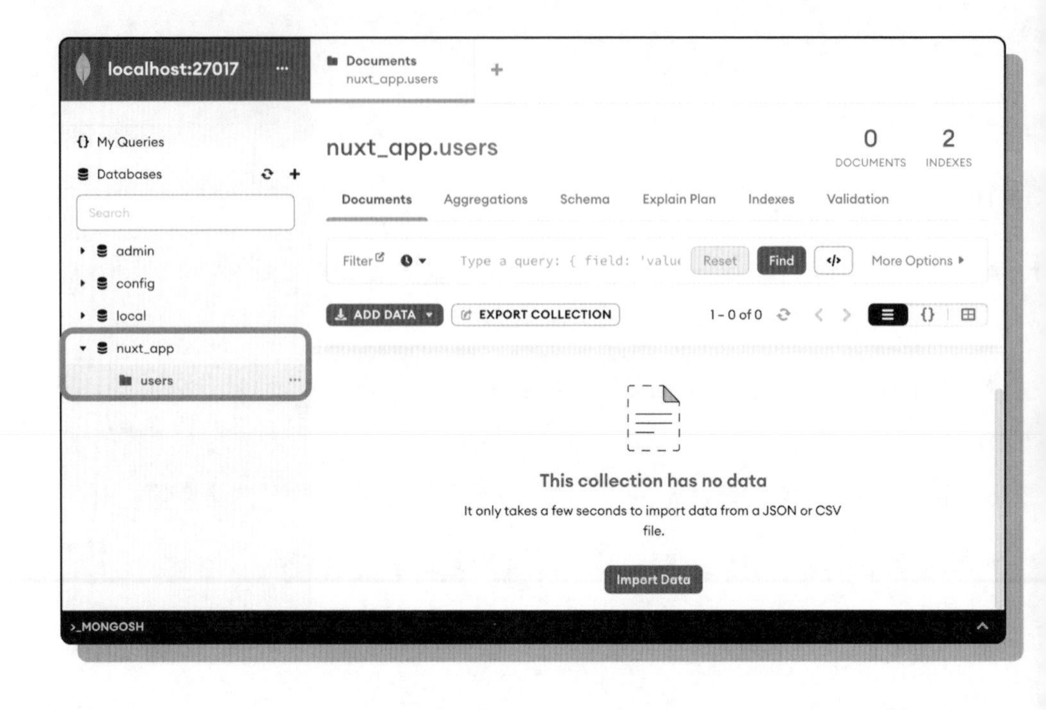

Step6：前端串接 API，新增一筆資料

終於來到最後一步，在元件內使用 `$fetch` 輔助函式發送請求，新增一筆資料。

```
<template>
  <form @submit.prevent="submit">
    <label>name</label>
    <input type="text" v-model="form.name" />
    <label>email</label>
    <input type="email" v-model="form.email" />
    <button>Add User</button>
  </form>
</template>

<script setup>
const form = ref({ name: '', email: '' });
```

```
const submit = async () => {
  const response = await $fetch('/api/user', {
    method: 'POST',
    body: form.value
  });
  console.log(response);
};
</script>
```

▲ pages/index.vue

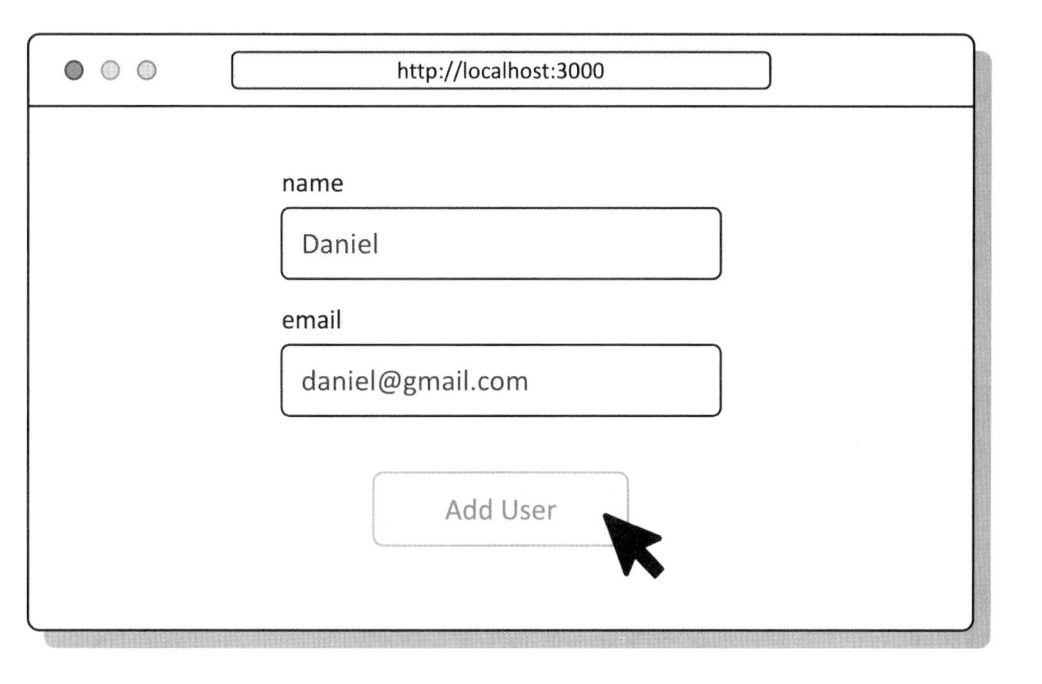

新增完成後，回到 Compass 檢查結果，如果能看到新增的資料，代表串接成功。

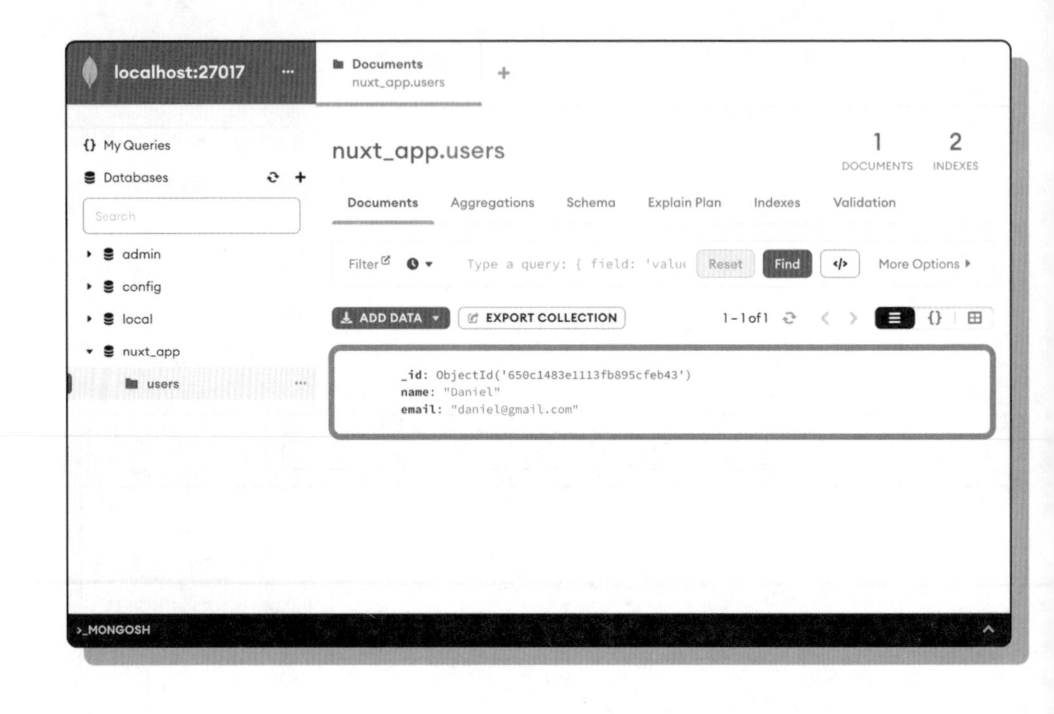

● ● ● ● ● ● ● ●

使用 MongoDB Atlas 建立遠端資料庫

除了本地資料庫的設置之外，在正式環境中使用雲端資料庫，能夠提供更高的穩定性和擴展性。MongoDB Atlas * 是 MongoDB 官方提供的雲端資料庫服務平台，讓開發者可以在雲端環境中方便地管理、操作和擴充 MongoDB 資料庫。

▶ Step1：註冊並登入 MongoDB Atlas

前往 MongoDB Atlas 網站，註冊並登入帳號。Atlas 有提供免費版本，也可以根據專案需求選擇付費方案。以下範例中選擇免費方案，其他選項維持預設值，然後點擊 Create Deployment 開始部署。

---

* MongoDB Atlas https://www.mongodb.com/products/platform/atlas-database

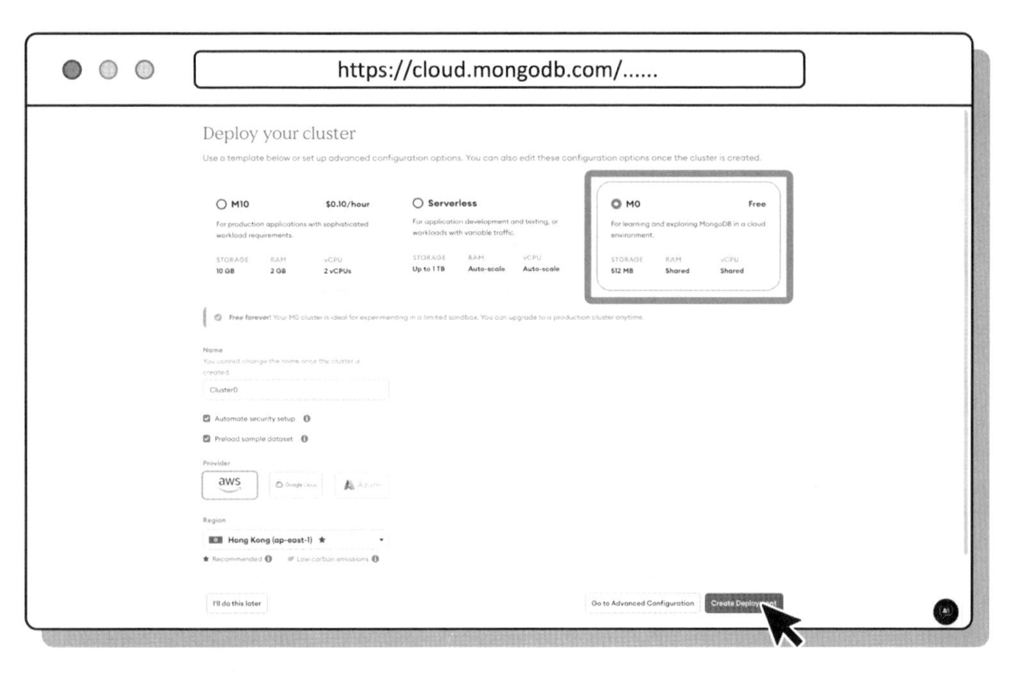

▶ Step2：設置 IP 存取權限

在部署完 Cluster 之後，系統會要求設定可以連接資料庫的 IP 位址。這是基於安全考量，確保只有特定的 IP 位址可以連接到資料庫。可以選擇將當前的 IP 位址加入白名單，或者加入其他的 IP 位址。也可以設定 `0.0.0.0/0` 開放所有 IP 位址（不建議在正式環境使用）。

▶ Step3：配置資料庫使用者

設定完 IP 位址後，系統會引導我們建立一個資料庫使用者，並設定其權限。這個使用者帳號將用來連接應用程式和資料庫。

▶ Step4：取得連接 URI

選擇資料庫連線方式 Drivers，接著可以取得連接的 URI。格式參考：

```
mongodb+srv://<username>:<password>@cluster0.k8fgp.mongodb.
net/?retryWrites=true&w=majority&appName=Cluster0
```

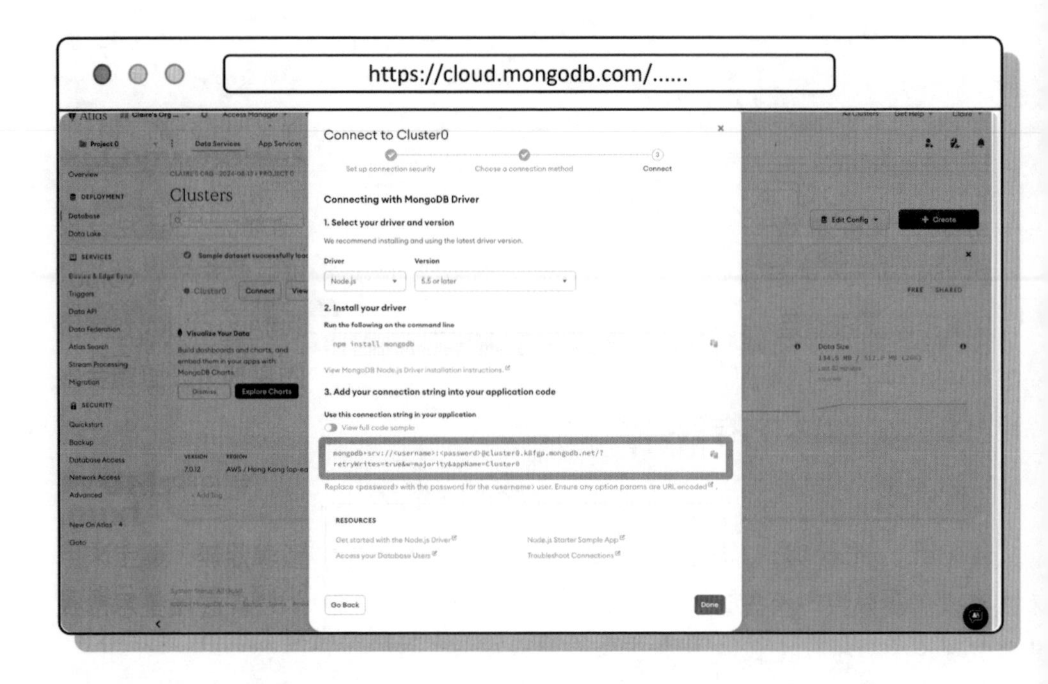

▶ Step5：專案連線到 MongoDB Atlas

將 URI 複製到專案的 `.env` 檔案中，並調整 `<dbname>` 資料庫名稱：

```
MONGODB_URI=mongodb+srv://<username>:<password>@cluster0.
k8fgp.mongodb.net/<dbname>?retryWrites=true&w=majority&
appName=Cluster0
```

接著在 `mongoose.connect(process.env.MONGODB_URI)` 中使用這個變數來建立連線，連接到 MongoDB Atlas 的遠端資料庫。

▶ Step6：測試連接

完成 MongoDB Atlas 遠端資料庫的設置與連接後，試著新增一筆資料，並在資料庫確認新增的結果：

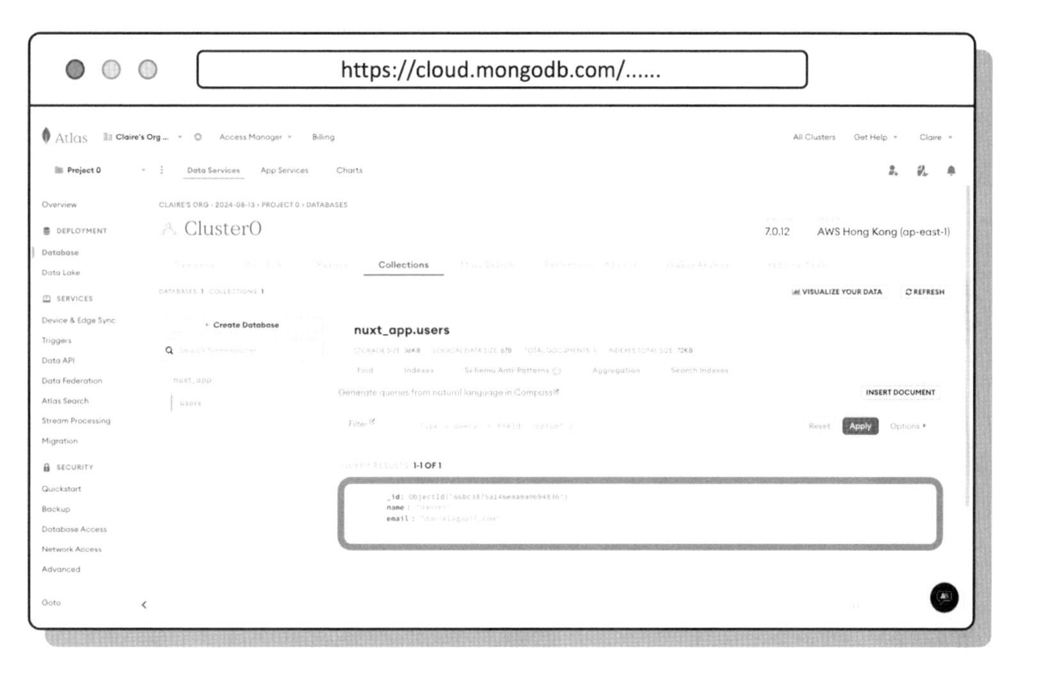

4-12 替專案加上 CSS 樣式

除了功能實現，介面設計也是開發中不可或缺的一環。在 Nuxt 專案中，我們可以自由選擇手刻樣式、引入外部樣式表、搭配 SCSS、Sass 等預處理器，或是使用 CSS 框架來優化應用程式的介面。

本篇將介紹如何在 Nuxt 專案中加入 CSS 與 SCSS 樣式，並說明 SCSS 變數的應用，打造靈活的樣式系統。

• • • • • • • •

新增樣式的主要方式：

- 在 `assets/` 編寫樣式表，例如：`assets/css/app.css`
- 使用套件管理工具安裝外部樣式，例如：使用 `npm` 安裝 `animate.css`
- 直接引用外部樣式，例如：使用 CDN 載入樣式
- 在單一元件檔（SFC）直接編寫樣式

引入樣式的主要方式：

- `nuxt.config` 配置
- 單一元件檔配置

nuxt.config 配置

在 `nuxt.config` 內全域加入樣式表。

▶ 引入外部樣式表

使用 `app` 屬性在 `<head>` 中引入外部樣式表。例如：從 CDN 載入 `animate.`

css。這種方式不會將樣式打包進專案，而是從外部資源載入，適合高頻率使用的第三方樣式庫。

需要注意的是，全域引入的樣式會增加頁面初次載入的請求數量，可能影響效能。如果樣式只用於少數頁面，建議考慮在元件檔局部引入以優化效能。

```
export default defineNuxtConfig({
  app: {
    head: {
      link: [
        {
          rel: 'stylesheet',
          href: 'https://cdnjs.cloudflare.com/ajax/libs/
          animate.css/4.1.1/animate.min.css'
        }
      ]
    }
  }
});
```

▲ nuxt.config.ts

▶ 載入內部樣式

使用 css 屬性全域配置內部樣式，例如：在 assets/ 編寫的樣式表，以及透過 npm 安裝進專案內部的樣式。

```
export default defineNuxtConfig({
  css: [
    '@/assets/css/app.css',
    'animate.css'
  ]
});
```

▲ nuxt.config.ts

單一元件檔配置

單一元件檔的樣式功能很多樣化，以下說明可以配置的方式：

▶ useHead 函式與 <Link> 元件

使用 `useHead` 組合式函式或是 `<Link>` 元件，在特定的頁面，依據條件動態載入外部樣式表。

```
<template>
  <div>
    <Link rel="stylesheet" href="https://cdnjs.cloudflare.
    com/ajax/libs/animate.css/4.1.1/animate.min.css" />
  </div>
</template>

<!-- 或是 -->

<script setup>
useHead({
  link: [
    { rel: 'stylesheet', href: 'https://cdnjs.cloudflare.com/
    ajax/libs/animate.css/4.1.1/animate.min.css' }
  ]
});
</script>
```

▲ pages/index.vue

▶ import 匯入樣式

使用 JavaScript `import` 或 CSS `@import` 語法來匯入樣式。注意，在 `<style>` 標籤中定義的樣式預設會應用於全域。

```
<script>
import '@/assets/css/app.css';
import 'animate.css';
</script>

<!-- 或是 -->

<style>
@import url("@/assets/css/app.css");
@import url("animate.css");
</style>
```

▲ pages/index.vue

搭配 SCSS 預處理器

在 Nuxt 也可以自由搭配預處理器，例如：SCSS、Sass、Less 等。本篇以 SCSS 進行說明。

首先安裝 `sass`：

```
npm install -D sass
```

範例：

在 `assets/` 目錄新增 SCSS 檔。`app.scss` 為主要樣式檔，`_variables.scss` 為 `scss` 變數檔。

```
assets/
|— scss/
    |— app.scss
    |— _variables.scss
```

```
$primary: #D7A462;
$secondary: #E7A1A1;
```

▲ assets/scss/_variables.scss

全域共用的樣式，配置方式同 CSS。Nuxt 會將編譯過的 CSS 直接嵌入到 HTML 的 `<style>` 標籤內，接下來全域都可以讀取到樣式。

```
export default defineNuxtConfig({
  css: [
    '@/assets/scss/app.scss'
  ]
});
```

▲ nuxt.config.ts

若要在全域注入變數，例如 `_variables.scss` 定義的變數，需搭配 Vite 的 `preprocessorOptions` 選項進行配置，將 SCSS 變數或 mixins 等樣式注入到每一個檔案中。接下來可以在任何 SCSS 檔跟單一元件檔內使用變數。

> **NOTE**：
>
> 如果注入非變數的樣式，這些樣式將會在每一個檔案中重複生成，導致出現重複的樣式規則。

```
export default defineNuxtConfig({
  vite: {
    css: {
      preprocessorOptions: {
        scss: {
          additionalData: `
            @use "@/assets/scss/_variables.scss" as *;
          `
        }
      }
    }
  }
});
```

▲ nuxt.config.ts

接著在元件的 `<style>` 區塊中直接使用注入的 SCSS 變數，需加上 `lang="scss"` 屬性：

```
<template>
  <div>
    <h1>Hello World!</h1>
  </div>
</template>

<style lang="scss" scoped>
h1 {
  color: $primary;
}
</style>
```

▲ pages/index.vue

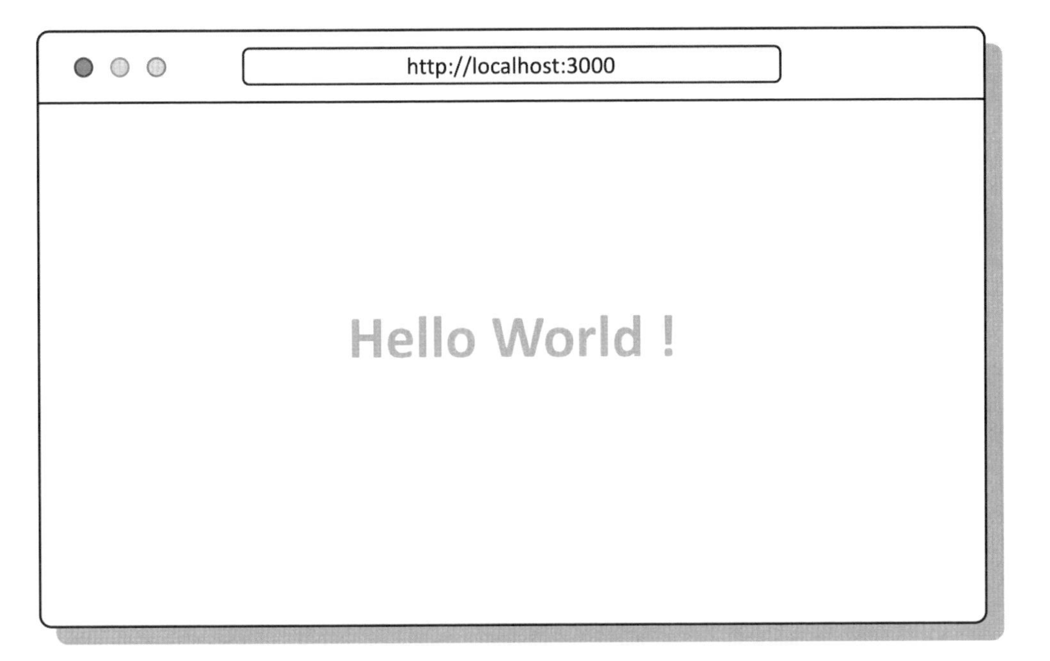

單一元件檔（SFC）樣式功能

在 Vue 單一元件檔中，我們可以靈活運用樣式功能。以下說明一些常見功能：

▶ scoped 限制作用域

使用 `<style>` 搭配 `scoped` 屬性，可以將樣式的影響範圍限制在當前元件，避免影響其他元件的樣式：

```
<template>
  <div class="container">
    <TheHeader />
    <h1>Home Page</h1>
  </div>
</template>

<style lang="scss" scoped>
.container .navbar {
  background-color: #D7A462;
}
</style>
```

▲ pages/index.vue

這時候會發現，因為限制作用域的關係，子元件 `<TheHeader>` 除了根元素外，讀取不到父元件樣式。

```
<template>
  <div>
    <div class="navbar">
      <h3>This is Header</h3>
    </div>
  </div>
</template>
```

▲ components/TheHeader.vue

可以搭配 :deep() 選擇器，將樣式作用於子元件：

```
<style lang="scss" scoped>
.container :deep(.navbar) {
  background-color: #D7A462;
}
</style>
```

▲ pages/index.vue

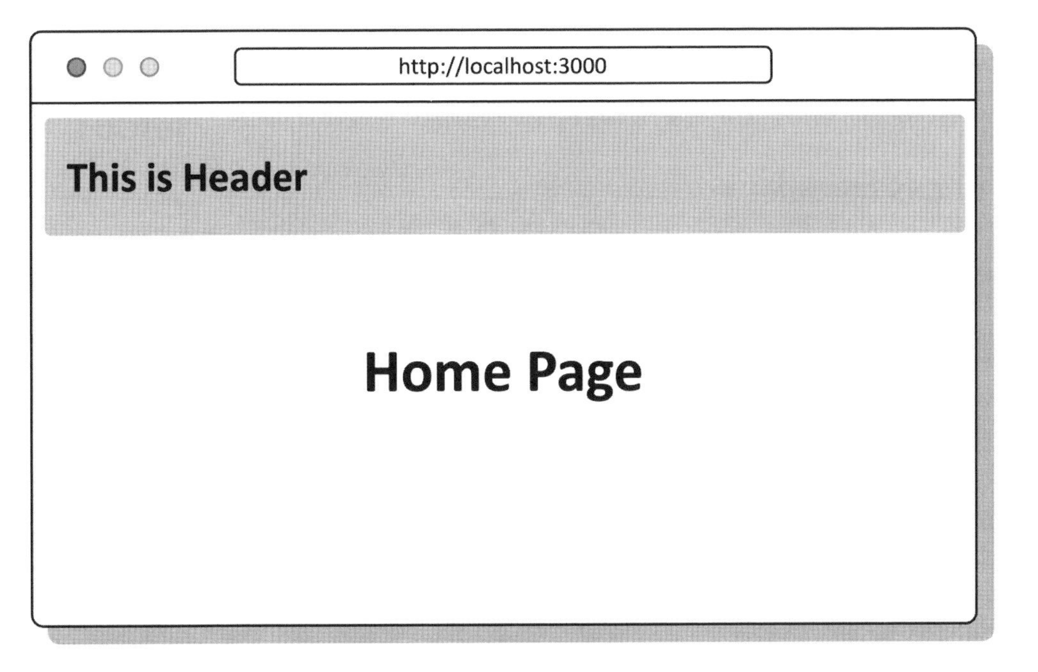

▶ v-bind 搭配 <style>

在 <style> 區塊直接使用 v-bind 加入響應式樣式：

```
<template>
  <div>
    <h1 class="title">Home Page</h1>
  </div>
```

```
</template>

<script setup>
const title = ref({
  opacity: 0.5
});
</script>

<style lang="scss" scoped>
.title {
  opacity: v-bind('title.opacity');
}
</style>
```

▲ pages/index.vue

▶ CSS Modules

`<style>` 搭配 `module` 屬性，可以使用 `$style` 取得模組內樣式：

```
<template>
  <div>
    <h1 :class="$style.primary">Home Page</h1>
  </div>
</template>

<style module>
.primary {
  color: #D7A462;
}
</style>
```

▲ pages/index.vue

4-13 搭配 CSS Framework：以 Bootstrap 5 為例

本篇搭配 Bootstrap v5.3.3 與 sass v1.77.6

前一篇 4-12 單元說明了如何在 Nuxt 專案撰寫 CSS 及 SCSS 樣式。除了手刻樣式外，在 CSS 框架蓬勃發展的時代，近年熱門的 Tailwind CSS、基於 Vue.js 的 Quasar、或與 Vue3 搭配的 Element Plus，都能快速上手，協助我們打造響應式網站。

本篇將結合 Bootstrap 5 * 和 SCSS，說明如何在 Nuxt 搭配 CSS 框架。

Bootstrap 5 簡介

Bootstrap 提供了豐富的 Sass 變數、Mixins、網格系統、預設元件和 JavaScript 插件，幫助我們快速構建和自訂網站樣式及功能。

Bootstrap 5 與先前版本最大的不同，除了移除對 jQuery 的依賴，也新增 Utilities API，基於 Sass Maps 生成 CSS Class，使樣式管理與擴充更加簡單。

• • • • • • • •

使用 Bootstrap 設計樣式

▶ Step1：套件安裝

首先安裝 `bootstrap` 與 `sass`：

```
npm i bootstrap
```

* Bootstrap https://getbootstrap.com/

```
npm i -D sass
```

> **NOTE**：
>
> 如果發生 `sass` 棄用警告，可以先將 `sass` 降版到 v1.77.6

▶ Step2：配置 SCSS 樣式

範例：

```
assets/
|— scss/
    |— app.scss
    |— _variables.scss // 自訂變數
    |— _utilities.scss // 自訂 utilities
    |— _style.scss // 自訂樣式
```

在 `assets/scss/app.scss` 匯入 Bootstrap 樣式與自訂樣式。需注意引入順序以確保樣式效果正確顯示：

```
/** Step 1. 引入 Bootstrap functions，提供 color、svg 等功能操作 */
@import "bootstrap/scss/functions";

/** Step 2. 自訂變數應放在 Bootstrap 變數前，才能覆蓋預設變數 */
@import "./variables";

/** Step 3. 引入 Bootstrap 的核心變數與 mixins */
@import "bootstrap/scss/variables";
@import "bootstrap/scss/variables-dark";
@import 'bootstrap/scss/maps';
@import "bootstrap/scss/mixins";
@import "bootstrap/scss/root";

/** Step 4. 引入 Bootstrap utilities */
@import "bootstrap/scss/utilities";
```

```
/** Step 5. 自訂與擴充 utilities */
@import "./utilities";

/** Step 6. 引入需要的 Bootstrap 元件，避免引入不必要的元件 */
@import "bootstrap/scss/reboot";
@import "bootstrap/scss/type";
@import "bootstrap/scss/containers";
@import "bootstrap/scss/grid";
@import "bootstrap/scss/tables";
@import "bootstrap/scss/forms";
@import "bootstrap/scss/buttons";
@import "bootstrap/scss/transitions";
@import "bootstrap/scss/close";
@import "bootstrap/scss/modal";
@import "bootstrap/scss/helpers";
/** ... */

/** Step 7. 引入 utilities api 來生成 utilities class */
@import "bootstrap/scss/utilities/api";

/** Step 8. 自訂樣式來覆蓋以上樣式 */
@import "./style";
```

▲ assets/scss/app.scss

> **NOTE**：
>
> 匯入 Bootstrap 樣式有兩種方式：
>
> - 匯入整個 Bootstrap 樣式
> - 只載入實際使用到的部分樣式
>
> 建議使用第二種方式，這樣可以減少生成的 CSS 文件大小，提升頁面效能。匯入整個 Bootstrap 方式：
>
> ```
> @import "bootstrap/scss/bootstrap";
> ```

▶ Step3：擴充 Utilities

透過 `map-merge` 擴充 Bootstrap Utilities，這個方法可以幫助我們自訂或新增樣式規則，並自動生成對應的 CSS 類別（class）和相應的樣式規則。

> **NOTE**：
>
> 詳細的 Utilities 定義方法請參考 Bootstrap Utility API *。

以下範例說明如何擴充 cursor 屬性，生成 `.cursor-pointer`、`.cursor-auto` 等 class 及其對應的樣式規則，例如 `cursor: pointer`。

```
$utilities: map-merge(
  $utilities,
  (
    "cursor": (
      property: cursor,
      class: cursor,
      responsive: true,
      values: auto pointer grab
    )
  )
);
```

▲ assets/scss/_utilities.scss

▶ Step4：配置全域共用 CSS

將樣式檔加到 `nuxt.config` 的 `css` 選項，接下來全域都可以讀取到樣式。

* Bootstrap Utility API https://getbootstrap.com/

```
export default defineNuxtConfig({
  css: [
    '@/assets/scss/app.scss'
  ]
});
```

▲ nuxt.config.ts

> **NOTE**：
>
> 全域共用的 SCSS 變數不會自動注入到元件的樣式中（例如 `_variables.scss` 定義的變數），需搭配 Vite 的 `preprocessorOptions` 選項引入。說明請參考 4-12 單元。

● ● ● ● ● ● ● ●

使用 Bootstrap JavaScript Plugins

▶ Step1：新增插件

首先，在 `plugins/` 目錄新增插件：

```
plugins/
|— bootstrap.client.js
```

> **NOTE**：
>
> 因 Bootstrap 插件依賴於瀏覽器 API，因此檔名需加上 `.client` 後綴，限制在客戶端載入，否則在伺服器端執行時會拋錯。插件相關應用可以參考 4-5 單元。

▶ Step2：加入 Bootstrap 插件

透過 `provide` 方法，將使用到的 Bootstrap Plugins 注入到 `NuxtApp`。以下範例注入 `Modal` 互動視窗與 `Collapse` 摺疊面板。

```
// 匯入 Bootstrap 的 JS
import * as bootstrap from 'bootstrap';
// 指定需要的插件
const { Modal, Collapse } = bootstrap;

export default defineNuxtPlugin((nuxtApp) => {
  return {
    provide: {
      bootstrap: {
        modal: element => new Modal(element),
        collapse: element => new Collapse(element)
      }
    }
  };
});
```

▲ plugins/bootstrap.client.js

▶ Step3：使用 Bootstrap 插件

在頁面透過 `useNuxtApp` 調用注入的 `$bootstrap` 方法，以 `Modal` 插件進行說明：

- 使用 `$bootstrap.modal()` 建立實體（必須在客戶端生命週期調用）
- 透過實體內的函式來操作 Modal，例如：`modal.show()`、`modal.hide()`
- 在頁面卸載 `onUnmounted` 時清除 `Modal`，避免頁面切換時出現殘留畫面

```
<template>
  <div>
    <div class="modal fade" tabindex="-1" ref="modalRef">
      <div class="modal-dialog">
        <div class="modal-content">
          <div class="modal-header">
            <h5>Modal Title</h5>
```

```
          <button type="button" class="btn-close"
          data-bs-dismiss="modal" aria-label="Close" />
        </div>
        <div class="modal-body">
          Modal Body
        </div>
        <div class="modal-footer">
          <button type="button" class="btn btn-primary"
          data-bs-dismiss="modal">
            close
          </button>
        </div>
      </div>
    </div>
  </div>
  <!-- 點擊按鈕開啟 Modal -->
  <button type="button" class="btn btn-success"
  @click="showModal">
    Open Modal
  </button>
</div>
</template>

<script setup>
const { $bootstrap } = useNuxtApp();
const modalRef = ref(null);
let modal;
const showModal = () => {
  modal.show();
};

onMounted(() => {
  modal = $bootstrap.modal(modalRef.value);
});

onUnmounted(() => {
  modal.dispose();
});
</script>
```

▲ pages/index.vue

接下來，使用者即可與 `Modal` 進行互動。點擊按鈕後，將會觸發 `Modal` 的顯示效果：

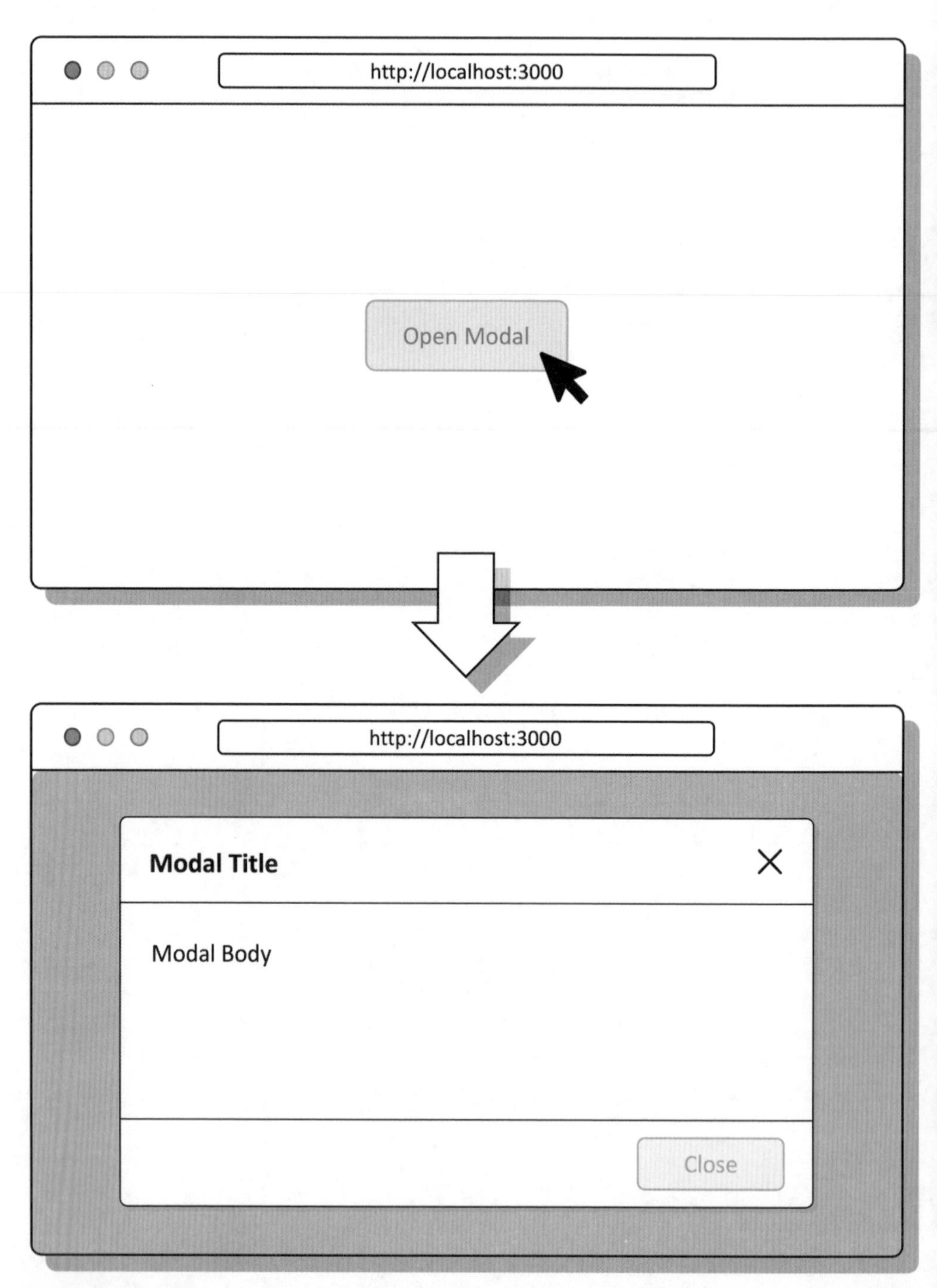

4-14 自訂載入（Loading）效果

Nuxt 底層使用 Vue 的 `<Suspense>` * 元件來管理非同步資料。預設在路由切換時，會確保所有非同步資料（例如 API 請求或動態載入的元件）載入完成後，才進行導航，避免出現空白頁面或資料不完整的情況。

我們可以使用 Nuxt 內建的 `<NuxtLoadingIndicator>` 進度條元件，來在頁面切換時顯示轉場效果，提供更流暢的使用者體驗。此外，也可以自訂元件來客製化載入樣式與觸發時機。

路由切換載入效果

▶ 方法一：使用 <NuxtLoadingIndicator> 元件

`<NuxtLoadingIndicator>` 是 Nuxt3 內建的進度條元件，於路由切換時觸發，並在頁面上方顯示進度條。我們可以在 `app.vue` 或 `layouts` 中加入元件：

```
<template>
  <div>
    <NuxtLoadingIndicator />
    <NuxtPage />
  </div>
</template>
```

▲ app.vue

* Vue Suspense https://vuejs.org/guide/built-ins/suspense

props：

- **`color`**：進度條顏色，預設為 `repeating-linear-gradient` 漸層色，可以設定為 `false` 來移除顏色樣式
- **`errorColor`**：發生錯誤時，進度條顯示的顏色
- **`height`**：進度條高度，預設為 3（單位：px）
- **`duration`**：進度條持續時間，預設為 2000（單位：毫秒）
- **`throttle`**：延遲顯示進度條的時間，預設為 200（單位：毫秒）
- **`estimatedProgress`**：自定進度條計算函式，預設為逐漸變慢。函式接收 `duration`（持續時間）和 `elapsed`（經過時間）（單位：毫秒）兩個參數，回傳 0 到 100 之間的進度值

範例：

- 由於範例中無非同步資料，將 `throttle` 設為 0 才能顯示進度條（預設延遲 200 毫秒）
- 將進度條計算函式調整為非線性函式

```
<template>
  <div>
    <NuxtLoadingIndicator
      color="#FFC000"
      :throttle="0"
      :estimated-progress="estimatedProgress"
    />
    <NuxtPage />
  </div>
</template>

<script setup>
const estimatedProgress = (duration, elapsed) => {
  // 非線性函式
  const progress = Math.pow(elapsed / duration, 0.5) * 100;
  // 回傳 0 到 100 之間的進度值
  return Math.min(100, Math.max(0, progress));
};
</script>
```

▲ app.vue

http://localhost:3000

Home Page

▶ 方法二：搭配 useLoadingIndicator 自訂載入效果

`useLoadingIndicator` 為 Nuxt3 用來控制載入效果的組合式函式。這個函式可以讓我們靈活地針對需求，完全客製化的調整樣式。

`useLoadingIndicator` 主要是透過監聽 Nuxt 的生命週期 hook 來調整載入狀態：

- **`page:loading:start`**：在客戶端頁面 `setup` 執行時觸發
- **`page:loading:end`**：在客戶端頁面載入完成後觸發
- **`vue:error`**：在 Vue 發生的錯誤傳到根元件時觸發

```
<script setup>
const {
  progress,
  isLoading,
  error,
```

```
  start,
  finish,
  clear
} = useLoadingIndicator({
  duration: 2000,
  throttle: 200,
  estimatedProgress: (duration, elapsed) =>
    (2 / Math.PI * 100) * Math.atan(
      (elapsed / duration) * 100 / 50
    )
})
</script>
```

> **NOTE**：
>
> `<NuxtLoadingIndicator>` 元件也是使用 `useLoadingIndicator` 函式來設計功能

相關參數：

- **`duration`**：進度條持續時間，預設為 2000（單位：毫秒）
- **`throttle`**：延遲顯示進度條的時間，預設為 200（單位：毫秒）
- **`estimatedProgress`**：自定進度條計算函式，預設為逐漸變慢。函式接收 `duration`（持續時間）和 `elapsed`（經過時間）（單位：毫秒）兩個參數，回傳 0 到 100 之間的進度值

回傳值：

- **`progress`**：進度值，範圍在 0 到 100 之間
- **`isLoading`**：布林值，表示是否正在載入
- **`error`**：布林值，表示是否發生錯誤
- **`start()`**：啟動載入狀態
- **`finish()`**：結束載入狀態，將進度設為 100，並調用 `clear()`
- **`clear()`**：清除 `useLoadingIndicator` 使用的計時器

範例：

搭配 `useLoadingIndicator` 函式自行設計載入效果，首先新增一個元件：

```
components/
|— CustomLoadingIndicator.vue
```

接下來可以進行樣式與參數調整，並使用 `isLoading` 來判斷載入狀態。由於範例中無非同步資料，將 `throttle` 設為 0 才能顯示進度條。

```
<template>
  <div class="loading-wrap" :class="{ show: isLoading }">
    <div class="spinner"></div>
  </div>
</template>

<script setup lang="ts">
const { isLoading } = useLoadingIndicator({
  throttle: 0
});
</script>

<style lang="scss" scoped>
.loading-wrap {
  position: fixed;
  display: none;
  color: #FFC000;
  background-color: #0006;
  inset: 0;
  backdrop-filter: blur(5px);

  &.show {
    display: flex;
    align-items: center;
    justify-content: center;
  }
}
```

```
.spinner {
  display: inline-block;
  width: 2rem;
  height: 2rem;
  vertical-align: text-bottom;
  border: .25em solid currentcolor;
  border-right-color: transparent;
  border-radius: 50%;
  animation: spinner .75s linear infinite;
}

@keyframes spinner {
  to {
    transform: rotate(360deg);
  }
}
</style>
```

▲ components/CustomLoadingIndicator.vue

在 `app.vue` 或 `layouts` 中調整元件：

```
<template>
  <div>
    <CustomLoadingIndicator />
    <NuxtPage />
  </div>
</template>
```

▲ app.vue

接著在進到每個頁面時，`useLoadingIndicator` 函式會自動監控生命週期事件，並自動觸發進度條的開始和結束，無需手動控制。

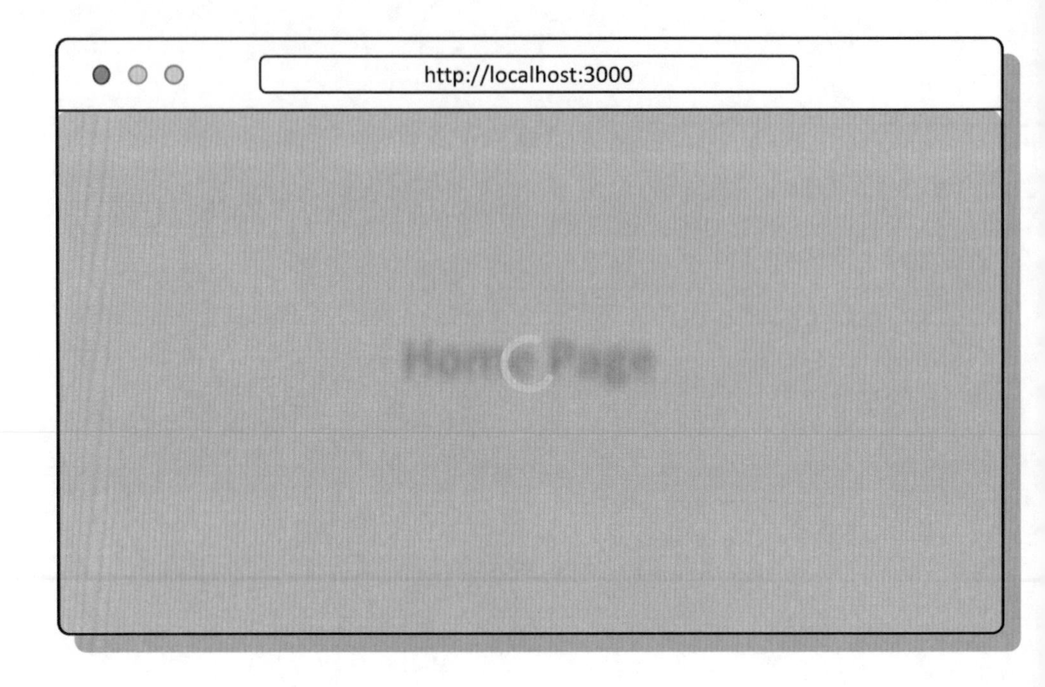

資料請求（Data Fetching）載入效果

在使用 Nuxt3 的 `useFetch` 或 `useAsyncData` 組合式函式進行資料請求時，常會搭配載入效果來提升使用者等待資料時的體驗。接下來以 `useFetch` 為例進行說明。

> **NOTE**：
>
> `useFetch` 的詳細應用請參考 4-9 單元。

範例：

透過 `useFetch` 回傳的 `status` 來判斷狀態，當 `status` 為 `pending` 時顯示載入效果：

```
<template>
  <div>
    <div v-if="status === 'pending'">
      Loading ...
    </div>
    <div v-else>
      User Info: <pre>{{ data }}</pre>
      <button type="button" @click="id++">next</button>
    </div>
  </div>
</template>

<script setup>
const id = ref(1);
const { data, status } = useFetch(
  () => `/api/user/${id.value}`
);
</script>
```

▲ pages/index.vue

畫面示意如下：

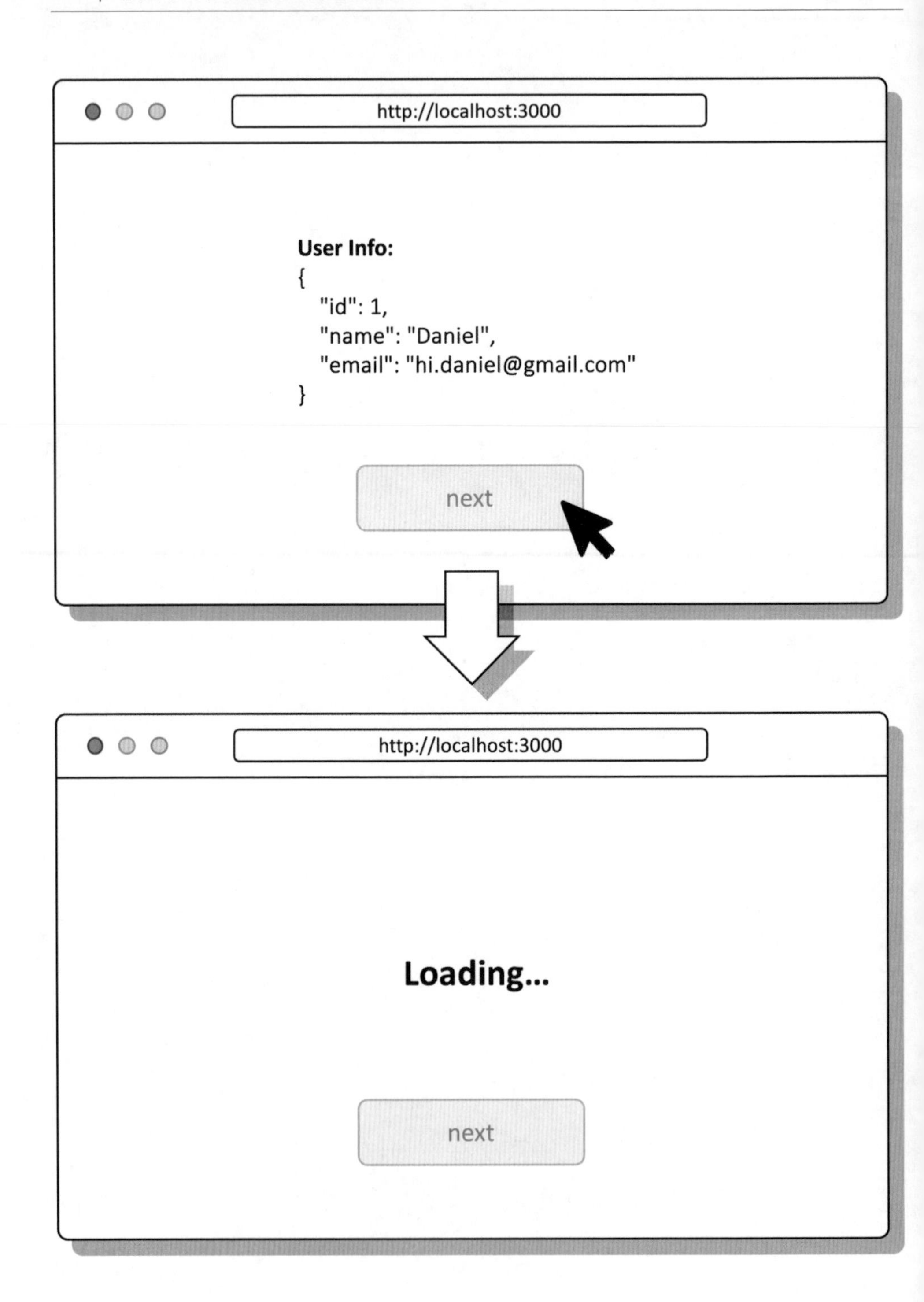
http://localhost:3000
User Info:
{
"id": 1,
"name": "Daniel",
"email": "hi.daniel@gmail.com"
}
next
http://localhost:3000
Loading...
next

4-15 錯誤處理與自訂錯誤頁面（Error Page）

即使在專案開發與上線過程中經過嚴格的程式碼審查與測試，還是難免遇到不可預期的錯誤，或是使用者操作所引發的錯誤。此時，錯誤的捕捉與處理很重要，如何給予使用者清楚且適當的資訊與引導，是優化使用者體驗（UX）重要的一環。

舉個例子，當使用者進到一個不存在的頁面，如果只看到「404 Error」，可能會感到困惑，但如果錯誤訊息顯示為「找不到這個頁面，請檢查網址是否正確」，並附上其他頁面的連結，資訊會更清晰。

● ● ● ● ● ● ● ●

錯誤發生時機

Nuxt3 具備全端功能（伺服器端與客戶端），錯誤可能發生在下列時機：

▶ Vue 生命週期發生的錯誤

可以使用 `onErrorCaptured`、`vue:error`、或全域處理器 `vueApp.config.errorHandler` 來捕捉。

▶ 應用程式啟動時的錯誤

依據執行順序，錯誤可能發生於以下階段，Nuxt 會自動調用 `app:error` hook 來捕捉錯誤：

- 執行 `plugins/` 插件
- 執行 `app:created` 與 `app:beforeMount` hook

- Vue 應用程式在伺服器端渲染成 HTML
- 客戶端掛載 Vue 應用程式時，建議搭配 `onErrorCaptured` 與 `vue:error` 捕捉與處理錯誤
- 執行 `app:mounted` hook

▶ Nitro 伺服器端的錯誤

目前無法直接定義伺服器端生命週期（`server/` 目錄）的錯誤處理函式，但可以透過錯誤頁面來顯示錯誤內容，請參考本篇後續的錯誤頁面說明。

▶ 載入 JS chunks 發生的錯誤

當網路連線失敗，或部署時 chunk 檔案的 `hash` 值改變，可能導致 chunk 載入錯誤。Nuxt 會觸發 `app:chunkError` hook 捕捉這類錯誤，預設行為是強制重新載入頁面，或是在 `nuxt.config` 調整預設行為。

`emitRouteChunkError` 選項：

- `automatic`：預設值，發生錯誤時自動重新載入頁面
- `false`：關閉預設行為
- `manual`：自訂錯誤處理行為

```
export default defineNuxtConfig({
  experimental: {
    emitRouteChunkError: false
  }
});
```

▲ nuxt.config.ts

Vue 生命週期錯誤捕捉

範例：

新增一個元件，在元件中觸發一個未定義的函式。

```
<template>
  <button @click="sayHello()">No Function</button>
</template>
```

▲ components/TheButton.vue

▶ onErrorCaptured

Vue 的生命週期 hook，在子元件的錯誤被捕捉到時調用。

```
<template>
  <TheButton />
</template>

<script setup>
onErrorCaptured((error) => {
  console.error('onErrorCaptured', error);
});
</script>
```

▲ pages/index.vue

▶ vue:error

Nuxt 提供的 hook，基於 `onErrorCaptured` 建立，當錯誤傳到根元件時調用。

▶ vueApp.config.errorHandler

Vue 的全域錯誤處理器，用來捕捉 Vue 發生的所有錯誤，即使錯誤已經被處理。

NOTE：

Vue 實體 `vueApp` 掛載在 Nuxt 實體 `nuxtApp` 之下。

```
export default defineNuxtPlugin((nuxtApp) => {
  nuxtApp.hook('vue:error', (error, instance, info) => {
    console.log('vue:error', error);
  });

  nuxtApp.vueApp.config.errorHandler = (error, instance,
  info) => {
    console.log('errorHandler', error);
  };
});
```

▲ plugins/errorHandler.js

當 `<TheButton>` 元件內部觸發未定義的函式，調用 `onErrorCaptured`、`vue:error`、`vueApp.config.errorHandler` 攔截錯誤：

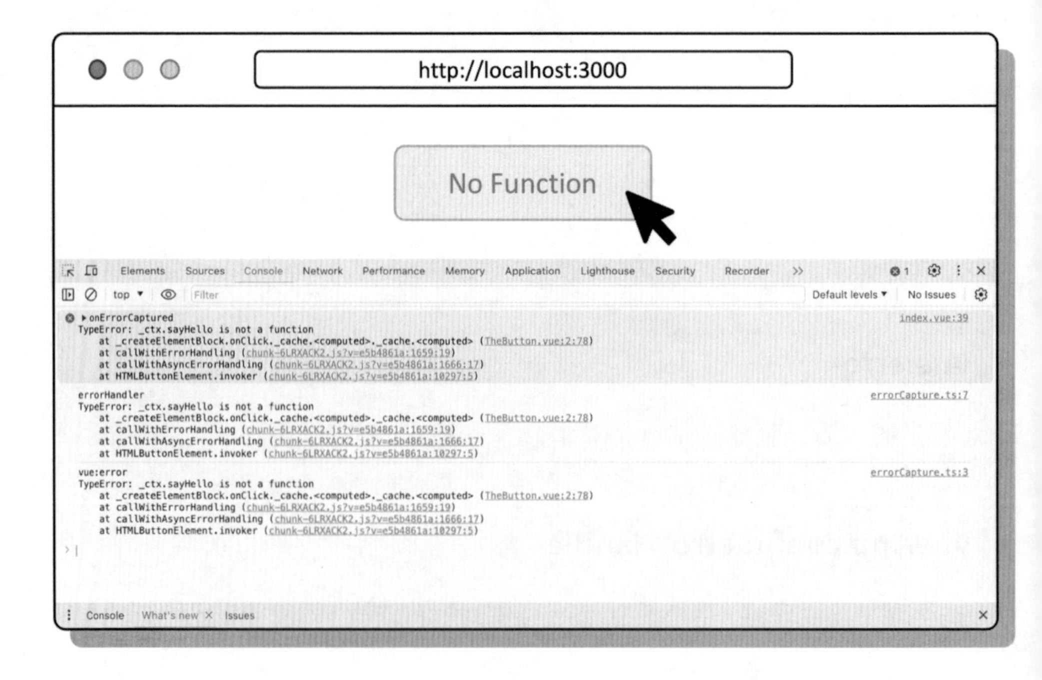

錯誤處理函式

▶ createError

用來建立帶有錯誤訊息的物件，並搭配 `throw` 拋出錯誤。

- **伺服器端**：拋出致命錯誤（fatal error），顯示錯誤頁面
- **客戶端**：拋出非致命錯誤（non-fatal error），如果要顯示錯誤頁面，需設定 `fatal: true`

```
<script setup>
const route = useRoute();
const { data } = await useFetch(
  `/api/user/${route.params.id}`
);

if (!data.value) {
  throw createError({
    statusCode: 404,
    statusMessage: 'Page Not Found',
    fatal: true
  });
}
</script>
```

▲ pages/user/[id].vue

▶ showError

用來建立帶有錯誤訊息的物件，並觸發錯誤頁面，伺服器端有使用限制。

- **伺服器端**：需定義在 `middleware/`、`plugins/` 或是 `setup()` 函式內，顯示錯誤頁面
- **客戶端**：顯示錯誤頁面

```
<script setup>
const route = useRoute();
const { data } = await useFetch(
  `/api/user/${route.params.id}`
);

if (!data.value) {
  showError({
    statusCode: 404,
    statusMessage: 'Page Not Found'
  });
}
</script>
```

▲ pages/user/[id].vue

▶ useError

使用 `showError` 或是 `createError` 拋出錯誤時，可以透過 `useError` 取得目前正在處理的全域錯誤資訊。

```
<script setup>
const error = useError();
</script>
```

▶ clearError

用來清除當前處理的錯誤訊息，可以透過 `redirect` 重新導向到其他路由。

```
<template>
  <div>
    <h3>{{ error.statusCode }}</h3>
    <p>{{ error.message }}</p>
    <button @click="handleError">回首頁</button>
  </div>
</template>

<script setup>
defineProps({
  error: {
    type: Object,
    required: true
  }
});

const handleError = () => clearError({ redirect: '/' });
</script>
```

▲ error.vue

● ● ● ● ● ● ● ●

錯誤頁面（Error Page）

Nuxt3 提供預設的錯誤頁面如下：

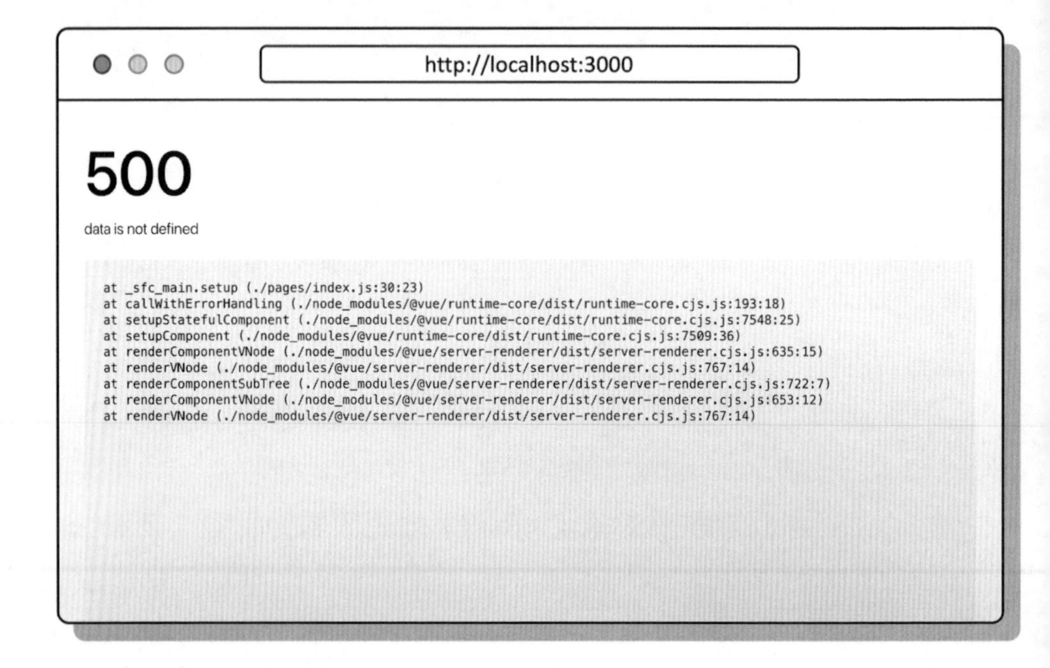

▶ 錯誤頁面觸發時機

當應用程式遇到「致命錯誤」（fatal error）時，會依據情況回應：

- 如果請求中包含 `Accept: application/json` 標頭（例如 API 請求時傳入的標頭），會回傳 JSON 格式的錯誤訊息
- 如果請求中沒有此標頭，則會顯示錯誤頁面

▶ 自訂錯誤頁

除了預設的畫面，我們也可以自訂錯誤頁面來覆寫預設的錯誤頁。

在專案根目錄新增 `error.vue`：

```
|— app.vue
|— error.vue
```

錯誤頁面會接收一個名為 error 的 props 物件，包含 statusCode、fatal、unhandled、statusMessage、data 等屬性。

```
<template>
  <div>
    <h2>{{ error.statusCode }}</h2>
    <p>{{ error.statusMessage }}</p>
    <NuxtLink to="/">Back Home</NuxtLink>
  </div>
</template>

<script setup>
defineProps({
  error: {
    type: Object,
    required: true
  }
});
</script>
```

▲ error.vue

NOTE：

error.vue 不具有路由，因此不能使用 definePageMeta 方法。

NOTE：

若想在 error 物件增加屬性，可以將屬性置於 data。

```
throw createError({
  statusCode: 404,
  statusMessage: 'Page Not Found',
  data: {
    customField: true
  }
});
```

範例：

新增一個動態路由頁面，進到頁面時，判斷 `id` 是否存在，若查無資料則顯示錯誤頁面：

```
pages/
|— user/
    |— [id].vue
```

```
<script setup>
const route = useRoute();
const { data } = await useFetch(
  `/api/user/${route.params.id}`
);

if (!data.value) {
  throw createError({
    statusCode: 404,
    statusMessage: 'Page Not Found'
  });
}
</script>
```

▲ pages/user/[id].vue

<NuxtErrorBoundary> 元件渲染錯誤資訊

除了錯誤頁面，Nuxt 也提供了 `<NuxtErrorBoundary>` 元件，用來在頁面局部顯示錯誤資訊。在某些情境下，比起直接拋出錯誤頁面，局部顯示錯誤資訊或替代畫面，能帶來更佳的使用者體驗。

範例：

新增一個元件，在元件中觸發一個未定義的函式。

```
<template>
  <button @click="sayHello()">No Function</button>
</template>
```

▲ components/TheButton.vue

元件會監聽和處理 `#default` 預設插槽內發生的錯誤：

- 錯誤發生時，觸發 `@event` 事件
- 在客戶端，`<NuxtErrorBoundary>` 會防止錯誤向上冒泡
- 捕捉到錯誤後，`<NuxtErrorBoundary>` 會渲染 `#error` 插槽的內容，`#error` 插槽內接收 `error` 與 `clearError` 屬性，分別用來顯示與清除錯誤
- 觸發 `clearError` 函式清除錯誤（將 `error` 設定為 `null` ），並重新渲染 `#default` 插槽的內容

```
<template>
  <NuxtErrorBoundary @error="errorLogger">
    <!-- #default slot -->
    <h1>Home Page</h1>
    <TheButton />

    <!-- #error slot -->
    <template #error="{ error, clearError }">
      <div>
        <h5>Something Wrong:</h5>
        <span>{{ error }}</span>
      </div>

      <button @click="clearError">clearError</button>
    </template>
  </NuxtErrorBoundary>
</template>

<script setup>
const errorLogger = (error) => {
  console.error('errorLogger', error);
};
</script>
```

▲ pages/index.vue

當 `<TheButton>` 元件內部觸發未定義的函式，觸發 `<NuxtErrorBoundary>` 顯示錯誤資訊：

第五章
全域資料管理

5-1 狀態管理 (1) – useState

元件系統是 Vue.js 的重要特性之一，將應用程式拆分為獨立且可重用的元件。每個元件都包含自己的模板、邏輯和樣式，從而提高程式碼的可讀性、可維護性和重用性。

元件系統讓每個元件獨立管理其狀態，因此元件之間的狀態共享相對複雜。父子元件之間的資料傳遞可以透過 `props` 和 `emit`，或者使用跨層級傳遞的 `provide` 和 `inject`。然而，當需要在多個元件之間共享狀態時，這種管理就變得更加困難（如以下範例，`<Header>` 跟 `<SidebarItem>` 跨元件共享狀態）。

```
components/
|—— Header.vue
|—— Sidebar.vue
|—— SidebarItem.vue
```

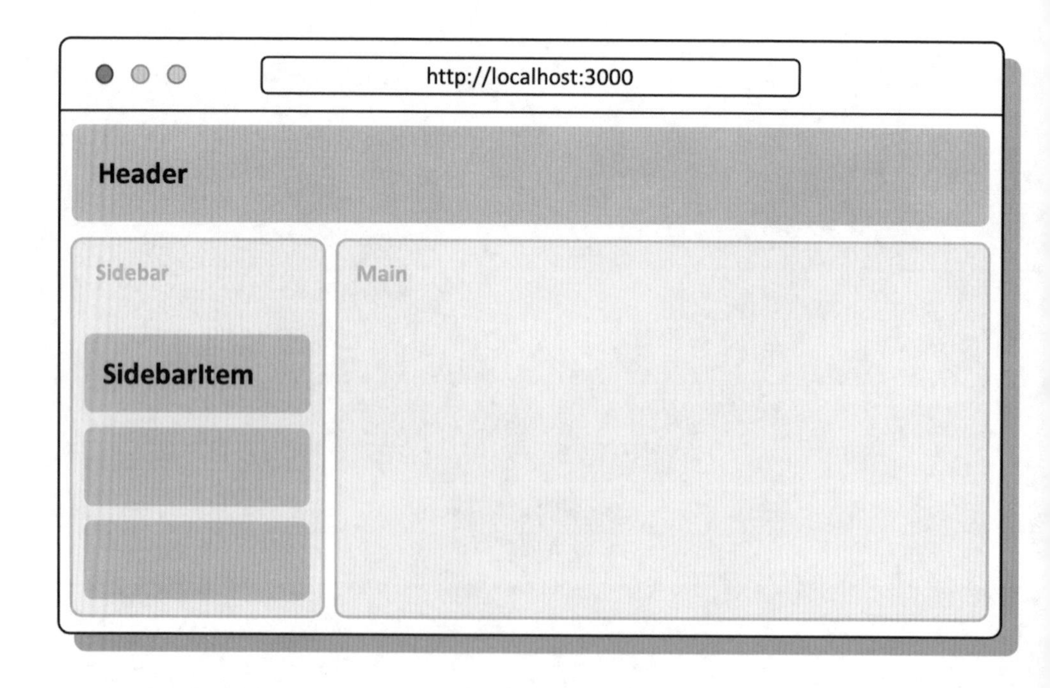

本章節將說明如何在 Nuxt3 中使用更有效的方式來管理共享狀態。

跨元件狀態管理分為三個部分進行說明。**本篇將介紹 `useState`**：

1. **`useState`**：Nuxt 狀態共享函式
2. **`Pinia`**：Vue 狀態管理工具
3. 狀態持久化方式

● ● ● ● ● ● ● ●

提到狀態共享，需先理解 Nuxt 的渲染模式 Universal，結合了 SSR（Server-Side Rendering）及 CSR（Client-Side Rendering），由伺服器端預先載入 HTML，並傳給瀏覽器，接著瀏覽器載入 JavaScript 並執行，至此網頁才具有互動性。

狀態同步問題

在 Universal 渲染模式下，如果我們直接使用 Vue 的 `ref` 或是 `reactive` 定義響應式狀態，並不會在伺服器端儲存後傳給客戶端。因此，客戶端會重新執行一次狀態初始化，大部分情況下可以正常運作。但如果伺服器端和客戶端運算出來的值不同，可能導致問題。

範例：使用 `ref` 建立一個亂數產生器

```
<template>
  <div>
    {{ count }}
  </div>
</template>

<script setup>
const count = ref(Math.round(Math.random() * 100));
</script>
```

▲ pages/count.vue

這時開啟瀏覽器會拋出警告 `Hydration text content mismatch`，這是因為在伺服器端渲染的 `count` 值，跟客戶端運算出的結果不同所致。

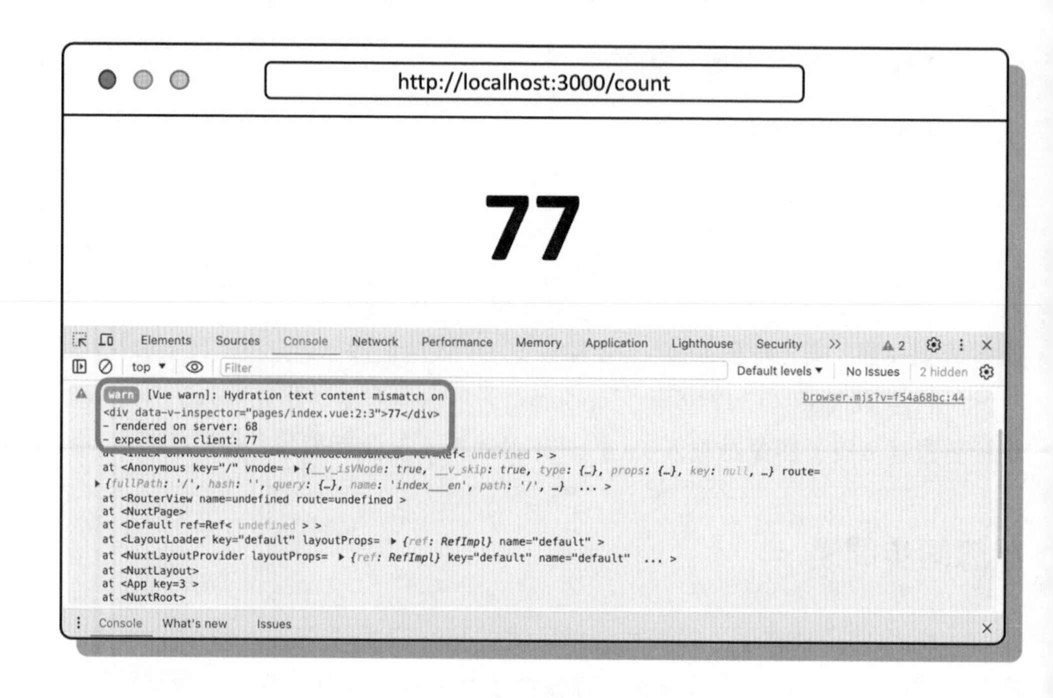

● ● ● ● ● ● ● ●

useState

Nuxt3 內建的狀態共享函式，用來建立響應式與伺服器端友善（SSR-friendly）的共享狀態。使用 `useState` 能夠在伺服器端渲染後保存狀態，並同步到客戶端，確保狀態一致。

```
const count = useState('counter', () => { // ... });
```

`useState` 接收兩個參數：

- 第一個參數：`key`，唯一值，避免重複取得資料，如果沒傳入會自動產生

- 第二個參數：在狀態未初始化時，回傳初始值的函式，這個函式也可以回傳 `ref`

> **NOTE**：
>
> `useState` 內的資料會被序列化為 `JSON` 格式，因此不能包含任何無法被序列化的內容，像是 Class 類別、函式或符號。

範例：使用 `useState` 建立一個亂數產生器，伺服器端與客戶端取得相同的狀態

```
<template>
  <div>
    {{ count }}
    <button @click="count--">-</button>
    <button @click="count++">+</button>
  </div>
</template>

<script setup>
const count = useState('counter', () =>
  Math.round(Math.random() * 100)
);
</script>
```

▲ pages/count.vue

▶ 搭配組合式函式建立共享狀態

也可以在組合式函式內定義全域的狀態，在整個應用程式中使用。

範例：建立一個 `useCounter` 組合式函式，使用 `useState` 加入狀態

```
composables/
|— useCounter.js
```

```
export const useCounter = () => useState('counter', () =>
  Math.round(Math.random() * 100)
);
```

▲ composables/useCounter.js

接著在頁面使用組合式函式取值與操控狀態，`useCounter()` 等同於 `useState('counter')`：

```
<template>
  <div>
    count: {{ count }}
    <button @click="count--">-</button>
    <button @click="count++">+</button>
    <NuxtLink to="/">Back Home</NuxtLink>
  </div>
</template>

<script setup>
const count = useCounter(); // or useState('counter')
</script>
```

▲ pages/count.vue

其他頁面也可以透過 `useCounter` 同步取得與更新狀態：

```
<template>
  <div>
    <h1>Home Page</h1>
    count: {{ count }}
  </div>
</template>

<script setup>
const count = useCounter();
</script>
```

▲ pages/index.vue

在 `/count` 頁面初始化後的狀態，會自動儲存在快取中，當進入其他頁面時，可以直接讀取到這個快取值。這樣的設計讓我們能在不同頁面中同步管理狀態，避免重複初始化和資料不一致的問題。

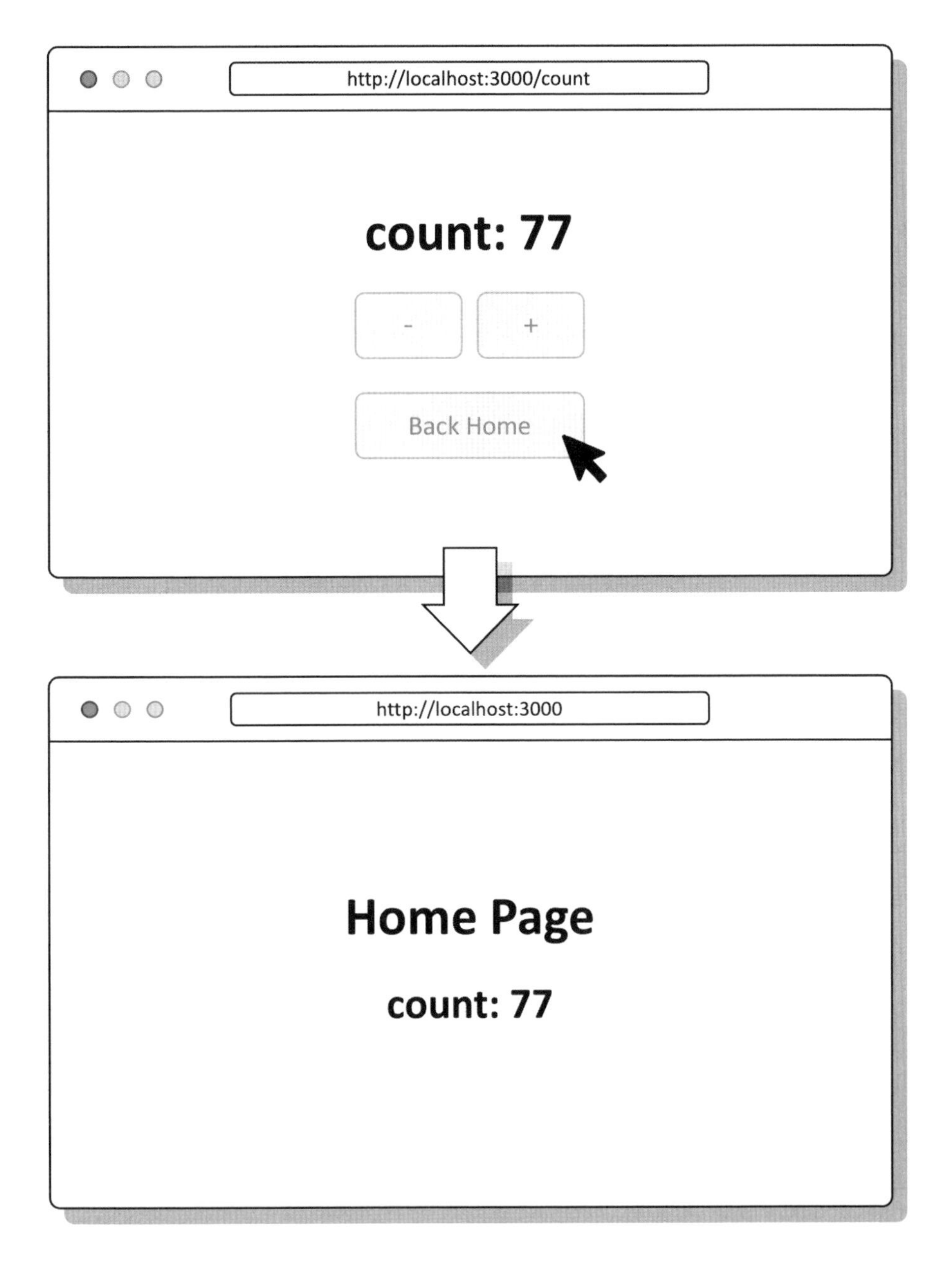

clearNuxtState 清除快取狀態

如果多個頁面共享相同的 `useState` key，即使初始化的值不相同，還是會讀取到快取的值。這時可以使用 `clearNuxtState(key)` 清除目前的快取狀態，確保其他頁面可以正確初始化狀態。

- `key` 可以是字串或陣列，用來清除一個或多個狀態
- 如果不帶參數，將會清除所有 `useState` 的快取狀態

範例：

在 `/count` 頁面中，點擊按鈕會觸發 `clearNuxtState('counter')` 清除狀態，當回到首頁時，狀態會重新初始化。

```
<template>
  <div>
    {{ count }}
    <button @click="clearCounter()">clear</button>
    <NuxtLink to="/">Back Home</NuxtLink>
  </div>
</template>

<script setup>
const count = useState('counter', () =>
  Math.round(Math.random() * 100)
);

const clearCounter = () => {
  clearNuxtState('counter');
};
</script>
```

▲ pages/count.vue

由於狀態的快取已經被清除，首頁會重新初始化狀態。

```
<template>
  <div>
    <h1>Home Page</h1>
    count: {{ count }}
  </div>
</template>

<script setup>
const count = useState('counter', () => 0);
</script>
```

▲ pages/index.vue

5-2 狀態管理 (2) – Pinia

> 本篇搭配 pinia v2.2.2 與 @pinia/nuxt v0.5.4

在多個元件之間共享狀態時，使用 `props` 和 `emit` 或跨層級的 `provide` 和 `inject`，可能會增加複雜性。5-1 單元介紹了 Nuxt 內建的 `useState` 函式，是一個快速建立響應式且與伺服器端友善（SSR-friendly）的狀態共享選擇。

當應用規模增大或需要管理更複雜的狀態時，推薦使用 Pinia 狀態管理工具。Pinia 可以將狀態拆分到不同的 store 模組中，並透過內建方法來更新狀態與讀取狀態，讓我們能以更有結構化的方式進行狀態管理。

● ● ● ● ● ● ● ●

Pinia

Pinia * 是 Vue 官方推薦的狀態管理工具，支援 Vue2 和 Vue3，可以視為 Vuex 的接班人。Pinia 的特點包含支援 Vue Devtools、熱模組替換（HMR）和伺服器端渲染等功能，並對 Vuex 的結構和使用方式進行了優化。

▶ Pinia vs Vuex

- 移除了 Vuex 的 `mutations`，統一使用 `actions` 進行狀態更新，簡化操作流程
- 完整支援 TypeScript
- 使用方式更加簡單直觀，直接引入函式即可調用
- 不需手動註冊模組，所有模組預設為動態註冊
- 移除了巢狀模組結構，調整為扁平化設計，store 之間可以互相使用

* Pinia https://pinia.vuejs.org/

- 每個 store 預設具備命名空間，不需另外設置

• • • • • • • •

Pinia 應用實作

▶ Step1：套件安裝

首先安裝 Pinia 以及 Nuxt 整合模組 `@pinia/nuxt`：

```
npm i pinia @pinia/nuxt
```

> **NOTE**：
>
> 如果在 npm 安裝過程中遇到模組版本衝突錯誤 `ERESOLVE could not resolve`，可以在 `package.json` 中加入 `overrides`，再重新安裝。
>
> ```
> "overrides": {
>   "vue": "latest"
> }
> ```
>
> ▲ package.json

▶ Step2：nuxt.config 配置

`stores/` 目錄下的檔案預設會自動匯入，但不包含巢狀目錄。可以透過 `pinia` 屬性調整自動引入的目錄：

```
export default defineNuxtConfig({
  modules: [
    '@pinia/nuxt'
  ],
  pinia: {
    storesDirs: ['./stores/**', './custom/stores/**']
  }
});
```

▲ nuxt.config.ts

▶ Step3：建立 store

範例：

在 `stores/` 目錄中建立檔案。

```
stores/
|— user.js
|— todos.js
```

兩種定義方式：

方法一：Option Stores

類似於 Vue 的 Options API 撰寫方式，比較直觀好理解。

- **`state`**：類似於 `data` 功能，用來定義狀態
- **`getters`**：類似於 `computed` 功能
- **`actions`**：類似於 `methods` 功能

```
export const useUserStore = defineStore('user', {
  state: () => ({
    firstName: 'Daniel',
    lastName: 'Chang'
  }),
  getters: {
    fullName(state) {
      return `${state.firstName} ${state.lastName}`;
    }
  }
});
```

▲ stores/user.js

Pinia 移除了 Vuex 中的 `mutations`，狀態更新統一由 `actions` 處理：

```
export const useTodoStore = defineStore('todo', {
  state: () => ({
    lists: []
  }),
  actions: {
    addTodo(text) {
      this.lists.push(text);
    }
  }
});
```

▲ stores/todos.js

方法二：Setup Stores

類似於 Vue Composition API `setup` 函式，提供更高的彈性，並且可使用 `watch()` 來監聽狀態變化。

- **`ref()`**：定義狀態（`state`）
- **`computed()`**：定義 `getters`
- **`function()`**：定義 `actions`

```
export const useUserStore = defineStore('user', () => {
  const firstName = ref('Daniel');
  const lastName = ref('Chang');

  const fullName = computed(() =>
    `${firstName.value} ${lastName.value}`
  );

  return { firstName, lastName, fullName };
});
```

▲ stores/user.js

```
export const useTodoStore = defineStore('todo', () => {
  const lists = ref([]);

  const addTodo = (text) => {
    lists.value.push(text);
  };

  return { lists, addTodo };
});
```

▲ stores/todos.js

▶ Step4：取得與更新狀態

接下來，使用 `useUserStore` 與 `useTodoStore` 取得 store 實體，透過實體來取得和更新狀態。

```
<template>
  <div>
    <div>Name: {{ userStore.fullName }}</div>
    <div>Todo List: {{ todoStore.lists }}</div>
    <button type="button" @click="todoStore.addTodo('say
    hello')">
      addTodo
    </button>
  </div>
</template>

<script setup>
const userStore = useUserStore();
const todoStore = useTodoStore();
</script>
```

▲ pages/index.vue

點擊按鈕後，成功新增一個 `todo` 項目到列表中。

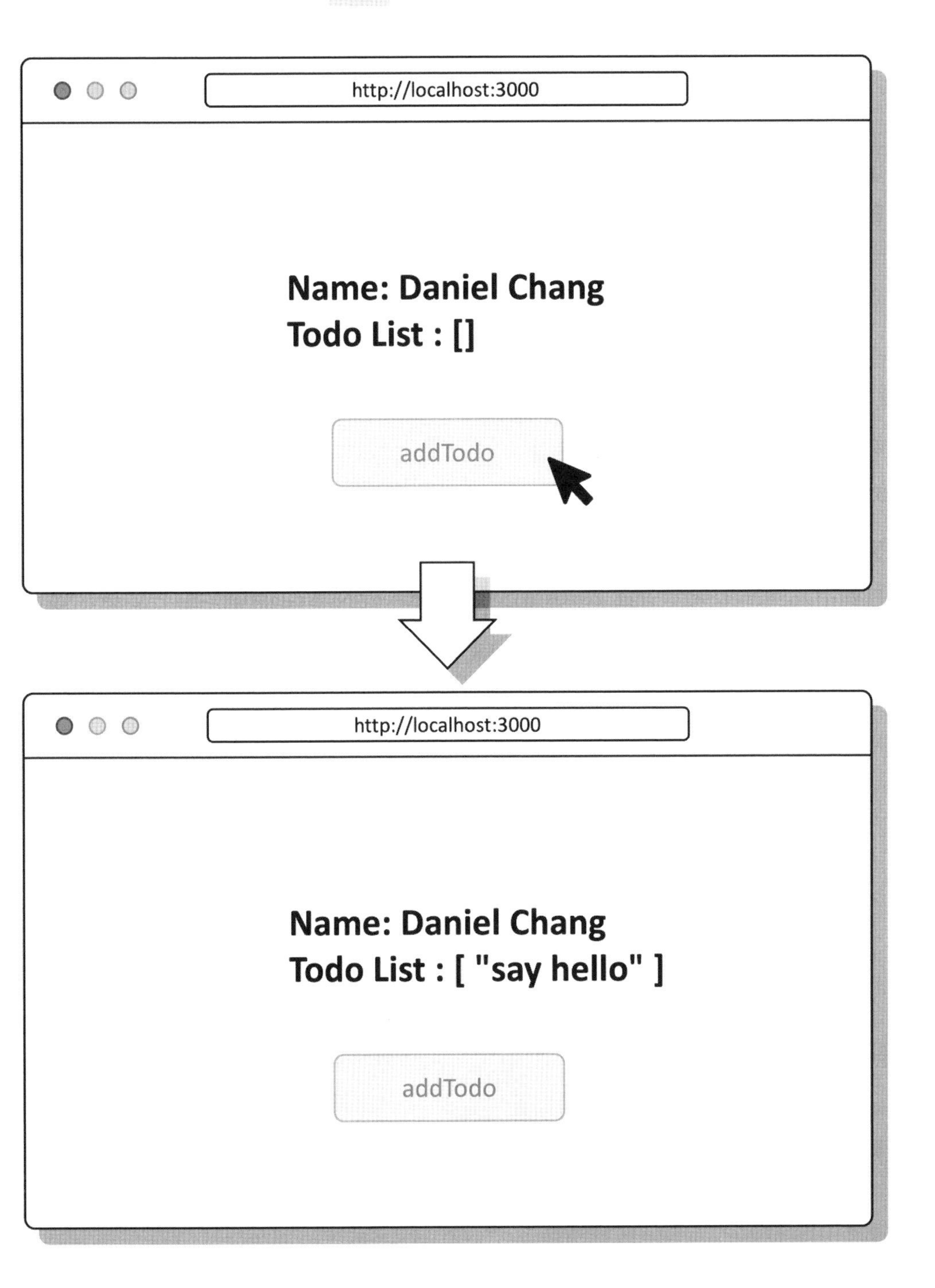

▶ Step5：狀態還原

方法一：Option Stores

直接調用 store 的 `$reset()` 方法將狀態還原為初始值：

```
<template>
  <div>
    <div>Todo List: {{ store.lists }}</div>
    <button type="button" @click="store.addTodo('say
    hello')">
      addTodo
    </button>
    <button type="button" @click="store.$reset()">
      reset
    </button>
  </div>
</template>

<script setup>
const store = useTodoStore();
</script>
```

▲ pages/index.vue

方法二：Setup Stores

需要自己建立一個 `$reset()` 方法來重置狀態：

```
export const useTodoStore = defineStore('todo', () => {
  const lists = ref([]);

  const addTodo = (text) => {
    lists.value.push(text);
  };
```

```
  // 自訂的狀態還原方法
  const $reset = () => {
    lists.value = [];
  };

  return { lists, addTodo, $reset };
});
```

▲ stores/todos.js

● ● ● ● ● ● ● ●

比較：Nuxt2 搭配 Vuex v3.x

將前面的範例改寫為 Nuxt2 搭配 Vuex 的應用方式，讓讀者更清楚比較 Vuex 與 Pinia 的差異。

```
store/
|— user.js
|— todos.js
```

```
export const state = () => ({
  firstName: 'Daniel',
  lastName: 'Chang'
});

export const getters = {
  fullName(state) {
    return `${state.firstName} ${state.lastName}`;
  }
};
```

▲ Vuex - store/user.js

```
export const state = () => ({
  lists: []
});

export const mutations = {
  addTodo(state, text) {
    state.lists.push(text);
  }
};
```

▲ Vuex - store/todos.js

Vuex 採用單一狀態樹的結構設計，為了維持可管理性，通常會透過模組來拆分 store，並設定命名空間（`namespaced`）來避免命名衝突。

在 Nuxt2 中，已經簡化了 Vuex 的模組結構。`store/` 目錄下的每個檔案會自動轉換為具命名空間的模組（`index.js` 為根模組）。Nuxt 會將這些檔案自動合併到 Vuex store，最終組成如下的 Vuex 狀態樹：

```
new Vuex.Store({
  modules: { // 拆分成模組
    user: {
      namespaced: true, // 命名空間
      state: () => ({
        firstName: 'Daniel',
        lastName: 'Chang'
      }),
      getters: {
        fullName(state) {
          return `${state.firstName} ${state.lastName}`;
        }
      }
    },
    todos: {
      namespaced: true, // 命名空間
      state: () => ({
        lists: []
      }),
      mutations: {
        addTodo(state, text) {
```

```
          state.lists.push(text);
        }
      }
    }
  }
});
```

在頁面使用時，需搭配 mapState、mapGetters、mapMutations 輔助函式來產生相對應的 computed 或方法，才能取得和更新 Vuex 中的狀態。

```
<template>
  <div>
    <div>Name: {{ fullName }}</div>
    <div>Todo List: {{ lists }}</div>
    <button type="button" @click="addTodo('say hello')">
      addTodo
    </button>
  </div>
</template>

<script>
import { mapMutations, mapGetters, mapState } from 'vuex';

export default {
  // ...
  computed: {
    ...mapState({
      lists: state => state.todos.lists
    }),
    ...mapGetters({
      fullName: 'user/fullName'
    })
  },
  methods: {
    ...mapMutations({
      addTodo: 'todos/addTodo'
    })
  }
};
</script>
```

▲ pages/index.vue

5-3 狀態管理 (3) －狀態持久化

本篇搭配 pinia-plugin-persistedstate v4.0.1

5-2 單元介紹了如何在 Nuxt3 使用 Pinia 來管理專案內的共享狀態。不過，當頁面重新載入或是關閉瀏覽器後，這些狀態會被重置。

如果希望在重新載入後，應用程式的狀態保持不變，或者在使用者不小心關閉網頁時仍保存先前的操作狀態，提供更好的使用者體驗，必須將資料儲存在使用者的瀏覽器儲存空間，如 cookie、localStorage 或 sessionStorage。

本篇將介紹兩種搭配 Pinia 維持狀態的方式（Pinia 的安裝應用請參考 5-2 單元）：

- Pinia Plugin Persistedstate 插件 *
- Nuxt `useCookie` ** 搭配 Pinia `$subscribe`

• • • • • • • •

Pinia Plugin Persistedstate 插件

`pinia-plugin-persistedstate` 是一個專為 Pinia 狀態管理設計的插件，主要功能是將 store 的狀態保存到指定的瀏覽器儲存空間，當使用者再次訪問網頁或頁面重新整理時，從儲存空間中載入先前的狀態。

除此之外，這個插件也提供了彈性的自訂選項，可以指定要保存的狀態項目、使用的儲存方式，並自定義狀態的序列化與反序列化方式。

---

* Pinia Plugin Persistedstate https://prazdevs.github.io/pinia-plugin-persistedstate/

** Nuxt useCookie https://nuxt.com/docs/api/composables/use-cookie

▶ Step1：套件安裝

安裝套件 `pinia-plugin-persistedstate`，該套件整合了 Nuxt 框架的支援：

```
npm i -D pinia-plugin-persistedstate
```

▶ Step2：nuxt.config 配置

將 `pinia-plugin-persistedstate/nuxt` 加入模組：

```
export default defineNuxtConfig({
  modules: [
    '@pinia/nuxt',
    'pinia-plugin-persistedstate/nuxt'
  ]
});
```

▲ nuxt.config.ts

▶ Step3：store 啟用狀態持久化

啟用狀態持久化功能，當資料更新時，狀態會被保存在瀏覽器儲存空間。

方法一：Option Stores

在 `defineStore` 加上 `persist: true`，啟用狀態持久化功能：

```
export const useTodoStore = defineStore('todo', {
  state: () => ({
    lists: []
  }),
  actions: {
```

```
    addTodo(text) {
      this.lists.push(text);
    }
  },
  persist: true
});
```

▲ stores/todos.js

方法二：Setup Stores

在 `defineStore` 的第三個參數中傳入 `{ persist: true }`：

```
export const useTodoStore = defineStore('todo', () => {
  const lists = ref([]);

  const addTodo = (text) => {
    lists.value.push(text);
  };

  return { lists, addTodo };
}, {
  persist: true
});
```

▲ stores/todos.js

▶ persist 選項

除了設定 `persist: true` 使用預設的配置，也可以自行調整 `persist` 設定，常用選項：

- **`key`**：指定儲存到儲存空間的 key 值，預設為 `store.$id`
- **`storage`**：選擇儲存方式，預設為 `cookie`（搭配 Nuxt3 的 `useCookie` 函式）

- **serializer**：序列化與反序列化方式，預設使用 `JSON.stringify()` 和 `JSON.parse()`
- **pick**：指定保存特定狀態，預設保存整個 `state`
- **debug**：是否啟用 debug 功能，預設為 `false`

▶ key

> 預設值：`store.$id`

以下範例，預設 key 值為 `todo`，調整為 `my-custom-key`：

```
export const useTodoStore = defineStore('todo', () => {
  // ...
}, {
  persist: {
    key: 'my-custom-key'
  }
});
```

▲ stores/todos.js

開啟瀏覽器開發者工具，在 Application → Cookies 查看調整後的 key：

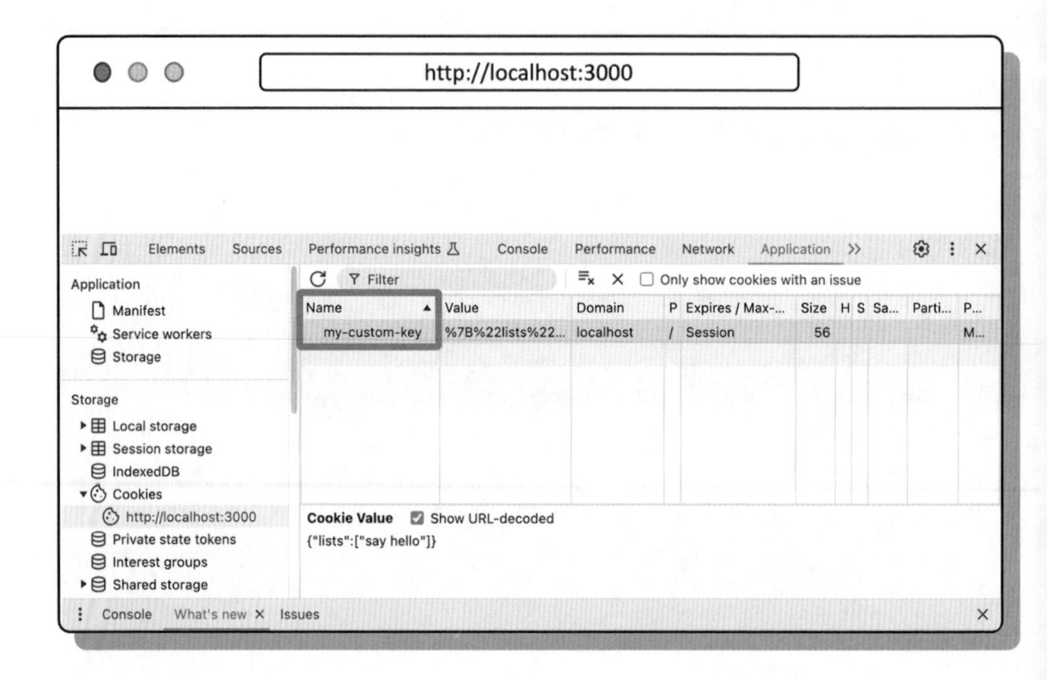

▶ storage

> 預設值：`cookies()`
>
> 選項：`localStorage()`、`sessionStorage()`、`cookies()`

使用 `piniaPluginPersistedstate` 變數進行配置：

```
export const useTodoStore = defineStore('todo', () => {
  // ...
}, {
  persist: {
    storage: piniaPluginPersistedstate.localStorage()
  }
});
```

▲ stores/todos.js

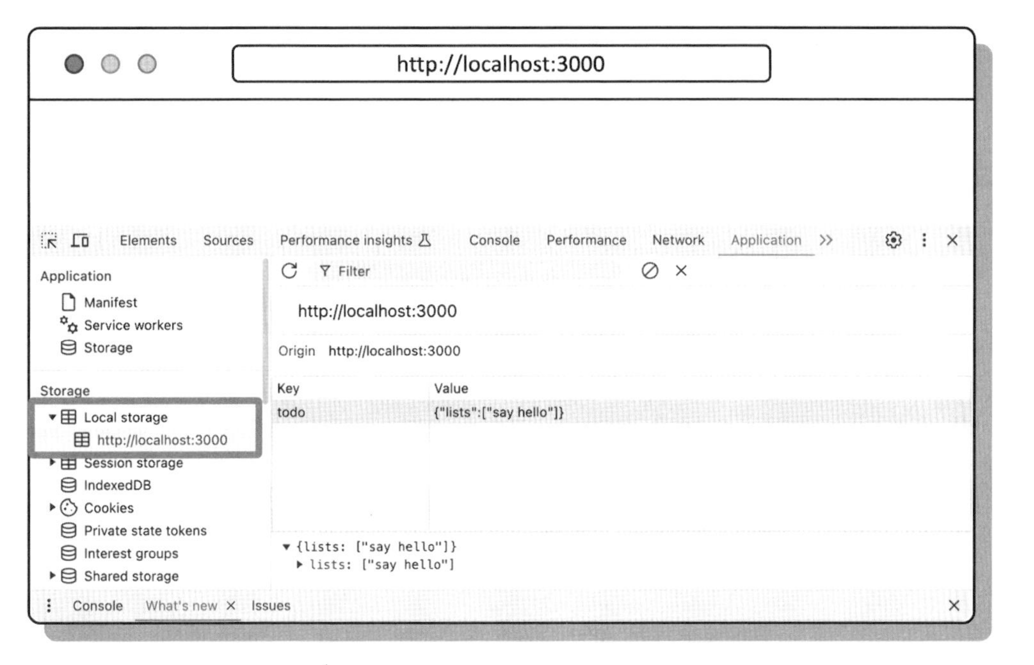

> **NOTE：**
>
> `localStorage` 與 `sessionStorage` 只存在於客戶端（瀏覽器），如果專案啟用了伺服器端渲染，會因為伺服器端與客戶端結果不同拋出 `Hydration text content mismatch` 錯誤。

選擇 cookie 時，可以傳入物件參數配置 cookie，選項同 `useCookie` 函式，以下範例說明：

- `sameSite: 'strict'`：嚴格限制跨站請求，增強安全性
- `maxAge: 86400`：有效期限設定為 86400 秒（1 天）

```
export const useTodoStore = defineStore('todo', () => {
  // ...
}, {
  persist: {
    storage: piniaPluginPersistedstate.cookies({
      sameSite: 'strict',
      maxAge: 86400
```

```
    })
  }
});
```

▲ stores/todos.js

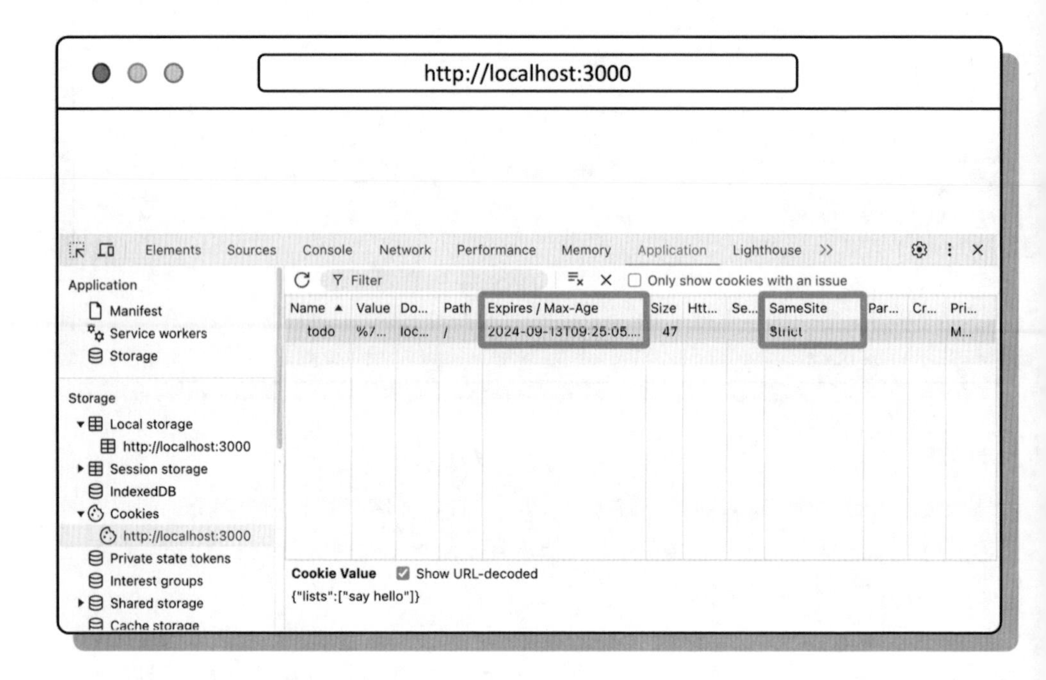

▶ pick

▌預設值：`undefined`

預設整個 store 的 `state` 狀態都會被保存，可以使用 `paths` 指定保存特定狀態。以下範例調整為只有 `name.firstName`、`name.lastName`、`age` 會被儲存：

```
export const useUserStore = defineStore('user', () => {
  const name = ref({
    firstName: 'Daniel',
```

```
    lastName: 'Chang',
    nickName: 'Bosu'
  });

  const age = ref(18);

  const rename = (text) => {
    name.value.firstName = text;
  };

  return { name, age, rename };
}, {
  persist: {
    pick: ['name.firstName', 'name.lastName', 'age']
  }
});
```

▲ stores/user.js

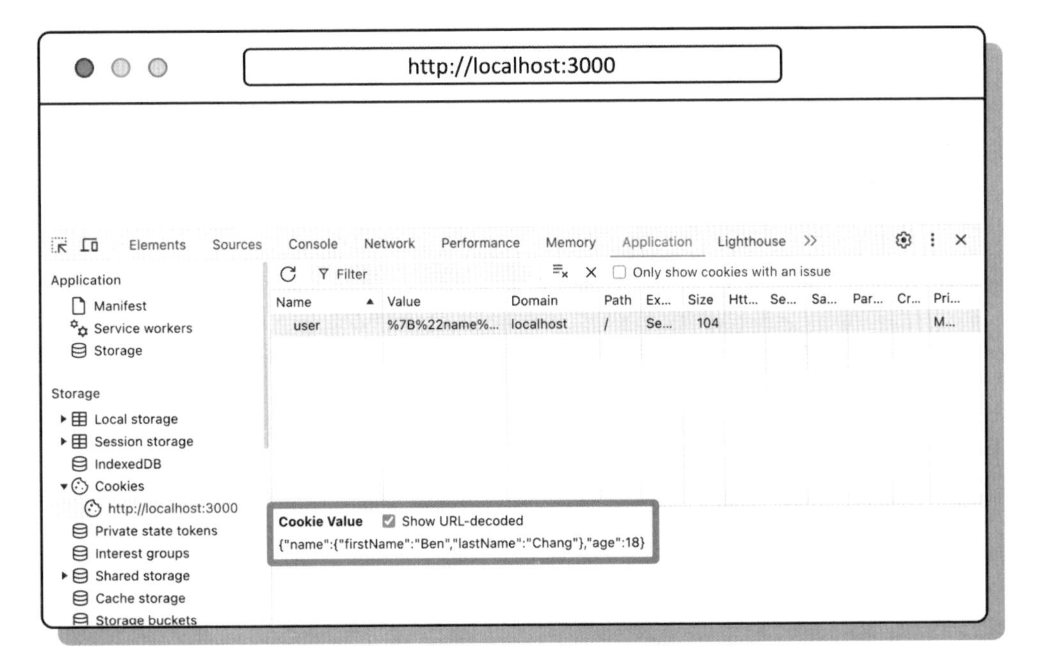

▶ serializer

> 預設值：`JSON.stringify`、`JSON.parse`

指定序列化與反序列化方式（必須包含 `serialize`、`deserialize`），以下範例調整為壓縮檔，`stringify` 將資料壓縮成字串格式，`parse` 則將其解壓縮回原始資料結構：

```
import { parse, stringify } from 'zipson'; // 需安裝 zipson

export const useTodoStore = defineStore('todo', () => {
  // ...
}, {
  persist: {
    serializer: {
      serialize: stringify,
      deserialize: parse
    }
  }
});
```

▲ stores/todos.js

▶ debug

> 預設值：`false`

設定為 `true` 時，任何在儲存與恢復狀態時的錯誤都會透過 `console.error` 輸出。不過這個設定不會自動偵測當前執行環境，所以在生產環境中也可能會輸出錯誤訊息。

為了避免在正式環境中洩漏敏感資訊，建議僅在開發環境或測試環境中啟用 `debug`。可以透過環境變數來判斷當前環境。

全域預設配置

可以在 `nuxt.config` 中設定持久化的全域預設選項：

- **`key`**：提供一個模板字串，替所有 key 值加上前綴與後綴，`%id` 佔位符會被替換為 store 的 key。以 `user` 為例，會被儲存為 `my_user_store` 的 key
- **`cookieOptions`**：cookie 儲存空間的預設配置

```
export default defineNuxtConfig({
  piniaPluginPersistedstate: {
    key: 'my_%id_store',
    storage: 'cookies',
    cookieOptions: {
      sameSite: 'strict'
    }
  }
});
```

▲ nuxt.config.ts

● ● ● ● ● ● ● ●

useCookie 搭配 $subscribe

`pinia-plugin-persistedstate/nuxt` 預設使用 cookie 儲存狀態，底層是基於 Nuxt3 的 `useCookie` 函式開發。因此我們也可以直接使用 `useCookie` 搭配 Pinia 的 `$subscribe` 方法，實作一個基礎的狀態持久化功能。

範例：

自訂一個監聽器插件 `plugins/piniaPersist.js`，將狀態儲存在瀏覽器中：

```
stores/
|— todos.js
plugins/
|— piniaPersist.js
```

在插件內使用 Pinia 的 `$subscribe` 方法監聽 `state` 變化，並透過 `useCookie` 儲存在 cookie 中，所有的 store 都會被監聽。

`$subscribe` 是 Pinia 提供的函式，用來監聽狀態變化，功能類似 `watch`。但相較於 `watch`，使用 `$subscribe` 監聽變化時，在使用 `$patch` 進行多個狀態更新時，只會觸發一次，避免重複觸發。

```
const piniaPersist = ({ store }) => {
  store.$subscribe((_mutation, state) => {
    useCookie(store.$id).value = JSON.stringify(state);
  });
};

export default defineNuxtPlugin(({ $pinia }) => {
  $pinia.use(piniaPersist);
});
```

▲ plugins/piniaPersist.js

接著在 store 使用 `useCookie` 函式，將狀態與 cookie 儲存的內容做綁定：

```
export const useTodoStore = defineStore('todo', () => {
  const lists = ref(useCookie('todo').value?.lists || []);

  const addTodo = (text) => {
    lists.value.push(text);
  };

  return { lists, addTodo };
});
```

▲ stores/todos.js

第六章
多國語系與 SEO
搜尋引擎相關

6-1 Meta Tags 相關配置

Meta Tags 指的是 HTML `<head>` 區塊內的標籤，用於提供關於網站的結構化資料。這些標籤不會直接顯示在頁面上，但對於搜尋引擎和瀏覽器來說非常重要。透過正確配置 Meta 標籤，可以提升網站的 SEO 表現，提升網站在搜尋引擎中的排名。

Nuxt3 整合了 Unhead *，讓我們能夠輕鬆使用內建的函式與元件，動態管理 `<head>` 標籤，包括 Meta 資訊、樣式表和程式碼片段等內容。

• • • • • • • •

在 Nuxt 管理 `<head>` 內容的方式：

▶ 方法一：基本配置

在 `nuxt.config` 使用 `app.head` 配置。不過這個方式並不支援響應式資料，建議在 `app.vue` 使用方法二的動態配置。

```
export default defineNuxtConfig({
  app: {
    head: {
      title: 'My Website',
      htmlAttrs: {
        lang: 'en'
      },
      meta: [
        { charset: 'utf-8' },
        { name: 'viewport', content: 'width=device-width,
        initial-scale=1, viewport-fit=cover' }
      ],
```

* Unhead https://unhead.unjs.io/

```
      link: [
        { rel: 'icon', type: 'image/x-icon', href: '/
        favicon.ico' }
      ]
    }
  }
})
```

▲ nuxt.config.ts

▶ 方法二：動態配置

內建組合式函式

- 配置 `<head>` 區塊：`useHead`、`useHeadSafe`
- 配置 Meta 標籤：`useSeoMeta`、`useServerSeoMeta`

內建元件

- `<Title>`、`<NoScript>`、`<Style>`、`<Meta>`、`<Link>`、`<Body>`、`<Html>`、`<Head>`

• • • • • • • •

內建組合式函式

開始之前，讀者需先清楚組合式函式的使用限制，詳細請參考 4-4 單元。簡單來說，組合式函式必需在 `setup` 函式第一層直接調用，否則可能會有不可預期的錯誤。

▶ useHead / useHeadSafe

用來定義完整的 `<head>` 內容，例如：`<title>`、`<meta>`、`<link>`、`<script>` 等。

所有屬性都支援響應式傳值，包含以下方式：

- **`ref`**
- **`getter`** 函式：使用函式回傳的方式 `() => value`
- **`computed`**：較不推薦，可能會影響效能

`useHeadSafe` 是 `useHead` 的包裝函式，對輸入內容進行檢核，能夠避免潛在的安全風險，例如 XSS 攻擊等安全漏洞。

```
<script setup>
const isSidebarOpen = ref(true);
const description = ref('Hello This is My Site.');

useHead({
  title: 'My Website',
  htmlAttrs: {
    lang: 'en'
  },
  bodyAttrs: {
    class: () => isSidebarOpen.value ? 'sidebar-open' : ''
  },
  meta: [
    { name: 'description', content: description }
  ],
  link: [
    { rel: 'icon', type: 'image/x-icon', href: '/favicon.
    ico' }
  ],
  script: [
    // ...
  ]
});
</script>
```

▲ app.vue

標題模板

在 `app.vue` 使用 `titleTemplate` 屬性建立動態標題模板。

方法一：使用模板字串，`%s` 表示佔位符，會被替換為各頁面的 `title` 內容

```
<script setup>
useHead({
  titleTemplate: 'My Website - %s'
});
</script>
```

▲ app.vue

方法二：使用函式傳值，會接收一個參數，用來取得各頁面的 `title` 內容

```
<script setup>
useHead({
  titleTemplate: (title) => {
    return title ? `My Website - ${title}` : 'My Website';
  }
});
</script>
```

▲ app.vue

接下來在頁面設定標題：

```
<script setup>
useHead({
  title: 'About Page'
});
</script>
```

▲ pages/about.vue

about/ 頁面最後產生的 <title> 內容如下：

```
<title>My Website - About Page</title>
```

▶ useSeoMeta / useServerSeoMeta

用來定義 Meta 標籤，物件結構簡潔扁平，同樣對輸入內容進行檢核，能夠避免潛在的安全風險。

useSeoMeta 也支援響應式傳值，不過由於搜尋引擎爬蟲只會掃描初始載入的內容，如果 Meta 資料不需要響應式，可以使用 useServerSeoMeta 方法，只在伺服器端處理 Meta 資料，提升網頁效能。

```
<script setup>
useSeoMeta({
  title: 'My Website',
  ogTitle: 'My Website',
  description: 'Hello This is My Site.',
  ogDescription: 'Hello This is My Site.',
  ogImage: 'https://my-website/image/og-image.png',
  twitterCard: 'summary_large_image'
});
</script>
```

▲ app.vue

● ● ● ● ● ● ● ●

內建元件

Nuxt3 內建 <Title>、<NoScript>、<Style>、<Meta>、<Link>、<Body>、<Html>、<Head> 等元件，可以直接在模板配置 <head> 內容：

```
<template>
  <div>
    <Head>
      <Title>{{ title }}</Title>
      <Meta name="description" :content="description" />
      <Link rel="icon" type="image/x-icon" href="/favicon.
      ico" />
    </Head>

    <NuxtPage />
  </div>
</template>

<script setup>
const title = ref('My Website');
const description = ref('Hello This is My Site.');
</script>
```

▲ app.vue

● ● ● ● ● ● ● ●

範例實作

▶ 全域配置

在 `app.vue` 中使用 `useHeadSafe()` 定義預設 `<head>`。

```
<template>
  <div>
    <NuxtPage />
  </div>
</template>

<script setup>
```

```
useHeadSafe({
  title: 'My Website',
  meta: [
    {
      name: 'description',
      content: 'Hello this is my site.'
    },
    {
      property: 'og:image',
      content: 'https://my-website/image/og-image.png'
    }
  ],
  link: [
    {
      rel: 'icon',
      type: 'image/x-icon',
      href: '/favicon.ico'
    }
  ]
});
</script>
```

▲ app.vue

▶ 局部配置

接著在頁面上加入 Meta 內容，會覆蓋在 `app.vue` 配置的重複屬性。

```
<script setup>
useServerSeoMeta({
  title: 'About Page',
  ogTitle: 'About Page',
  description: 'Hello This is About Page.',
  ogDescription: 'Hello This is About Page.',
  ogImage: 'https://my-website/image/about.png'
});
</script>
```

▲ pages/about.vue

接下來，在瀏覽器開啟「檢視網頁原始碼」，查看 http://localhost:3000/about 的 <head> 內容：

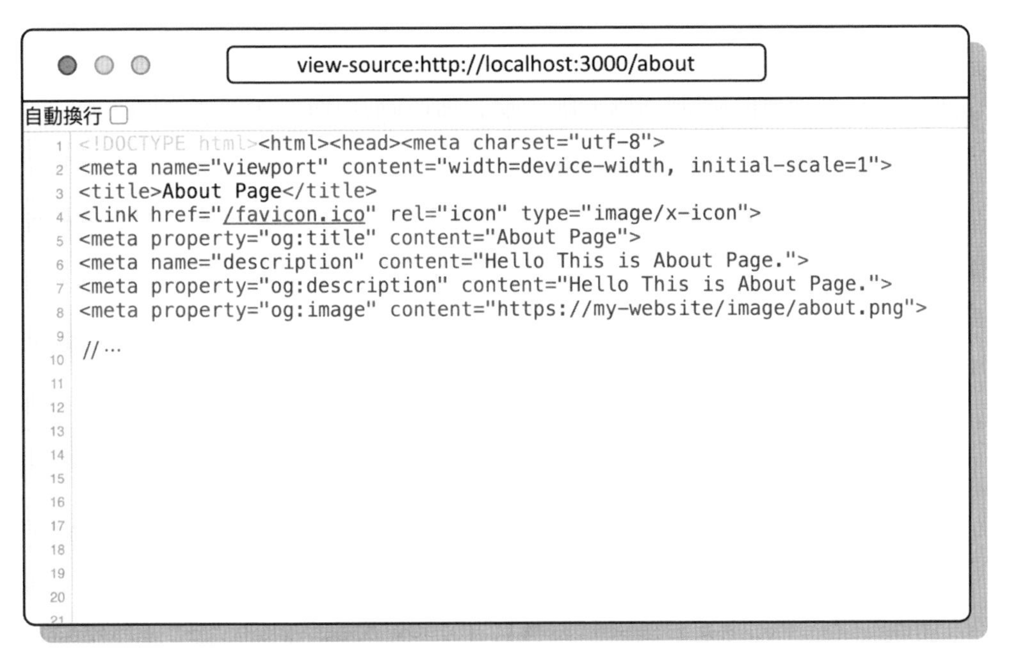

NOTE：

Meta 標籤配置完成後，可以使用 Nuxt DevTools 開發者工具，點擊「Open Graph」頁籤來檢查標籤配置是否正確，以及是否有遺漏的標籤，並提供程式碼片段讓我們參考補全。Nuxt DevTools 詳細使用說明請參考 8-2 單元。

延伸應用：動態配置 Meta 標籤

範例：

每次進入頁面時透過 API 請求該頁 Meta 資料，並使用 useSeoMeta 動態加入內容。

NOTE：

`useFetch` 相關應用請參考 4-9 單元。

```
<script setup>
const { data } = await useFetch('/api/seo?page=about');

useSeoMeta({
  title: () => data.value.title,
  ogTitle: () => data.value.title,
  description: () => data.value.description,
  ogDescription: () => data.value.description,
  ogImage: () => data.value.ogImage
});
</script>
```

▲ pages/about.vue

6-2 I18n 實作多國語系

> 本篇搭配 @nuxtjs/i18n v8

多國語系功能幫助我們增強網站的國際競爭力。透過優化各語系的使用者體驗及 SEO，擴大市場覆蓋率，進一步提高各地區的搜尋引擎排名。

本篇將使用 @nuxtjs/i18n * 模組，在 Nuxt 應用程式中加入多國語系功能，同時優化多語系的 SEO 表現。

● ● ● ● ● ● ● ●

@nuxtjs/i18n 簡介

- 整合 Vue I18n
- 自動產生路由
- SEO 搜尋引擎最佳化
- Lazy Loading 延遲載入
- 自動偵測並切換語言
- 可以為每個語系設定不同的域名

* @nuxtjs/i18n https://i18n.nuxtjs.org/

基本建置

▶ Step1：套件安裝

Nuxt3 需安裝 Nuxt i18n v8（搭配 Vue i18n v9）以上：

```
npm install -D @nuxtjs/i18n
```

▶ Step2：nuxt.config 配置模組

加入模組並使用 `i18n` 配置選項。

範例：

```
export default defineNuxtConfig({
  modules: [
    '@nuxtjs/i18n'
  ],
  i18n: {
    baseUrl: 'https://my-website',
    defaultLocale: 'en',
    strategy: 'prefix_except_default',
    langDir: 'locales',
    locales: [
      {
        code: 'en',
        iso: 'en',
        name: 'EN',
        file: 'en.js'
      },
      {
        code: 'zh',
        iso: 'zh-TW',
        name: '中文',
        file: 'zh.js'
      }
    ],
```

```
    detectBrowserLanguage: {
      useCookie: true,
      cookieKey: 'i18n_redirected',
      redirectOn: 'root'
    }
  }
});
```

▲ nuxt.config.ts

配置說明：（完整選項請參考官方文件）

- **baseUrl**：設定網站的基本路徑
- **defaultLocale**：設定網站的預設語系，範例為 en
- **strategy**：設定路由是否加上語系前綴，範例使用 prefix_except_default，除了預設語系外，其他語系的路由都會加上前綴。例如，英文版首頁為 http://localhost:3000，而中文版首頁則為 http://localhost:3000/zh
- **langDir**：翻譯檔儲存的目錄，範例為 locales/
- **locales**：定義網站支援的語系，範例包含 en（英文）和 zh（繁體中文），並指定各自對應的翻譯檔案，檔案需放置於 langDir 所指定的目錄中，iso 需遵照 IETF 的 BCP47 語言標籤
- **detectBrowserLanguage**：自動偵測使用者瀏覽器語言並進行語系切換
  - **useCookie**：將語系設定儲存於 cookie，避免使用者每次進入網站都重新導向
  - **cookieKey**：儲存到 cookie 的 key 值
  - **redirectOn**：範例為 root，僅在進到根路徑 / 時偵測語系，避免在其他頁面重新導向

▶ Step3：新增全域翻譯檔

接續上一步，在專案的根目錄新增 `locales/` 資料夾，並加入對應的翻譯檔：

```
locales/
    |— en.js
    |— zh.js
```

```
export default {
  welcome: 'Welcome',
  backHome: 'Back Home',
  about: {
    title: 'About Us',
    description: 'This is About Page'
  }
};
```

▲ locales/en.js

```
export default {
  welcome: '歡迎',
  backHome: '回首頁',
  about: {
    title: '關於我們',
    description: '這是關於我們頁面'
  }
};
```

▲ locales/zh.js

● ● ● ● ● ● ● ●

多國語系應用

完成基本配置後，我們可以開始在 Nuxt 應用程式中實際使用多國語系功能。

▶ useLocalePath 函式

根據當前語系解析路徑，例如：當前語系為 `zh` 時，`localePath('/')` 會解析成 `/zh`，而當前語系為 `en` 時，則解析成 `/`。

以下範例使用 Vue I18n 的 `$t` 方法來取得全域翻譯檔的內容：

```
<template>
  <NuxtLink :to="localePath('/')">
    {{ $t('backHome') }}
  </NuxtLink>
</template>

<script setup>
const localePath = useLocalePath();
</script>
```

▲ pages/about.vue

▶ <NuxtLinkLocale> 元件

`<NuxtLink>` 搭配 `useLocalePath` 的簡化寫法，將上述範例改寫如下，結果相同：

```
<template>
  <NuxtLinkLocale to="/">
    {{ $t('backHome') }}
  </NuxtLinkLocale>
</template>
```

▲ pages/about.vue

▶ useSwitchLocalePath 函式

回傳一個可以用來切換語系的函式，使用方式如下：

```
<template>
  <div>
    <NuxtLink :to="switchLocalePath('en')">
      EN
    </NuxtLink>
    <NuxtLink :to="switchLocalePath('zh')">
      中文
    </NuxtLink>
  </div>
</template>

<script setup>
const switchLocalePath = useSwitchLocalePath();
</script>
```

▲ pages/index.vue

▶ <SwitchLocalePathLink> 元件

`<NuxtLink>` 搭配 `useSwitchLocalePath` 的簡化寫法，將上述範例改寫如下，結果相同：

```
<template>
  <div>
    <SwitchLocalePathLink locale="en">
      EN
    </SwitchLocalePathLink>
    <SwitchLocalePathLink locale="zh">
      中文
    </SwitchLocalePathLink>
  </div>
</template>
```

▲ pages/index.vue

▶ useI18n 函式

用來在單一元件檔取得與操作多國語系。

常用功能：

- **`t`**：用來取得翻譯檔的內容，單一元件中的翻譯必須搭配 `t` 方法，無法使用 `$t`，詳細請見下一段「單一元件翻譯」說明
- **`locale`**：用來取得當前語系
- **`locales`**：用來取得所有支援的語系，內容對應於 `nuxt.config` 中 `i18n.locales` 的配置
- **`setLocale`**：用來直接切換語系（`useSwitchLocalePath()` 用來取得當前頁面在其他語言中的對應路徑）

```
<template>
  <div>
    <button
      type="button"
      v-for="(item, index) in locales"
      :key="item.code"
      @click="setLocale(item.code)">
      {{ item.name }}
    </button>
  </div>
</template>

<script setup>
const { locale, locales, setLocale } = useI18n();
</script>
```

▲ pages/index.vue

▶ 應用範例

- 使用 `useLocalePath` 解析路徑
- 使用 `useSwitchLocalePath` 來切換語系
- 使用 `$t` 取得全域翻譯檔內容

```
<template>
  <div>
    <NuxtLink :to="localePath('/')">
      {{ $t('backHome') }}:{{ localePath('/') }}
    </NuxtLink>

    <div>
      <NuxtLink :to="switchLocalePath('en')">
        EN
      </NuxtLink>
      <NuxtLink :to="switchLocalePath('zh')">
        中文
      </NuxtLink>
    </div>

    <h3>{{ $t('welcome') }}</h3>
    <h1>{{ $t('about.title') }}</h1>
    <p>{{ $t('about.description') }}</p>
  </div>
</template>

<script setup>
const localePath = useLocalePath();
const switchLocalePath = useSwitchLocalePath();
</script>
```

▲ pages/about.vue

當使用者點擊按鈕時，切換到對應的語言，畫面示意如下：

http://localhost:3000/about
Back Home：/
EN
中文
Welcome
About Us
This is About Page

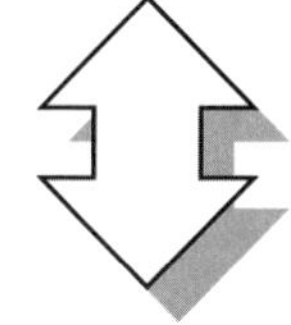

http://localhost:3000/zh/about
回首頁：/zh
EN
中文
歡迎
關於我們
這是關於我們頁面

各元件翻譯檔

除了前面提到的全域翻譯檔，也可以單獨在元件內透過 `<i18n>` 區塊定義翻譯資訊，並使用 `t` 函式來取得翻譯內容。

範例：

- `<i18n>` 指定翻譯檔案的格式為 `yaml`，也可以選擇 `yml`、`json`、`json5`
- `useScope: 'local'` 將 `t` 函式的作用範圍限定於元件內，這樣可以避免受到全域翻譯檔影響

```
<template>
  <div>
    元件翻譯
    <h2>{{ t('welcome') }}</h2>

    全域翻譯
    <h2>{{ $t('welcome') }}</h2>
  </div>
</template>

<i18n lang="yaml">
  en:
    welcome: 'hello world'
  zh:
    welcome: '哈囉世界'
</i18n>

<script setup>
const { t } = useI18n({
  useScope: 'local'
});
</script>
```

▲ pages/index.vue

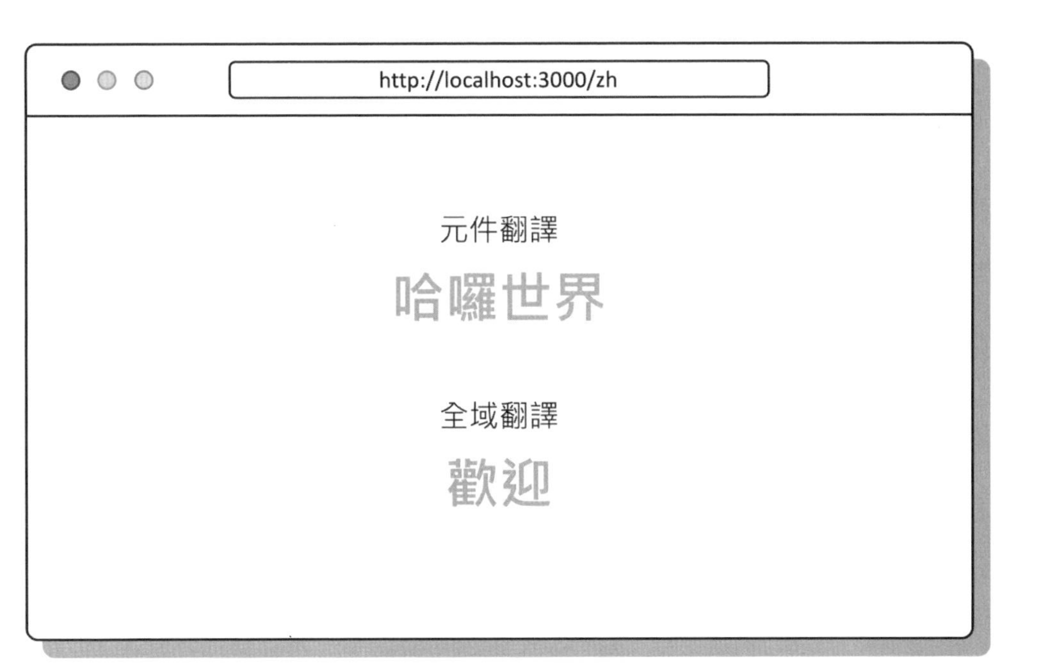

插入動態變數

翻譯內容中也可以插入動態變數，有兩種方式：

▶ 方法一：具名變數（物件）

```
<template>
  <h1>{{ t('hello', { name: 'Daniel' }) }}</h1>
</template>

<i18n lang="yaml">
  en:
    hello: 'hello {name}'
  zh:
    hello: '哈囉 {name}'
```

```
</i18n>

<script setup>
const { t } = useI18n({
  useScope: 'local'
});
</script>
```

▲ pages/index.vue

▶ 方法二：匿名變數（陣列）

```
<template>
  <h1>{{ t('hello', ['Daniel']) }}</h1>
</template>

<i18n lang="yaml">
    en:
        hello: 'hello {0}'
    zh:
        hello: '哈囉 {0}'
</i18n>

<!-- ... -->
```

▲ pages/index.vue

● ● ● ● ● ● ● ●

多國語系的 SEO 優化

針對不同語系調整 Meta 標籤以改善 SEO，有助於提升網站在各地區搜尋引擎結果中的排名，進而增加流量。我們可以透過 `useLocaleHead` 函式，依照語系生成對應的 Meta 標籤，進一步優化多國語系網站的 `<head>` 區塊。

▶ useLocaleHead 函式

會根據當前語系，回傳與 `<head>` 標籤相關的屬性。

```
<script setup>
const i18nHead = useLocaleHead({
  addSeoAttributes: true,
  addDirAttribute: true,
  identifierAttribute: 'hid'
});
</script>
```

參數選項：

`useLocaleHead` 接收一個物件參數，包含以下可選項目：

- **`addSeoAttributes`**：是否在 `<head>` 加上 SEO 相關的標籤或屬性，預設為 `false`
- **`addDirAttribute`**：是否在 `<html>` 元素中加入 `dir` 屬性，用來定義文字的書寫方向，預設為 `false`
- **`identifierAttribute`**：定義 `<meta>` 標籤的識別屬性，預設為 `hid`

回傳值：

函式回傳的 `i18nHead` 內容：

- **`htmlAttrs`**：
  - **`lang`**：指定頁面的主要語言，對應當前語系的 `iso` 值
  - **`dir`**：文字的書寫方向
- **`link`**：
  - **`hreflang`**：用來告訴搜尋引擎該頁面有哪些語言版本，幫助搜尋引擎根據使用者的語言偏好顯示內容

    - **`canonical`**：Canonical URL 標準網址，用來告訴搜尋引擎該頁面的主要連結
- **`meta`**：
    - **`og:locale`** / **`og:locale:alternate`**：根據 Open Graph 協議生成 Meta 標籤，告訴社交平台該頁面使用的語言，並指定其他語言版本的連結

> **NOTE**：
>
> - 要生成完整的 `hreflang`，需在 `nuxt.config.ts` 中配置 `baseUrl`
> - 為了充分利用 SEO 優勢，`nuxt.config` 的 `i18n.locales` 必須為每個語系項目 `iso` 屬性，這樣 `useLocaleHead` 才能根據 `iso` 生成對應的語言標籤。

接下來在元件內實際應用，透過 `useLocaleHead` 取得相關屬性，再搭配內建的 `useHead` 函式設置，進一步優化多國語系網站的 SEO。

> **NOTE**：
>
> `useHead` 應用說明請參考 6-1 單元。

```
<script setup>
const i18nHead = useLocaleHead({
  addSeoAttributes: true,
  addDirAttribute: true,
  identifierAttribute: 'hid'
});

useHead({
  htmlAttrs: {
    lang: i18nHead.value.htmlAttrs.lang,
    dir: i18nHead.value.htmlAttrs.dir
  },
  link: [...(i18nHead.value.link || [])],
  meta: [...(i18nHead.value.meta || [])]
});
</script>
```

▲ app.vue

在瀏覽器中開啟應用程式，並檢視「網頁原始碼」，可以看到相關標籤已經成功加入：

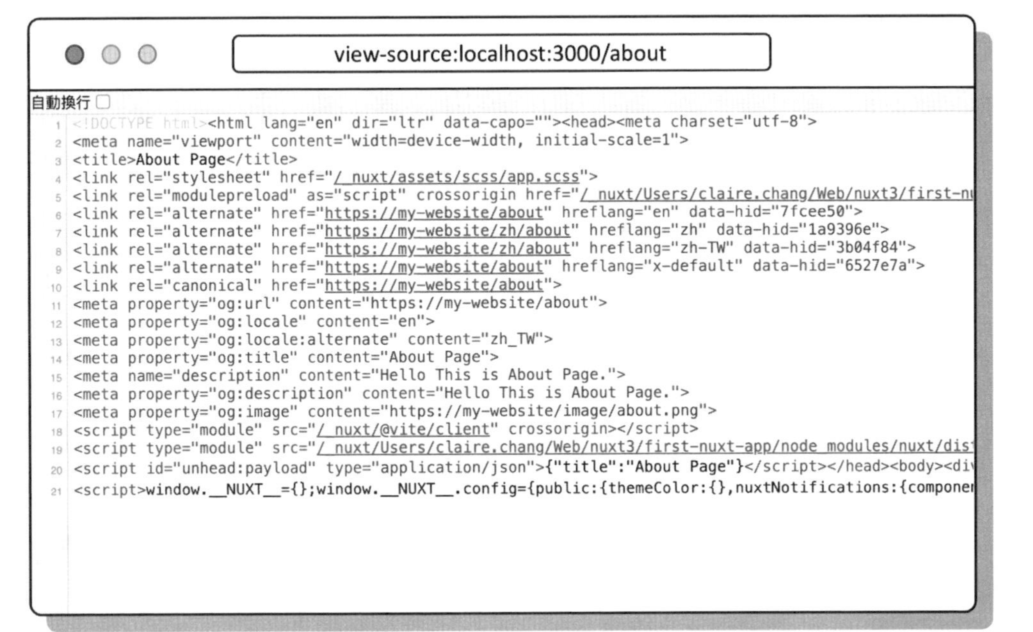

6-3 Sitemap 網站地圖

本篇搭配 @nuxtjs/sitemap v6.0.1

Sitemap 是一種用來提供網站資訊的檔案，紀錄網站內的網頁、圖片等，主要功能為協助搜尋引擎快速了解我們的網站。

新網站上線後，雖然搜尋引擎爬蟲會自動讀取網站內容並收錄，不過當網站規模較大、架構較複雜，或是頁面間連結性較低時，可能需要花較長的時間才能完整收錄。這時候透過 Sitemap，直接告訴搜尋引擎網頁資訊，能有效提升網頁收錄的速度。

接下來說明如何在 Nuxt 應用程式內加入 Sitemap 網站地圖，以及多國語系的 Sitemap 整合。

套件安裝

安裝 Nuxt 模組 `@nuxtjs/sitemap` *：

```
npm i -D @nuxtjs/sitemap
```

nuxt.config 配置模組

使用 `modules` 配置模組，並透過 `site` 與 `sitemap` 屬性自訂配置，完整選項可以參考官方文件，接下來會說明一些常用設定。

```
export default defineNuxtConfig({
  modules: [
    '@nuxtjs/sitemap'
  ],
```

* @nuxtjs/sitemap https://nuxtseo.com/sitemap

```
  site: {
    // ...
  }
});
```

▲ nuxt.config.ts

● ● ● ● ● ● ● ●

設定 Canonical URL 標準網址

Canonical URL（標準網址）是一個對 SEO 相當重要的標籤，用來告訴搜尋引擎哪個網址是網頁的主要版本，避免網頁內容重複的問題。例如，`www.my-website.com` 和 `my-website.com` 都指向同一頁時，可以指定其中一個為標準網址。

```
export default defineNuxtConfig({
  site: {
    url: 'https://my-website.com'
  }
});
```

▲ nuxt.config.ts

或是依據環境搭配 `.env` 環境變數，以下命名會自動複寫 `nuxt.config` 的 `site.url` 內容：

```
NUXT_SITE_URL=https://my-website.com
```

▲ .env

● ● ● ● ● ● ● ●

自動生成 Sitemap

範例：`pages/` 頁面結構如下

```
pages/
|— index.vue
|— hello.vue
|— about.vue
|— user/
    |— [id].vue
|— post/
    |— [id].vue
```

執行 `npm run dev` 開發環境啟動伺服器，在瀏覽器開啟 Sitemap（/sitemap.xml），可以看到所有**靜態路徑**已經成功加入到 Sitemap：

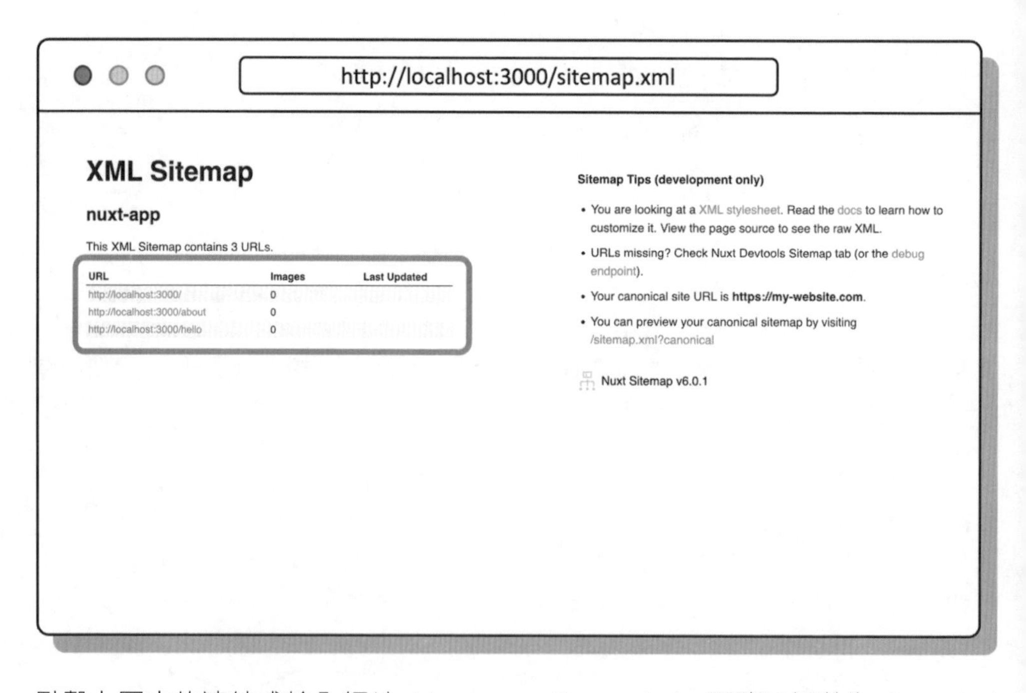

點擊上圖中的連結或輸入網址 /sitemap.xml?canonical，預覽已調整為 Canonical URL 標準網址的 Sitemap：

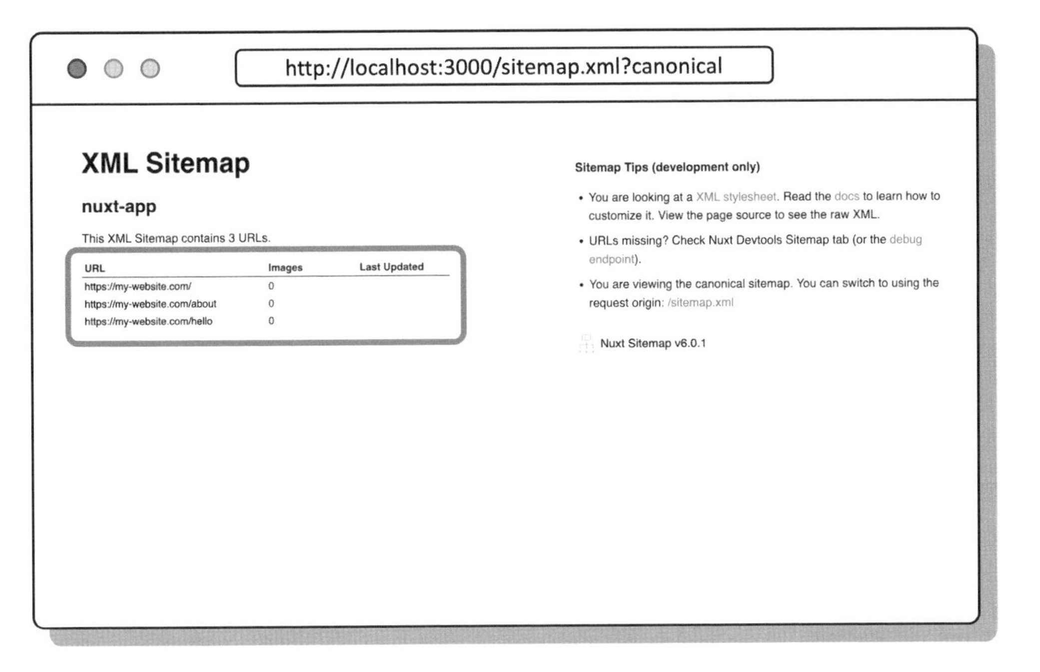

設定 lastmod 更新時間

自動加入 Sitemap 的靜態頁，預設並不會加上 `lastmod`（最後更新時間）、`changefreq`（更新頻率）以及 `priority`（優先級），調整方式如下：

- 設定 `autoLastmod: true` 自動偵測頁面的最後更新時間，如果無法從路由推斷，則會使用當前日期。
- 若要定義 `changefreq` 與 `priority`，可以在 `defaults` 內配置

> **NOTE**：
>
> Google 僅使用 `lastmod` 值，會忽略 `changefreq` 和 `priority` 元素。根據官方說明，因 `changefreq` 與 `lastmod` 的概念相似，而 `priority` 則過於主觀，無法準確反映某個網頁相對於其他網頁的實際優先順序。

```
export default defineNuxtConfig({
  sitemap: {
    autoLastmod: true,
    defaults: {
      changefreq: 'daily',
      priority: 0.8
    }
  }
});
```

▲ nuxt.config.ts

開啟瀏覽器，可以看到靜態頁的 `lastmod` 已自動加到 Sitemap：

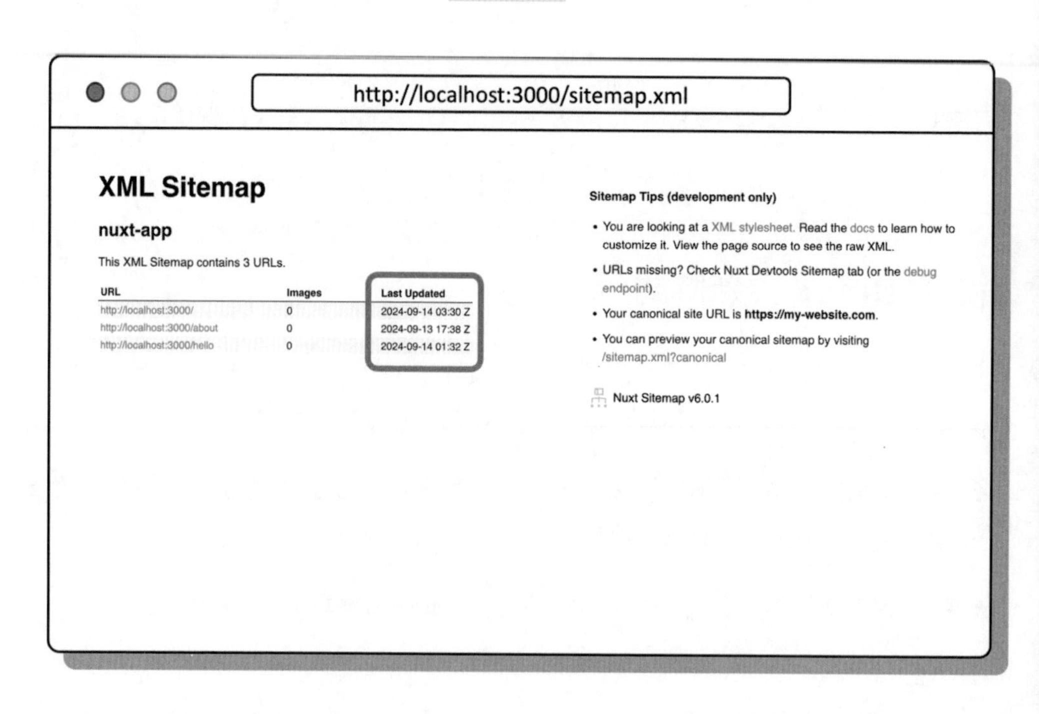

透過 exclude 與 include 篩選頁面

使用 `exclude` 排除頁面或是 `include` 加入頁面，以下範例 Sitemap 會排除所有以 `/hello` 開頭的路徑：

```
export default defineNuxtConfig({
  sitemap: {
    exclude: [
      '/hello/**'
    ]
  }
});
```

▲ nuxt.config.ts

加入動態路由

靜態路徑會自動加入 Sitemap，動態路由則需要手動加入。接下說明如何透過 API 取得並加入動態路由。

> **NOTE**：
>
> Server 目錄與 `$fetch` 應用請參考 4-9、4-10 單元。

▶ Step1：建立一個 API endpoint

在 `server/api/` 建立檔案：

```
server/
|— api/
    |— _sitemap-urls.js
```

▶ Step2：建立 API

範例：

API 檔案與動態路由資料結構如下：

```
server/
|— api/
    |— users.js
    |— posts.js
```

```
export default defineEventHandler(() => {
  return [
    {
      url: '/user/1',
      update_at: '2024-09-07T08:30:30+00:00'
    },
    {
```

```
      url: '/user/2',
      update_at: '2024-09-08T08:30:30+00:00'
    }
  ];
});
```

▲ server/api/users.js

```
export default defineEventHandler(() => {
  return [
    {
      url: '/post/1',
      update_at: '2024-09-09T08:30:30+00:00'
    },
    {
      url: '/post/2',
      update_at: '2024-09-10T08:30:30+00:00'
    },
    {
      url: '/post/3',
      update_at: '2024-09-11T08:30:30+00:00'
    }
  ];
});
```

▲ server/api/posts.js

▶ Step3：透過 API 取得動態路由

使用 `defineSitemapEventHandler` 建立 API 端點：

```
export default defineSitemapEventHandler(async () => {
  const [users, posts] = await Promise.all([
    $fetch('/api/users'), $fetch('/api/posts')
  ]);

  return [...users, ...posts].map(({ url, update_at }) => {
    return {
      loc: url,
```

```
        lastmod: update_at
      };
    });
  });
```

▲ server/api/_sitemap-urls.js

接著在 `nuxt.config` 配置端點：

```
export default defineNuxtConfig({
  sitemap: {
    sources: [
      '/api/_sitemap-urls'
    ]
  }
});
```

▲ nuxt.config.ts

開啟瀏覽器，可以看到手動配置的動態路由也被加入 Sitemap：

URL	Images	Last Updated
http://localhost:3000/	0	2024-09-14 01:35 Z
http://localhost:3000/about	0	2024-09-13 17:38 Z
http://localhost:3000/post/1	0	2024-09-09 08:30 Z
http://localhost:3000/post/2	0	2024-09-10 08:30 Z
http://localhost:3000/post/3	0	2024-09-11 08:30 Z
http://localhost:3000/user/1	0	2024-09-07 08:30 Z
http://localhost:3000/user/2	0	2024-09-08 08:30 Z

Sitemap 整合 I18n

若搭配 Nuxt 模組 `@nuxtjs/i18n` v8 以上版本開發，`@nuxtjs/sitemap` 模組會整合 i18n，自動生成各語系 Sitemap 檔。自動產生 Sitemap 的條件如下：

- I18n 的路由產生策略沒有設定為 `no_prefix`，或是各語系設定為不同域名
- Sitemap 沒有設定 `sitemaps` 自訂多個網站地圖

> **NOTE：**
>
> `@nuxtjs/i18` 應用說明請參考 6-2 單元，如果在 `nuxt.config` 配置 `i18n.baseUrl`，會覆寫 `site.url` 的內容。

範例：語系支援英文與繁體中文

自動產生的 Sitemap 結構如下，`sitemap_index.xml` 為各語系的 Sitemap 索引：

```
sitemap_index.xml
__sitemap__/
    |— en.xml
    |— zh-TW.xml
```

▶ 動態路由搭配 i18n

如果手動在 Sitemap 中加入動態路由，這些路由預設只會出現在預設語系的 Sitemap。如果希望這些所有語系都加入動態路由，則需要搭配 `_i18nTransform: true` 屬性。

調整前面的動態路由範例，動態路由 `/user/1` 會被自動轉換為 `/en/user/1` 與 `/zh/user/1` 等語系對應的路徑：

```
export default defineSitemapEventHandler(async () => {
  const [users, posts] = await Promise.all([
    $fetch('/api/users'), $fetch('/api/posts')
  ]);

  return [...users, ...posts].map(({ url, update_at }) => {
    return {
      loc: url,
      lastmod: update_at,
```

```
        _i18nTransform: true
      };
    });
  });
```

▲ server/api/_sitemap-urls.js

在瀏覽器開啟中文版 Sitemap，可以看到已根據語系產生動態路由：

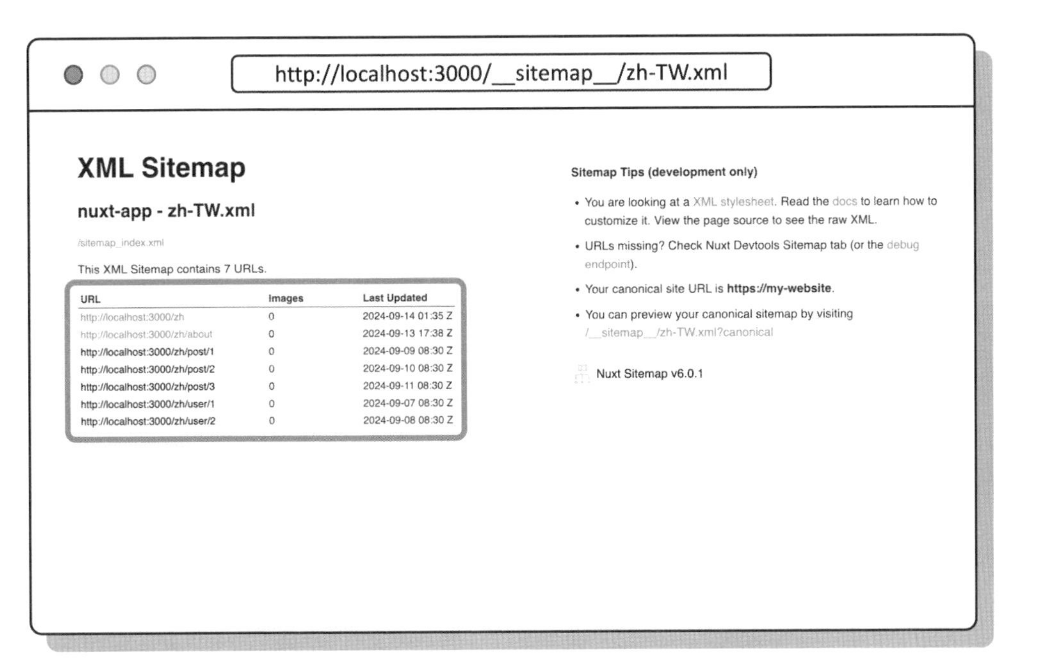

若希望將各語系 Sitemap 合併為一個檔案，可以設定 `sitemaps: false`：

```
export default defineNuxtConfig({
  sitemap: {
    sitemaps: false
  }
});
```

▲ nuxt.config.ts

http://localhost:3000/sitemap.xml

XML Sitemap

nuxt-app

This XML Sitemap contains 14 URLs.

URL	Images	Last Updated
http://localhost:3000/	0	2024-09-14 01:35 Z
http://localhost:3000/about	0	2024-09-13 17:38 Z
http://localhost:3000/zh	0	2024-09-14 01:35 Z
http://localhost:3000/post/1	0	2024-09-09 08:30 Z
http://localhost:3000/post/2	0	2024-09-10 08:30 Z
http://localhost:3000/post/3	0	2024-09-11 08:30 Z
http://localhost:3000/user/1	0	2024-09-07 08:30 Z
http://localhost:3000/user/2	0	2024-09-08 08:30 Z
http://localhost:3000/zh/about	0	2024-09-13 17:38 Z
http://localhost:3000/zh/post/1	0	2024-09-09 08:30 Z
http://localhost:3000/zh/post/2	0	2024-09-10 08:30 Z
http://localhost:3000/zh/post/3	0	2024-09-11 08:30 Z
http://localhost:3000/zh/user/1	0	2024-09-07 08:30 Z
http://localhost:3000/zh/user/2	0	2024-09-08 08:30 Z

Sitemap Tips (development only)

- You are looking at a XML stylesheet. Read the docs to learn how to customize it. View the page source to see the raw XML.
- URLs missing? Check Nuxt Devtools Sitemap tab (or the debug endpoint).
- Your canonical site URL is **https://my-website**.
- You can preview your canonical sitemap by visiting /sitemap.xml?canonical

Nuxt Sitemap v6.0.1

> **NOTE：**
>
> 細心的讀者看到這裡，或許會納悶為什麼 Sitemap 缺少了重要的 `hreflang` 標示語系的標籤。其實 `hreflang` 標籤是存在的，這裡看到的只是閱覽用的 XSL 檔，請見下一段說明。

● ● ● ● ● ● ● ●

調整 Sitemap UI

前面看到的 Sitemap 只是方便我們閱覽用的 XSL 檔，搜尋引擎真實讀取到的 `sitemap.xml` 是沒有 CSS 樣式的檔案。

▶ 查看原始 Sitemap

將 `xsl` 設為 `false`，可以查看原始的 `sitemap.xml`：

```
export default defineNuxtConfig({
  sitemap: {
    xsl: false
  }
});
```

▲ nuxt.config.ts

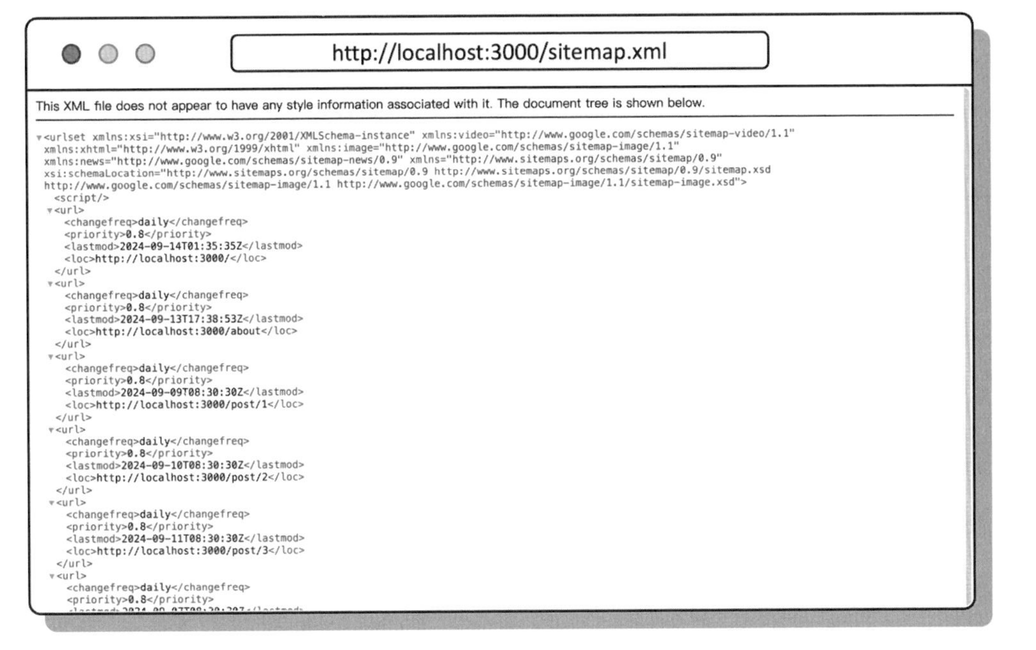

如果 Sitemap 中包含 `<xhtml:link>` 標籤元素，該標籤是用於在 XML 中指定 `link` 元素，通常用於指示不同語言版本的替代連結。可能會導致瀏覽器在渲染 XML 文件時出現異常，如下圖所示。

此為瀏覽器的渲染問題，並不會影響 Sitemap 的功能。搜尋引擎爬蟲仍可以正常讀取並處理這些標籤。在開發者工具中可以看到 Sitemap 的結構是正常的。

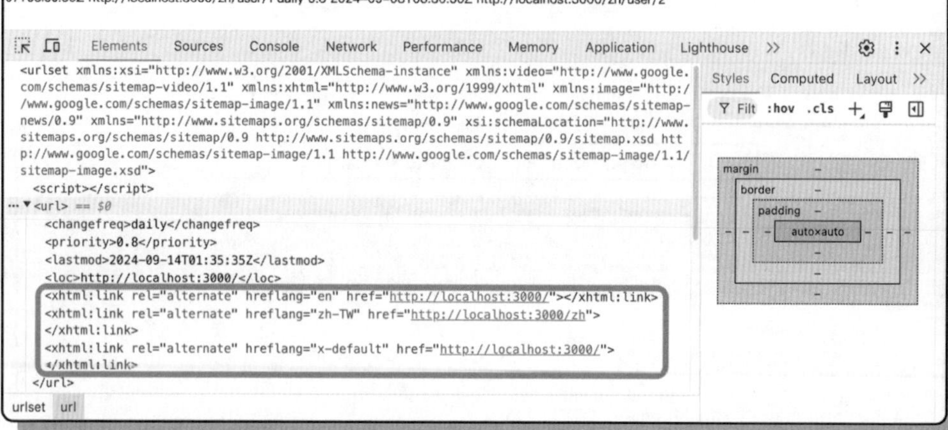

▶ 調整欄位顯示

我們可以依據開發需求，使用 `xslColumns` 屬性調整顯示欄位，任何調整都並不引響 SEO，僅供開發檢視使用。

> **NOTE：**
>
> `URL` 欄位為必填，且必須放在第一項。

```
export default defineNuxtConfig({
  sitemap: {
    xslColumns: [
      { label: 'URL', width: '40%' },
      { label: 'Last Modified', select: 'sitemap:lastmod',
        width: '40%' },
      { label: 'Hreflangs', select: 'count(xhtml:link)',
        width: '20%' }
    ]
  }
});
```

▲ nuxt.config.ts

http://localhost:3000/sitemap.xml

XML Sitemap

nuxt-app

This XML Sitemap contains 14 URLs.

URL	Last Modified	Hreflangs
http://localhost:3000/	2024-09-14T01:35:35Z	3
http://localhost:3000/about	2024-09-13T17:38:53Z	3
http://localhost:3000/zh	2024-09-14T01:35:35Z	3
http://localhost:3000/post/1	2024-09-09T08:30:30Z	3
http://localhost:3000/post/2	2024-09-10T08:30:30Z	3
http://localhost:3000/post/3	2024-09-11T08:30:30Z	3
http://localhost:3000/user/1	2024-09-07T08:30:30Z	3
http://localhost:3000/user/2	2024-09-08T08:30:30Z	3
http://localhost:3000/zh/about	2024-09-13T17:38:53Z	3
http://localhost:3000/zh/post/1	2024-09-09T08:30:30Z	3
http://localhost:3000/zh/post/2	2024-09-10T08:30:30Z	3
http://localhost:3000/zh/post/3	2024-09-11T08:30:30Z	3
http://localhost:3000/zh/user/1	2024-09-07T08:30:30Z	3
http://localhost:3000/zh/user/2	2024-09-08T08:30:30Z	3

Sitemap Tips (development only)

- You are looking at a XML stylesheet. Read the docs to learn how to customize it. View the page source to see the raw XML.
- URLs missing? Check Nuxt Devtools Sitemap tab (or the debug endpoint).
- Your canonical site URL is **https://my-website**.
- You can preview your canonical sitemap by visiting /sitemap.xml?canonical

Nuxt Sitemap v6.0.1

6-4 使用 robots.txt 管理搜尋引擎存取

> 本篇搭配 @nuxtjs/robots v4.1.7

`robots.txt` 是一個放置於網站根目錄的純文字文件，依據機器人排除協定（Robots Exclusion Protocol, REP）來告訴爬蟲頁面或資源是否能被爬取，以避免重複內容問題，並減少伺服器負擔。

網頁爬蟲（Web Crawlers）是自動瀏覽網站的程式，用於收集網站資訊，搜尋引擎利用這些資訊來建立索引。爬蟲預設會訪問網站的每個頁面，並下載這些內容進行分析。

> **NOTE**：
> `robots.txt` 文件為公開的，所有人都可以查看其內容。且定義的內容只對遵守爬蟲排除標準的爬蟲有效，惡意爬蟲通常不會遵守這些規則。因此，`robots.txt` 無法保護網站免受不遵守規則的爬蟲攻擊。

robots.txt 說明

格式：

- **`User-agent`**：指定設置規則的使用者代理（爬蟲），例如 Googlebot（Google 的爬蟲），或是 `User-agent: *` 指定所有爬蟲。可以設定多組使用者代理
- **`Disallow`**：指定不允許爬取的路徑，空值則表示允許爬取所有內容
- **`Allow`**：指定允許爬取的路徑，通常用於 `Disallow` 規則中加入特定的例外路徑
- **`Sitemap`**：指定網站地圖位置，幫助搜尋引擎檢索網站

範例：

1. 指定 Googlebot 不允許爬取 `/guideline/` 目錄內檔案，但 `/guideline/specific-page` 除外
2. 其他爬蟲允許爬取所有路徑
3. 指定 Sitemap 路徑為 `https://my-website.com/sitemap.xml`

```
User-agent: Googlebot
Disallow: /guideline/
Allow: /guideline/specific-page

User-agent: *
Allow: /

Sitemap: https://my-website.com/sitemap.xml
```

▲ robots.txt

• • • • • • • •

接下來說明在 Nuxt 加入 `robots.txt` 的兩個方法：

方法一：手動加入

在 `public/` 靜態目錄加入檔案，並自行配置規則：

```
public/
|— robots.txt
```

```
User-agent: Googlebot
Disallow: /guideline/
Allow: /guideline/specific-page

User-agent: *
Allow: /

Sitemap: https://my-website.com/sitemap.xml
```

▲ public/robots.txt

• • • • • • • •

方法二：搭配套件 @nuxtjs/robots

搭配 Nuxt 模組 `@nuxtjs/robots` *，會自動生成 `robots.txt`。

> **NOTE**：
>
> 如果 `public/` 目錄中已經存在 `robots.txt` 文件，會將其自動更名為 `_robots.txt`，並把內容與生成的 `robots.txt` 文件進行合併。

▶ 套件安裝

```
npm i -D @nuxtjs/robots
```

▶ nuxt.config 配置模組

使用 `robots` 屬性配置 `robots.txt` 的內容，完整選項請參考官方文件。

- **`groups`**：配置多個使用者代理，控制不同爬蟲（Googlebot、Bingbot 等）訪問網站的規則
- **`sitemap`**：指定網站地圖位置

```
export default defineNuxtConfig({
  modules: [
    '@nuxtjs/robots'
  ],
  robots: {
    groups: [
      {
        userAgent: ['Googlebot'],
```

* @nuxtjs/robots https://nuxtseo.com/robots

```
        disallow: ['/guideline/'],
        allow: ['/guideline/specific-page']
      },
      {
        userAgent: ['*'],
        allow: ['/']
      }
    ],
    sitemap: [
      'https://my-website.com/sitemap.xml'
    ]
  }
});
```

▲ nuxt.config.ts

開發環境預設為禁止索引（indexing disabled），執行 `npm run dev`，開啟 /robots.txt 查看檔案內容：

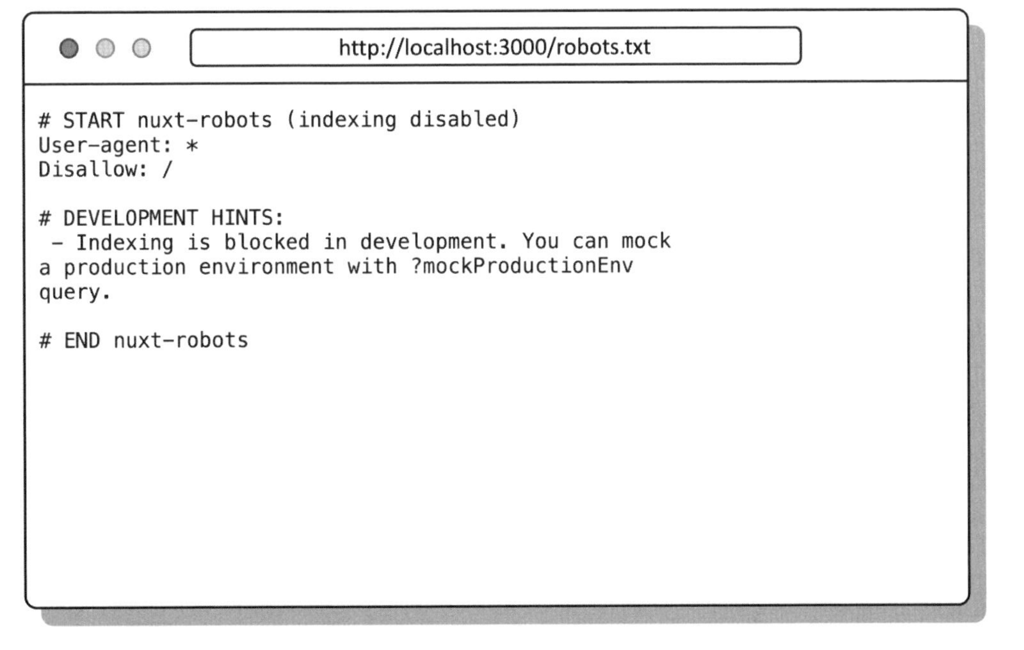

http://localhost:3000/robots.txt
START nuxt-robots (indexing disabled)
User-agent: *
Disallow: /
DEVELOPMENT HINTS:
- Indexing is blocked in development. You can mock
a production environment with ?mockProductionEnv
query.
END nuxt-robots

這時候在路徑加上查詢參數 `?mockProductionEnv=true`，即可模擬生產環境的 `robots.txt`。調整後，可以看到規則已成功加入 `robots.txt`：

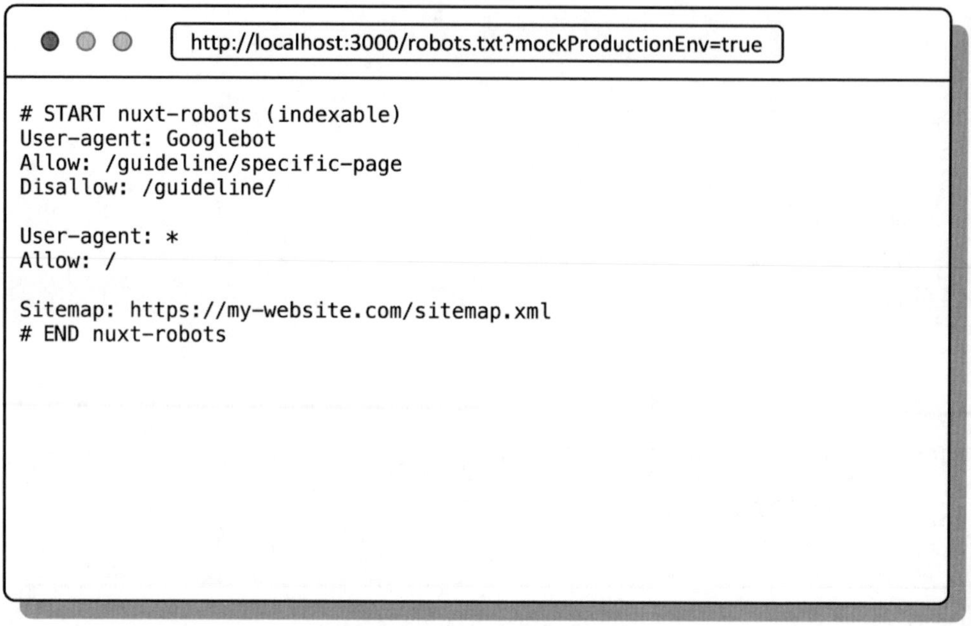

```
http://localhost:3000/robots.txt?mockProductionEnv=true

# START nuxt-robots (indexable)
User-agent: Googlebot
Allow: /guideline/specific-page
Disallow: /guideline/

User-agent: *
Allow: /

Sitemap: https://my-website.com/sitemap.xml
# END nuxt-robots
```

▶ X-Robots-Tag 與 <meta name="robots">

使用模組配置規則後，會自動加上 `X-Robots-Tag` HTTP 回應標頭和 `<meta name="robots">` 標籤，用來建立索引規則。`robots.txt` 用來控制哪些頁面可以被爬蟲存取，而 `X-Robots-Tag` 和 `<meta name="robots">` 則用來控制頁面是否能被搜尋引擎索引。

因開發環境預設為禁止索引，執行 `npm run build` 生產環境建置後，在瀏覽器開啟專案，查看 `X-Robots-Tag` 標頭以及 `<meta>` 標籤內容，以下表示此路由可以索引：

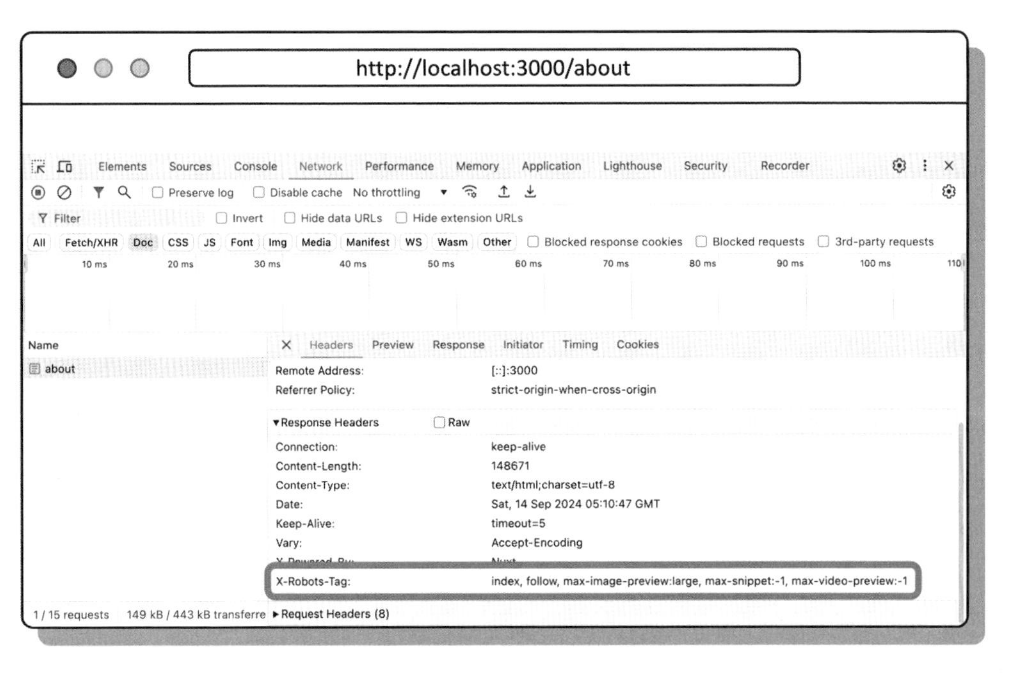
http://localhost:3000/about
Elements Sources Console Network Performance Memory Application Lighthouse Security Recorder
Preserve log Disable cache No throttling
Filter Invert Hide data URLs Hide extension URLs
All Fetch/XHR Doc CSS JS Font Img Media Manifest WS Wasm Other Blocked response cookies Blocked requests 3rd-party requests
Name
about
Headers Preview Response Initiator Timing Cookies
Remote Address: [::]:3000
Referrer Policy: strict-origin-when-cross-origin
Response Headers Raw
Connection: keep-alive
Content-Length: 148671
Content-Type: text/html;charset=utf-8
Date: Sat, 14 Sep 2024 05:10:47 GMT
Keep-Alive: timeout=5
Vary: Accept-Encoding
X-Robots-Tag: index, follow, max-image-preview:large, max-snippet:-1, max-video-preview:-1
1 / 15 requests 149 kB / 443 kB transferre
Request Headers (8)

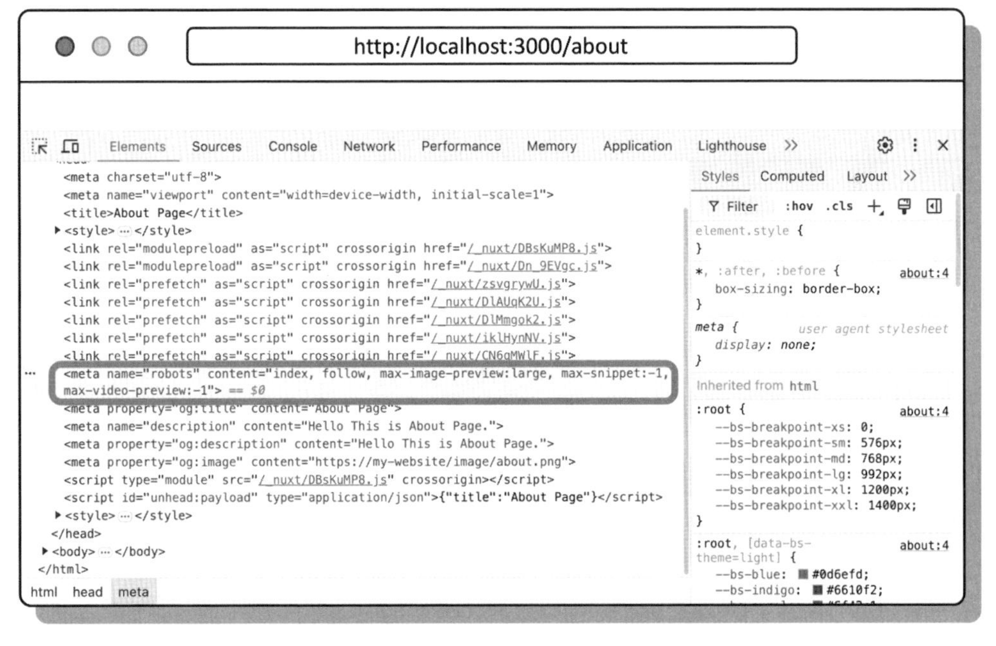
http://localhost:3000/about
Elements Sources Console Network Performance Memory Application Lighthouse
<meta charset="utf-8">
<meta name="viewport" content="width=device-width, initial-scale=1">
<title>About Page</title>
<meta name="robots" content="index, follow, max-image-preview:large, max-snippet:-1, max-video-preview:-1"> == $0
<meta name="description" content="Hello This is About Page.">
<meta property="og:description" content="Hello This is About Page.">
<meta property="og:image" content="https://my-website/image/about.png">
<script id="unhead:payload" type="application/json">{"title":"About Page"}</script>
</head>
</html>
html head meta
Styles Computed Layout
element.style {
box-sizing: border-box;
meta { user agent stylesheet
display: none;
Inherited from html
:root { about:4
--bs-breakpoint-xs: 0;
--bs-breakpoint-sm: 576px;
--bs-breakpoint-md: 768px;
--bs-breakpoint-lg: 992px;
--bs-breakpoint-xl: 1200px;
--bs-breakpoint-xxl: 1400px;
--bs-blue: #0d6efd;
--bs-indigo: #6610f2;

範例：設定所有爬蟲禁止爬取 `/about` 頁面

```
export default defineNuxtConfig({
  robots: {
    disallow: ['/about']
  }
});
```

▲ nuxt.config.ts

執行 `npm run build`，在瀏覽器開啟 /about 頁面，可以看到 HTTP 回應夾帶標頭 `X-Robots-Tag: noindex, nofollow`。`noindex` 表示禁止索引，nofollow 表示不要追蹤這個網頁上的連結。

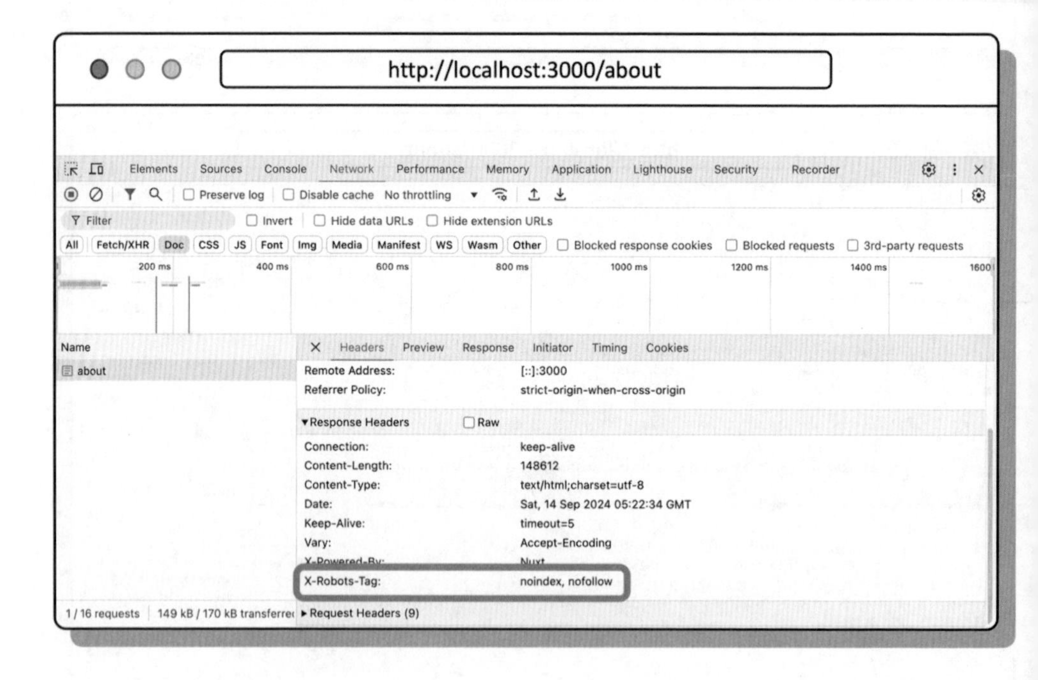

在 <head> 中也可以看到已自動加上 <meta name="robots" content="noindex, nofollow"> 標籤：

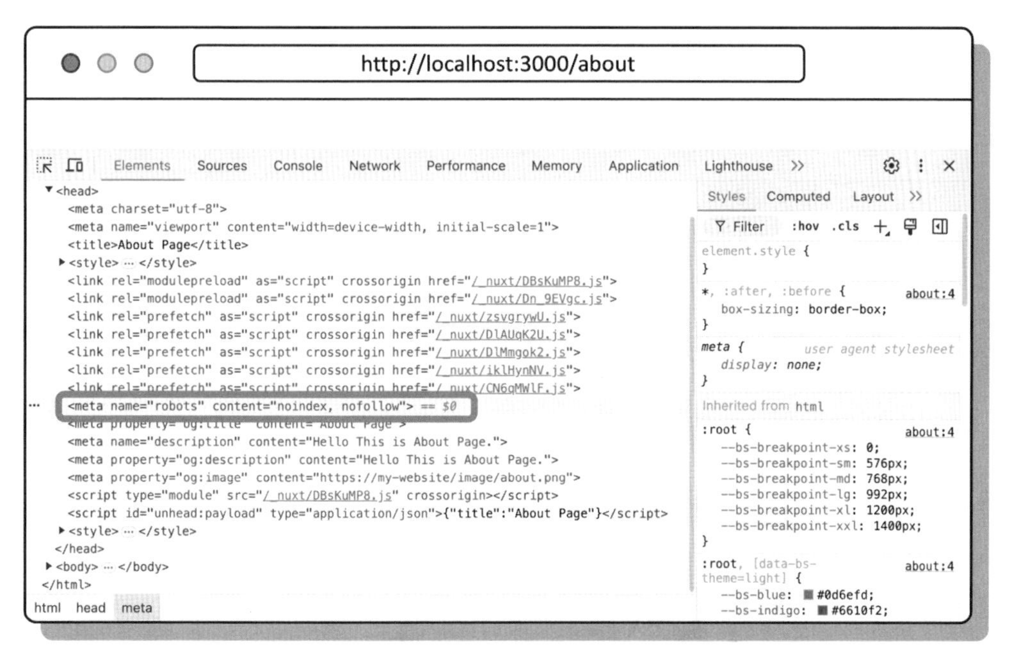
http://localhost:3000/about
Elements
Sources
Console
Network
Performance
Memory
Application
Lighthouse
<head>
<meta charset="utf-8">
<meta name="viewport" content="width=device-width, initial-scale=1">
<title>About Page</title>
<style> … </style>
<link rel="modulepreload" as="script" crossorigin href="/_nuxt/DBsKuMP8.js">
<link rel="modulepreload" as="script" crossorigin href="/_nuxt/Dn_9EVgc.js">
<link rel="prefetch" as="script" crossorigin href="/_nuxt/zsvgrywU.js">
<link rel="prefetch" as="script" crossorigin href="/_nuxt/DlAUqK2U.js">
<link rel="prefetch" as="script" crossorigin href="/_nuxt/DlMmgok2.js">
<link rel="prefetch" as="script" crossorigin href="/_nuxt/iklHynNV.js">
<link rel="prefetch" as="script" crossorigin href="/_nuxt/CN6qMWlF.js">
<meta name="robots" content="noindex, nofollow"> == $0
<meta name="description" content="Hello This is About Page.">
<meta property="og:description" content="Hello This is About Page.">
<meta property="og:image" content="https://my-website/image/about.png">
<script type="module" src="/_nuxt/DBsKuMP8.js" crossorigin></script>
<script id="unhead:payload" type="application/json">{"title":"About Page"}</script>
<style> … </style>
</head>
<body> … </body>
</html>
html head meta
Styles
Computed
Layout
Filter :hov .cls
element.style {
}
*, :after, :before { about:4
box-sizing: border-box;
}
meta { user agent stylesheet
display: none;
}
Inherited from html
:root { about:4
--bs-breakpoint-xs: 0;
--bs-breakpoint-sm: 576px;
--bs-breakpoint-md: 768px;
--bs-breakpoint-lg: 992px;
--bs-breakpoint-xl: 1200px;
--bs-breakpoint-xxl: 1400px;
}
:root, [data-bs-theme=light] { about:4
--bs-blue: #0d6efd;
--bs-indigo: #6610f2;

第七章
套件應用範例

7-1 Swiper 製作輪播動畫

本篇搭配 nuxt-swiper v1.2.2

前端開發中，設計和技術經常充滿挑戰，使用成熟的前端套件可以有效提升工作效率。這些套件通常經過嚴格測試，具備跨瀏覽器兼容性、完整的文件支援，並持續優化，提高長期維護的便利性。

在 4-5、4-6 單元中，說明了插件與模組的應用，插件與模組通常用來擴充應用程式的功能。本章節將挑選幾個常用的套件與模組，示範如何在 Nuxt 專案中搭配使用。

Swiper

Swiper * 是一款基於 Javascript 開發的輪播圖 / 幻燈片套件。提供觸控滑動、無限循環、自動播放、多欄版面等多種功能，轉場效果自然且配置的彈性高。

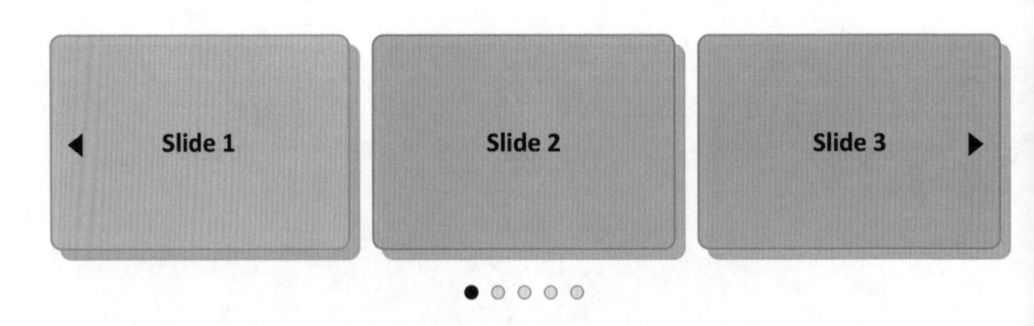

* Swiper https://swiperjs.com/

套件安裝

安裝 Nuxt3 整合模組 `nuxt-swiper`：

```
npm i nuxt-swiper
```

nuxt.config 配置

加入模組與 `swiper` 配置選項。選項說明：

- **`prefix`**：元件名稱前綴，預設為 Swiper
- **`styleLang`**：匯入樣式檔的語言類型，預設為 `css`
- **`modules`**：自動匯入的模組，預設為全部匯入，建議僅匯入需要的模組以減少資源消耗

```
export default defineNuxtConfig({
  modules: [
    'nuxt-swiper'
  ],
  swiper: {
    prefix: 'Swiper',
    styleLang: 'css',
    modules: ['navigation', 'pagination', 'autoplay']
  }
});
```

▲ nuxt.config.ts

建立輪播動畫

接著在頁面上使用自動匯入的 `<Swiper>` 與 `<SwiperSlide>` 元件建立輪播動畫。

▶ 方法一：直接在模板中配置

將 Swiper 的配置屬性直接綁定到模板中的 Swiper 元件，這種方式操作直觀，但當配置項目變多時，模板可能會顯得較為冗長。

範例：

- `modules`：使用的模組（需先在 `nuxt.config` 使用 `swiper.modules` 配置）
- `slides-per-view`：顯示幻燈片數量
- `space-between`：幻燈片間距（單位：`px`）
- `loop`：啟用無限循環模式
- `navigation`：顯示導覽按鈕
- `autoplay`：啟用自動播放
- `pagination`：顯示分頁

```
<template>
  <Swiper
    :modules="[
      SwiperNavigation,
      SwiperAutoplay,
      SwiperPagination
    ]"
    :slides-per-view="2"
    :space-between="10"
    loop
```

```
    navigation
    autoplay
    pagination>
    <SwiperSlide v-for="item in 10" :key="item">
      Slide {{ item }}
    </SwiperSlide>
  </Swiper>
</template>

<script setup>
// ...
</script>
```

▲ pages/index.vue

▶ 方法二：將配置項目封裝

將 Swiper 的配置屬性封裝在物件中，並透過 `v-bind` 將該物件綁定到 Swiper 元件。這種方式使得模板更簡潔，尤其當配置項目變多時，較為方便管理和維護。

範例：

- `autoplay`：調整為物件，自訂幻燈片的延遲時間
- `breakpoints`：針對不同的響應式斷點（螢幕尺寸）設置不同的參數

```
<template>
  <Swiper v-bind="swiperConfig">
    <SwiperSlide v-for="item in 10" :key="item">
      Slide {{ item }}
    </SwiperSlide>
  </Swiper>
</template>

<script setup>
const swiperConfig = {
```

```
    modules: [
      SwiperNavigation,
      SwiperAutoplay,
      SwiperPagination
    ],
    slidesPerView: 1,
    spaceBetween: 8,
    loop: true,
    navigation: true,
    autoplay: {
      delay: 5000,
      disableOnInteraction: false
    },
    pagination: {
      clickable: true
    },
    breakpoints: {
      545: {
        slidesPerView: 2,
        spaceBetween: 10
      },
      1080: {
        slidesPerView: 3,
        spaceBetween: 12
      },
      1280: {
        slidesPerView: 4,
        spaceBetween: 16
      }
    }
  };
  </script>
```

▲ pages/index.vue

在不同尺寸的裝置，呈現的排版樣式如下：

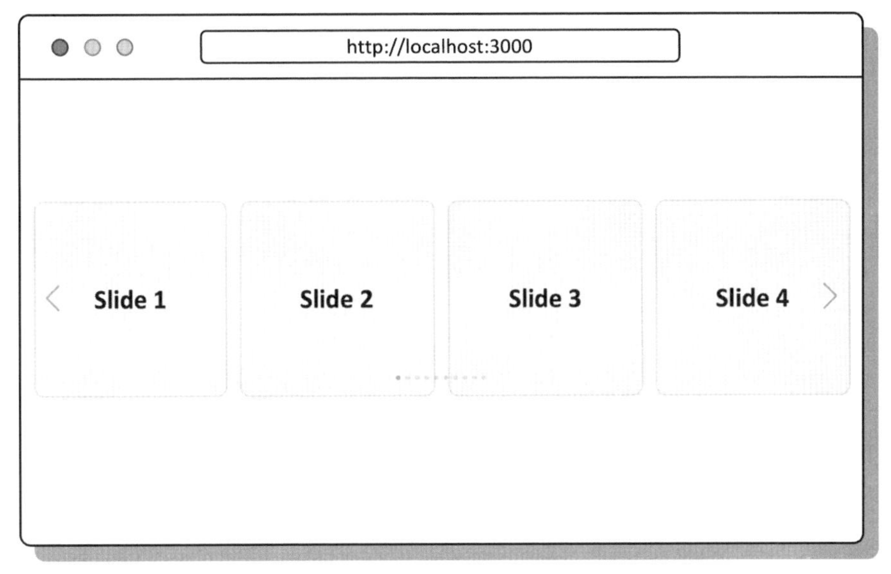

▲ 桌機版

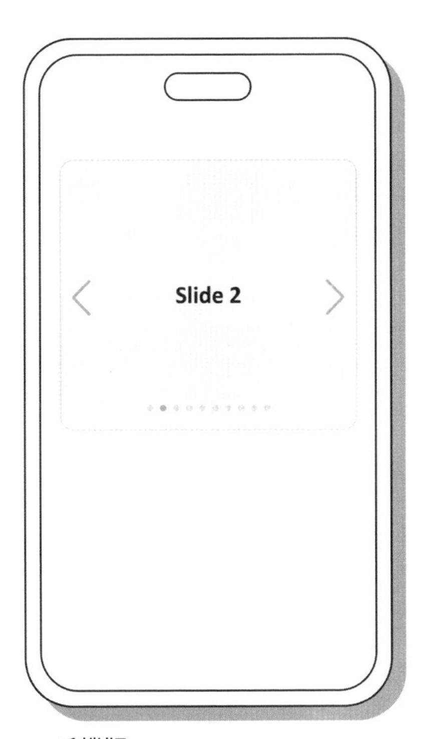

▲ 手機版

Swiper 事件

`<Swiper>` 元件支援多種 Swiper 事件，可以根據需求進行輪播行為的控制。

範例：

實作一個輪播影片功能，當幻燈片切換時，影片會自動播放或暫停。以下搭配的事件：

- `swiper`：Swiper 初始化時觸發，回傳一個 Swiper **實體**參數
- `slideChangeTransitionStart`：幻燈片切換的轉場開始時觸發，回傳一個 Swiper **實體**參數
- `slideChangeTransitionEnd`：幻燈片切換的轉場結束時觸發，回傳一個 Swiper **實體**參數

```
<template>
  <Swiper
    :modules="[SwiperAutoplay]"
    :slides-per-view="1"
    :loop="true"
    :autoplay="{ delay: 5000, disableOnInteraction: false }"
    @swiper="initSwiper"
    @slide-change-transition-start="pauseAllVideos"
    @slide-change-transition-end="playActiveVideo">
    <SwiperSlide>
      <video muted loop playsinline>
        <source src="/video-1.mp4" type="video/mp4">
      </video>
    </SwiperSlide>
    <SwiperSlide>
      <video muted loop playsinline>
        <source src="/video-2.mp4" type="video/mp4">
      </video>
    </SwiperSlide>
  </Swiper>
</template>
```

```
<script setup>
const initSwiper = (swiper) => {
  playActiveVideo(swiper);
};

// 播放影片
const playActiveVideo = (swiper) => {
  const activeSlide = swiper.slides[swiper.activeIndex];
  const video = activeSlide.querySelector('video');
  video?.play();
};

// 停止播放影片
const pauseAllVideos = (swiper) => {
  swiper.slides.forEach((slide) => {
    const video = slide.querySelector('video');
    video?.pause();
  });
};
</script>
```

▲ pages/index.vue

● ● ● ● ● ● ● ●

useSwiper Hook

`swiper/vue` 提供了 `useSwiper` Hook，讓我們在元件內取得 Swiper 實體，方便地調用 Swiper 實體上的方法來控制輪播。

範例：

自訂控制按鈕元件，用來切換幻燈片。

```
components/
|— TheSwiperController.vue
```

```
<template>
  <div>
    <button @click="swiper.slidePrev()">
      ← prev
    </button>
    <button @click="swiper.slideNext()">
      next →
    </button>
  </div>
</template>

<script setup>
const swiper = useSwiper();
</script>
```

▲ components/TheSwiperController.vue

```
<template>
  <Swiper v-bind="swiperConfig">
    <SwiperSlide v-for="item in 10" :key="item">
      Slide {{ item }}
    </SwiperSlide>

    <TheSwiperController />
  </Swiper>
</template>

<script setup>
const swiperConfig = {
  // ...
};
</script>
```

▲ pages/index.vue

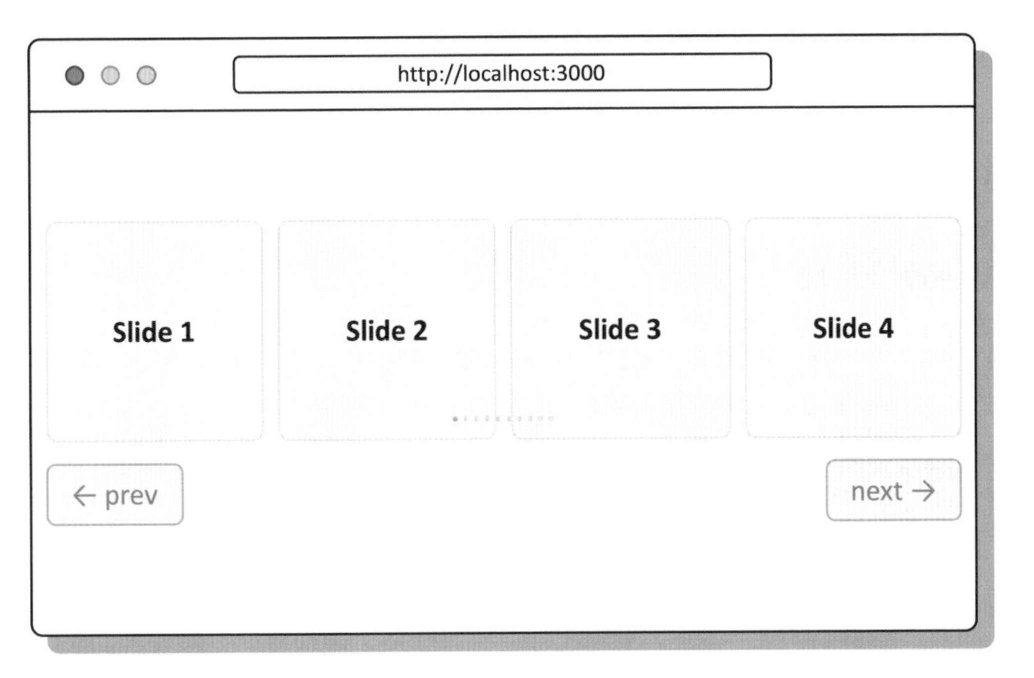
http://localhost:3000
Slide 1
Slide 2
Slide 3
Slide 4
← prev
next →

7-2 VeeValidate 表單驗證

本篇搭配 @vee-validate/nuxt v4.13.2

VeeValidate

VeeValidate * 是一款用於 Vue.js 的輕量表單驗證套件（參考 PHP 框架 Laravel 的表單驗證語法），僅需加入簡單的語法即可驗證表單。

NOTE：

Nuxt3 需搭配 vee-validate v4 以上版本。

Name
Daniel
Email
The Email field is required
Password
submit

* VeeValidate https://vee-validate.logaretm.com/

套件安裝

安裝 Nuxt 模組 `@vee-validate/nuxt`：

```
npm i @vee-validate/nuxt
```

nuxt.config 配置

加入模組與 `veeValidate` 配置選項。選項說明：

- `autoImports`：啟用自動引入
- `componentNames`：調整元件名稱

```
export default defineNuxtConfig({
  modules: [
    '@vee-validate/nuxt'
  ],
  veeValidate: {
    autoImports: true,
    componentNames: {
      Form: 'VeeForm',
      Field: 'VeeField',
      FieldArray: 'VeeFieldArray',
      ErrorMessage: 'VeeErrorMessage'
    }
  }
});
```

▲ nuxt.config.ts

基礎應用

接下來在表單上加入**驗證規則**與**錯誤提示**。

範例：

- 將 `<form>` 標籤替換為 `<VeeForm>`，`<VeeForm>` 已經設置阻止表單提交的預設行為，因此不需要加上 `.prevent` 修飾符
- 將 `<input>` 標籤替換為 `<VeeField>`，並透過 `rules` 屬性設定驗證規則
- 使用 `<VeeErrorMessage>` 元件顯示驗證錯誤提示，傳入的 `name` 屬性值必須與 `<VeeField>` 的 `name` 相對應

```
<template>
  <VeeForm @submit="submit">
    <label for="mobile">Mobile</label>
    <VeeField type="tel" id="mobile" name="mobile"
    :rules="validateMobile" />
    <VeeErrorMessage name="mobile" />

    <button type="submit">submit</button>
  </VeeForm>
</template>

<script setup>
// 驗證規則
const validateMobile = (value) => {
  if (!value) {
    return 'This field is required';
  }
  const regex = /^09\d{8}$/i;
  if (!regex.test(value)) {
    return 'This field must be a valid mobile';
  }
  return true;
};
```

```
// 送出表單
const submit = (values) => {
  console.log('submitted', values);
};
</script>
```

▲ pages/index.vue

試著在欄位輸入內容，測試驗證結果：

- 輸入空值或是不符合規則的手機格式，會顯示錯誤提示，並且不會執行 `submit` 送出表單
- 輸入符合規則的手機號碼，成功送出表單並印出相關訊息

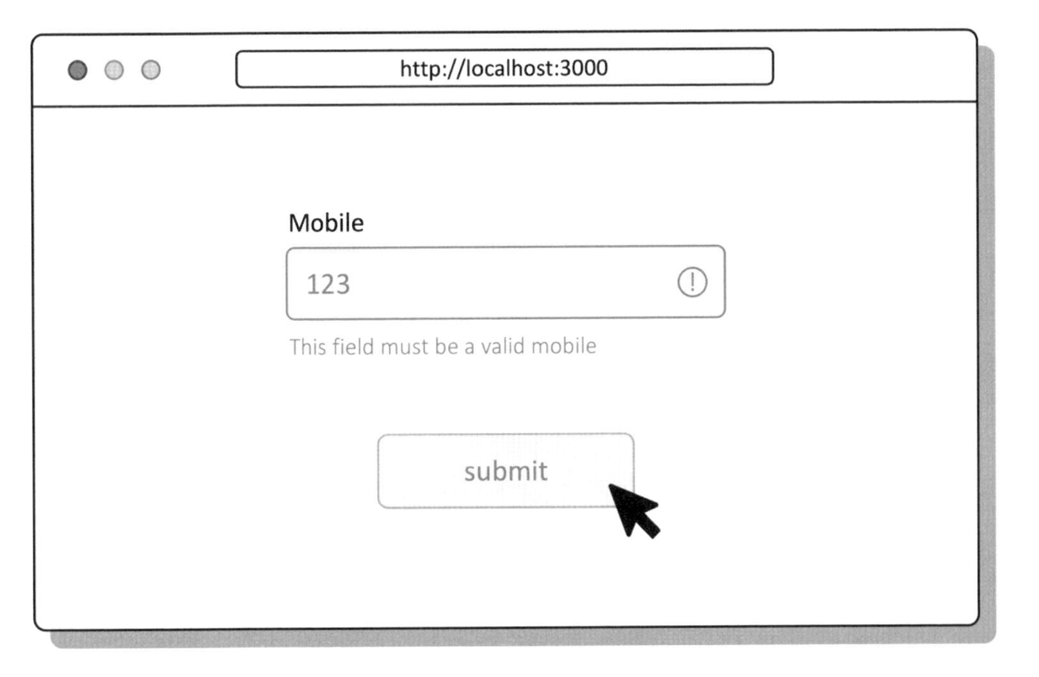

全域擴充驗證規則

如果應用程式的表單結構較複雜，且需要驗證的欄位很多，全域統一設定規則能提高管理效率並避免重複性工作。

▶ 加上 @vee-validate/rules 規則

VeeValidate 提供了一系列常用的驗證規則供擴充使用。首先安裝套件：

```
npm i @vee-validate/rules
```

新增一個插件，並使用 `defineRule` 加入所有規則：

```
plugins/
|— vee-validate.js
```

```
import { defineRule } from 'vee-validate';
import { all } from '@vee-validate/rules';

// 迴圈依序加入所有規則
Object.entries(all).forEach(([name, rule]) => {
  defineRule(name, rule);
});

// 用來封裝 plugin
export default defineNuxtPlugin((_nuxtApp) => {});
```

▲ plugins/vee-validate.js

▶ 自定義規則

除了使用 `@vee-validate/rules` 的規則，我們也可以加上一些客製化的驗證規則，例如特定的密碼規則，或是跨欄位的密碼確認驗證，讓表單驗證機制更為完善。

範例：加入自訂的密碼規則

使用正則來驗證密碼（至少包含一個字母與數字）。

```
import { defineRule } from 'vee-validate';

// 自訂密碼規則
defineRule('password', (value) => {
  const regex = /^(?=.*[a-zA-Z])(?=.*\d).*$/i;
  if (!regex.test(value)) {
    return 'This field must contain at least one letter and
    one number';
  }
  return true;
});

export default defineNuxtPlugin((_nuxtApp) => {});
```

▲ plugins/vee-validate.js

▶ 規則應用

規則定義完後，接下來說明如何實際應用。

範例：使用套件的規則，以及自訂的密碼規則

方法一：直接在 `rules` 屬性中定義規則

一個欄位若有多個驗證邏輯，在 `rules` 屬性使用 `|` 字符作為分隔符號，以下規則說明：

- `email` 欄位規則：必填、需符合 `email` 規則
- `password` 欄位規則：必填、長度需大於 8、需符合自訂的 `password` 規則
- `confirmation` 欄位規則：跨欄位驗證規則，檢查是否與密碼相同

```
<template>
  <VeeForm @submit="submit">
    <div>
      <label for="email">Email</label>
      <VeeField type="email" id="email" name="email"
      rules="required|email" />
      <VeeErrorMessage name="email" />
    </div>
    <div>
      <label for="password">Password</label>
      <VeeField type="password" id="password" name="password"
      rules="required|min:8|password" />
      <VeeErrorMessage name="password" />
    </div>
    <div>
      <label for="confirmation">Confirmation</label>
      <VeeField type="password" id="confirmation"
      name="confirmation" rules="required|
      confirmed:@password" />
      <VeeErrorMessage name="confirmation" />
    </div>

    <button type="submit">submit</button>
  </VeeForm>
</template>

<script setup>
const submit = (values) => {
  console.log('submitted', values);
};
</script>
```

▲ pages/index.vue

方法二：將表單規則封裝並統一管理

另一種方法是將整個表單 `<VeeField>` 欄位的規則統一封裝在物件中，透過 `v-bind` 綁定到 `<VeeForm>` 元件。這種方式使模板更簡潔，尤其在表單內容較多或規則複雜時，易讀性更高，方便管理和維護。

```
<template>
  <VeeForm @submit="submit" :validation-schema="schema">
    <div>
      <label for="email">Email</label>
      <!-- rules 移除，由表單統一管理規則 -->
      <VeeField type="email" id="email" name="email" />
      <VeeErrorMessage name="email" />
    </div>

    <!-- ... -->
  </VeeForm>
</template>

<script setup>
const schema = {
  email: 'required|email',
  password: 'required|min:8|password',
  confirmation: 'required|confirmed:@password'
};

const submit = (values) => {
  console.log('submitted', values);
};
</script>
```

▲ pages/index.vue

提示訊息語系調整

預設的提示訊息資訊並不完整，也不支援其他語系。建議根據網站服務的目標國家或地區調整語系，以提高訊息的完整性和易讀性。

首先安裝 i18n 套件：

```
npm i @vee-validate/i18n
```

在插件中調整語系：

- `configure`：全域設定多國語系的錯誤訊息，以下為繁體中文與英文
- `setLocale`：設置當前應用的語系，以下設定為繁體中文

```
import { configure } from 'vee-validate';
import { localize, setLocale } from '@vee-validate/i18n';
import zh_TW from '@vee-validate/i18n/dist/locale/zh_TW.
json';
import en from '@vee-validate/i18n/dist/locale/en.json';

// 調整語系
configure({
  generateMessage: localize({ zh_TW, en })
});
setLocale('zh_TW');

export default defineNuxtPlugin((_nuxtApp) => {});
```

▲ plugins/vee-validate.js

接著可以看到提示訊息已調整為繁體中文：

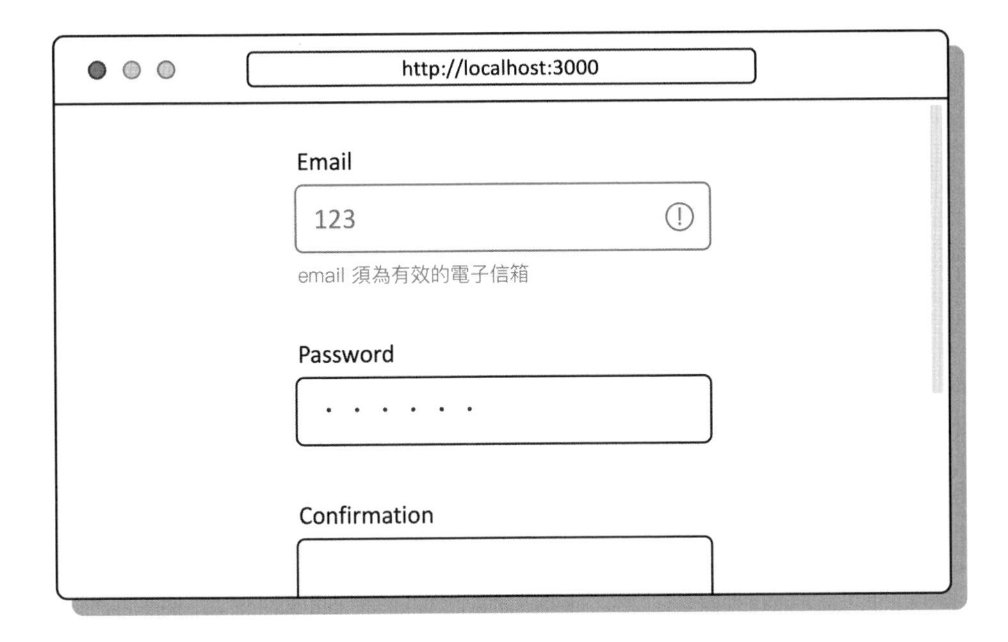

使用組合式函式建立表單

VeeValidate 基於 Composition API 來建立表單架構，主要使用 `useField` 與 `useForm` 組合式函式，`<VeeForm>` 跟 `<VeeField>` 元件也是透過這兩個函式建立。利用組合式函式，我們可以更彈性地客製自己的表單。

將前面的範例改寫為原生 HTML 標籤，並加上表單驗證：

- `useForm`：初始化表單環境，使用 `validationSchema` 設定欄位的驗證規則
- `defineField`：用來建立欄位模型，回傳一個包含兩個值的陣列，第一個值是欄位當前值，第二個值是用於綁定到該欄位的屬性（包括事件監聽器）
- `handleSubmit`：處理表單送出的邏輯

```
<template>
  <form @submit="submit">
    <div>
      <label for="email">Email</label>
      <input type="email" id="email" name="email"
      v-model="email" v-bind="emailAttrs" />
      <div>{{ errors.email }}</div>
    </div>
    <div>
      <label for="password">Password</label>
      <input type="password" id="password" name="password"
      v-model="password" v-bind="passwordAttrs" />
      <div>{{ errors.password }}</div>
    </div>
    <div>
      <label for="confirmation">Confirmation</label>
      <input type="password" id="confirmation"
      name="confirmation" v-model="confirmation"
      v-bind="confirmationAttrs" />
      <div>{{ errors.confirmation }}</div>
    </div>

    <button type="submit">submit</button>
  </form>
</template>

<script setup>
const { errors, handleSubmit, defineField } = useForm({
  validationSchema: {
    email: 'required|email',
    password: 'required|min:8|password',
    confirmation: 'required|confirmed:@password'
  }
});

const [email, emailAttrs] = defineField('email');
const [password, passwordAttrs] = defineField('password');
const [confirmation, confirmationAttrs] =
defineField('confirmation');

const submit = handleSubmit((values) => {
  console.log('submitted', values);
});
</script>
```

▲ pages/index.vue

• • • • • • • •

其他常用功能

▶ 設定表單預設值

調用掛載在表單實體的 `setValues`、`setFieldValue` 函式設定表單預設值。

- `setValues`：設定整個表單的資料，自動觸發表單驗證

```
<template>
  <VeeForm ref="form">
    <VeeField type="email" name="email" />
    <VeeField type="text" name="name" />
  </VeeForm>
</template>

<script setup>
const form = ref(null);

const defaultForm = {
  email: 'hi.daniel@gmail.com',
  name: 'Daniel'
};

onMounted(() => {
  form.value.setValues(defaultForm);
});
</script>
```

▲ pages/index.vue

- `setFieldValue`：設定特定欄位的資料，自動觸發該欄位的驗證

```
<template>
  <VeeForm ref="form">
    <VeeField type="email" name="email" />
```

```
  </VeeForm>
</template>

<script setup>
const form = ref(null);

onMounted(() => {
  form.value.setFieldValue('email', 'hi.daniel@gmail.com');
});
</script>
```

▲ pages/index.vue

▶ 驗證成功前禁止點擊按鈕

使用 `<VeeForm>` 元件內 `meta` 物件取得表單驗證的狀態，確認表單是否通過驗證。

- `meta.valid`：表示表單目前的驗證狀態
- `meta.touched`：表示使用者是否與表單進行互動

```
<template>
  <VeeForm @submit="submit" v-slot="{ meta }">
    <!-- ... -->
    <button type="submit" :disabled="!meta.valid || !meta.
    touched">
      submit
    </button>
  </VeeForm>
</template>

<script setup>
const submit = (values) => {
  // ...
};
</script>
```

▲ pages/index.vue

▶ 禁止重複送出表單

送出的事件處理器尚在進行中時，禁止重複送出。

- `isSubmitting`：表示送出表單的事件處理器是否完成（不論成功還是失敗），適合搭配非同步函式（例如將表單資料透過 API 傳送）

```
<template>
  <VeeForm @submit="submit" v-slot="{ isSubmitting }">
    <!-- ... -->
    <button type="submit" :disabled="isSubmitting">
      submit
    </button>
  </VeeForm>
</template>

<script setup>
const submit = async (values) => {
  // ...
};
</script>
```

▲ pages/index.vue

▶ 重置表單

使用 `<VeeForm>` 元件內 `resetForm` 方法來重置表單：

```
<template>
  <VeeForm v-slot="{ resetForm }">
    <!-- ... -->
    <button type="button" @click="resetForm()">
      reset
    </button>
  </VeeForm>
</template>
```

▲ pages/index.vue

7-3 CKEditor 5 文字編輯器

本篇搭配 ckeditor5 v43.1.0 與 @ckeditor/ckeditor5-vue v7.0.0

CKEditor

CKEditor * 是一套歷史悠久且功能完整、輕量的富文本編輯器（Rich Text Editor），為使用者提供所見即所得（WYSIWYG）的編輯區域。CKEditor 5 使用 MVC 架構與 ES6 編寫，UI 也更簡潔，且因應現在的前後端分離趨勢，與前端框架 React、Angular 以及 Vue.js 做整合，讓我們可以更便利的開發應用。

NOTE：

CKEditor v42 開始簡化了安裝與設定的方式，與任何打包工具相容，因此不再需要另外安裝 Vite 插件，與 v41 前的安裝方式有蠻大的不同。

Paragraph B I A

Title

Lorem ipsum dolor sit amet consectetur adipisicing elit. Ut atque iste ipsum dolore, eos reiciendis molestiae, soluta deleniti cumque, officia recusandae dolorem eius quisquam mollitia totam voluptatum est! Ullam, recusandae.

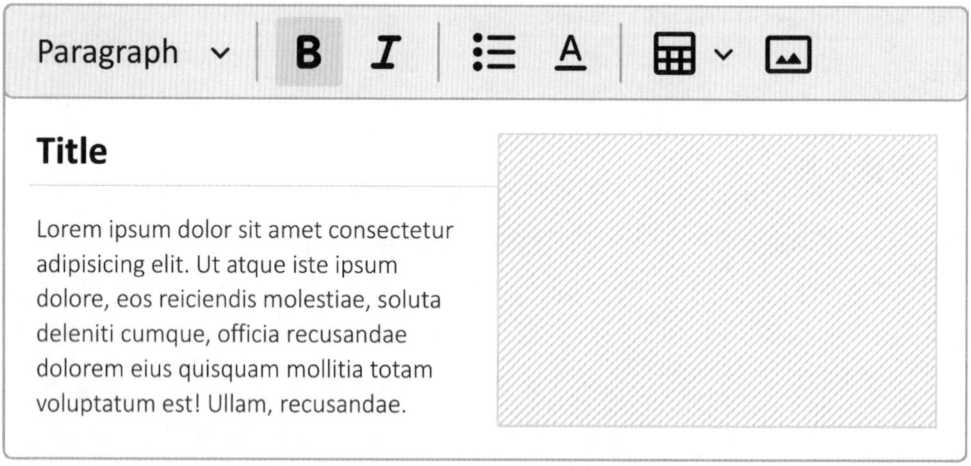

* CKEditor https://ckeditor.com/

編輯器類型與功能選擇

首先透過 CKEditor 5 Builder（ckeditor.com/ckeditor-5/builder/）跟著步驟依序挑選編輯器類型與功能，加速安裝配置的效率。

本篇範例選擇如下：

- 編輯器類型：Classic Editor (basic)
- 功能：
  - Text Formatting：Bold、Italic、Font Styles
- 安裝選項：
  - 語言：Chinese（繁體中文）
  - 技術：Vue
  - 安裝方式：npm
  - 產出方式：Copy code snippets（複製程式碼片段）

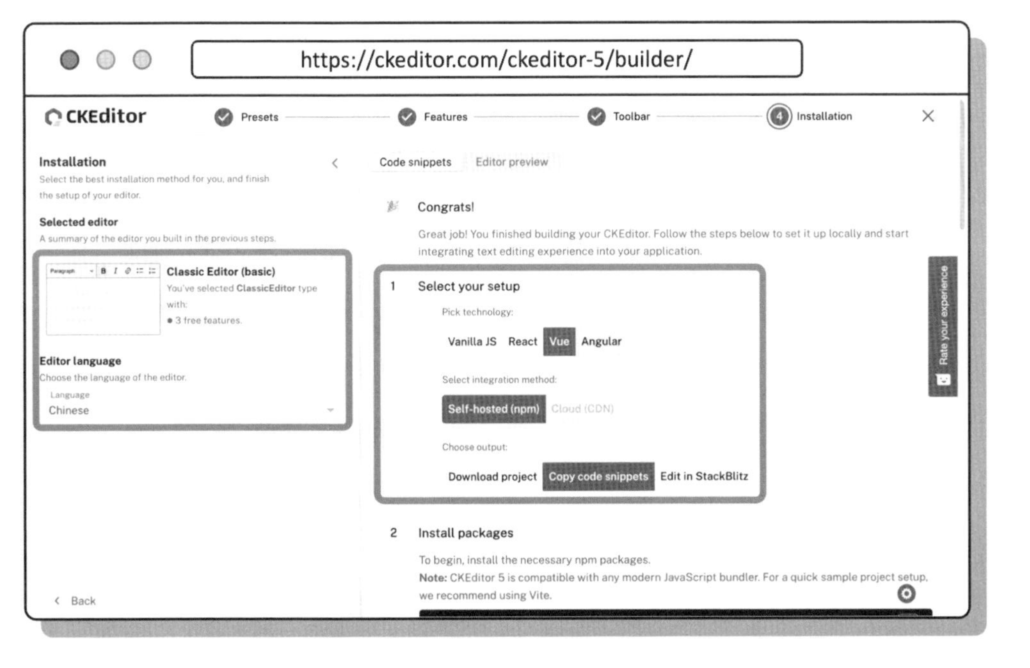

套件安裝

接下來依照說明安裝 CKEditor 以及適用於 Vue 的文字編輯器元件。

```
npm install ckeditor5 @ckeditor/ckeditor5-vue
```

> **NOTE**：
>
> 若有使用進階付費功能，需要購買授權，並安裝 `ckeditor5-premium-features` 套件。本篇範例僅使用免費功能。

使用插件配置套件

要使用 CKEditor 的功能與元件，首先需要建立一個插件，將 CKEditor 和相關模組註冊到 Vue 實體中。

> **NOTE**：
>
> 因 CKEditor 插件使用了瀏覽器相關的 API，插件檔名需加上 `.client` 後綴，限制在客戶端執行。

```
plugins/
|— ckeditor.client.js
```

```
import { CkeditorPlugin } from '@ckeditor/ckeditor5-vue';

export default defineNuxtPlugin((nuxtApp) => {
  nuxtApp.vueApp.use(CkeditorPlugin);
});
```

▲ plugins/ckeditor.client.js

● ● ● ● ● ● ● ●

配置編輯器功能

新增一個在客戶端渲染的元件：

```
components/
|— TheCkeditor.client.vue
```

> **NOTE**：
>
> CKEditor 元件使用了瀏覽器相關的 API，在伺服器端會拋出錯誤，如 `self is not defined`。若網站不需要索引（例如 SaaS 或後台系統），可以將應用程式設置為客戶端渲染：
>
> ```
> export default defineNuxtConfig({
>   ssr: false
> });
> ```
>
> ▲ nuxt.config.ts
>
> 若網站需要索引，可以將 CKEditor 元件限制在客戶端渲染：
>
> - **方法一**： 將 CKEditor 元件包在自訂元件內，檔名加上 `.client` 後綴（如 `components/TheCkeditor.client.vue`）
> - **方法二**： 使用 CKEditor 元件時，在外層加上 `<ClientOnly>` 元件

接下來開始依照第一步的安裝說明來配置元件，稍微調整如下：

- **`editor`**：定義編輯器類型
- **`config`**：定義設定檔
  - `toolbar`：配置工具列，使用 `|` 插入分隔符號
  - `plugins`：配置插件
- 使用 `computed` 建立一個計算屬性 `editorData`，用於雙向綁定元件的內容。當編輯器內容變更時，自動更新父元件的資料

```
<template>
  <ckeditor :editor="editor" v-model="editorData"
  :config="config" />
</template>

<script setup>
import {
  ClassicEditor,
  AccessibilityHelp,
  Autosave,
  Bold,
  Essentials,
  FontBackgroundColor,
  FontColor,
  FontFamily,
  FontSize,
  Italic,
  Paragraph,
  SelectAll,
  SpecialCharacters,
  Undo
} from 'ckeditor5';
import translations from 'ckeditor5/translations/zh.js';
import 'ckeditor5/ckeditor5.css';

const props = defineProps({
  value: {
    type: String,
    default: ''
  }
});

const emit = defineEmits(['update:value']);

// 編輯器類型
const editor = ClassicEditor;

// 設定檔
const config = {
  toolbar: {
```

```
    items: [
      'undo', 'redo', '|',
      'selectAll', '|',
      'fontSize', 'fontFamily', 'fontColor',
      'fontBackgroundColor', '|',
      'bold', 'italic', '|',
      'specialCharacters', '|',
      'accessibilityHelp'
    ],
    shouldNotGroupWhenFull: false
  },
  plugins: [
    AccessibilityHelp,
    Autosave,
    Bold,
    Essentials,
    FontBackgroundColor,
    FontColor,
    FontFamily,
    FontSize,
    Italic,
    Paragraph,
    SelectAll,
    SpecialCharacters,
    Undo
  ],
  fontFamily: {
    supportAllValues: true
  },
  fontSize: {
    options: [10, 12, 14, 'default', 18, 20, 22],
    supportAllValues: true
  },
  language: 'zh',
  placeholder: '請輸入內容',
  translations: [translations]
};

// 用來雙向綁定更新資料
const editorData = computed({
```

```
    get() {
      return props.value || '';
    },
    set(val) {
      emit('update:value', val);
    }
  });
  </script>
```

▲ components/TheCkeditor.client.vue

● ● ● ● ● ● ● ●

使用元件

接下來試著使用自訂的編輯器元件：

```
<template>
  <TheCkeditor v-model:value="content" />
</template>

<script setup>
const content = ref('<p>Hello World!</p>');
</script>
```

▲ pages/index.vue

開啟瀏覽器，若能順利看到畫面並操作，就代表我們已成功將 CKEditor 5 編輯器整合到專案中了。

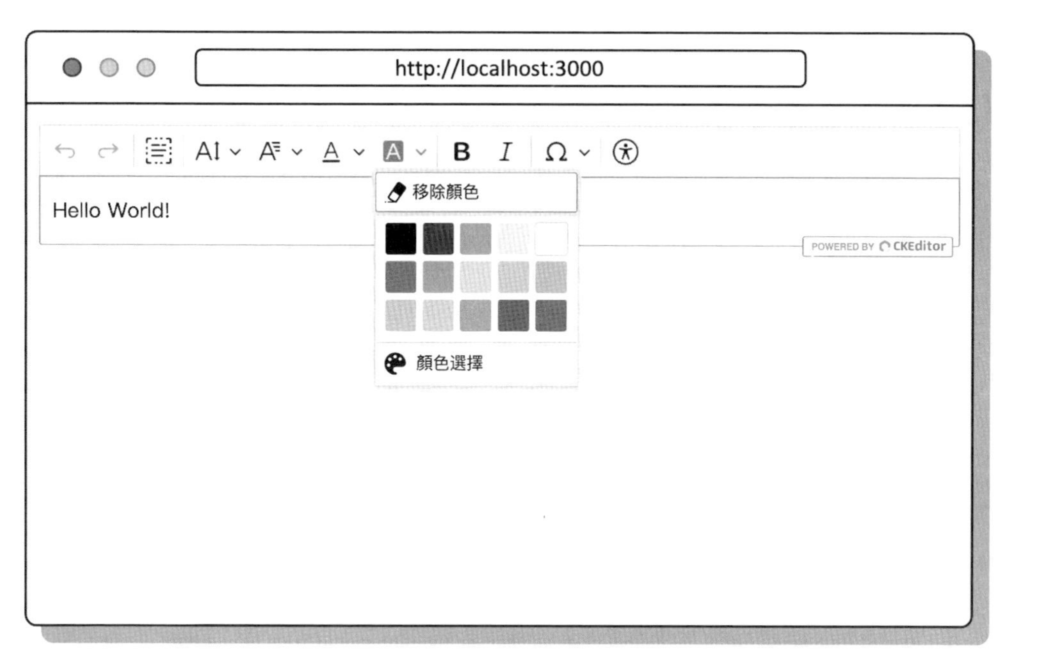

編輯器樣式調整

新增一個樣式檔：

```
assets/
|— css/
    |— ckeditor-custom.css
```

設定 CSS 變數來調整編輯器的主題樣式，變數可以參考套件內 ckeditor5/ckeditor5.css。

```
:root {
  /* 覆蓋主題中的 radius */
  --ck-border-radius: 0.25rem;
```

```
/* 覆蓋主題中的字級 */
--ck-font-size-base: 12px;

/* 覆蓋主題中的邊框顏色 */
--ck-color-base-border: #70AD47;

/* 輔助變數，避免顏色重複 */
--ck-custom-background: #E2F0D9;
--ck-custom-foreground: #C5E0B4;
--ck-custom-border: #70AD47;
--ck-custom-white: #fff;

/* 覆蓋通用顏色 */
--ck-color-base-foreground: var(--ck-custom-background);
--ck-color-focus-border: #A9D18E;
--ck-color-text: #252525;
--ck-color-shadow-drop: #E2F0D9;
--ck-color-shadow-inner: #E2F0D9;
--ck-color-focus-outer-shadow: #E2F0D9;

/* 覆蓋預設的 .ck-button 顏色 */
--ck-color-button-default-background: var
(--ck-custom-background);
--ck-color-button-default-hover-background: #C5E0B4;
--ck-color-button-default-active-background: #C5E0B4;
--ck-color-button-default-active-shadow: #A9D18E;
--ck-color-button-default-disabled-background: var
(--ck-custom-background);
--ck-color-button-on-color: #548235;
--ck-color-button-on-background: var
(--ck-custom-foreground);
--ck-color-button-on-hover-background: #C5E0B4;
--ck-color-button-on-active-background: #C5E0B4;
--ck-color-button-on-active-shadow: #A9D18E;
--ck-color-button-on-disabled-background: var
(--ck-custom-foreground);

/* 覆蓋預設的 .ck-dropdown 顏色 */
--ck-color-dropdown-panel-background: var
```

```
    (--ck-custom-background);
    --ck-color-dropdown-panel-border: var
    (--ck-custom-foreground);

    /* 覆蓋預設的 .ck-dialog 顏色 */
    --ck-color-dialog-background: var(--ck-custom-background);
    --ck-color-dialog-form-header-border: var
    (--ck-custom-border);

    /* 覆蓋預設的 .ck-list 顏色 */
    --ck-color-list-background: var(--ck-custom-background);
    --ck-color-list-button-hover-background: var
    (--ck-color-base-foreground);
    --ck-color-list-button-on-background: var
    (--ck-color-base-active);
    --ck-color-list-button-on-background-focus: var
    (--ck-color-base-active-focus);
    --ck-color-list-button-on-text: var
    (--ck-color-base-background);

    /* 覆蓋預設的 .ck-toolbar 顏色 */
    --ck-color-toolbar-background: var
    (--ck-custom-background);
    --ck-color-toolbar-border: var(--ck-custom-border);
}
```

▲ assets/css/ckeditor-custom.css

接著在編輯器元件引入樣式。自定義樣式需放在 CKEditor 的預設樣式之後，才能覆蓋預設樣式。

```
<template>
  <ckeditor :editor="editor" v-model="editorData"
  :config="editorConfig" />
</template>

<script setup>
// ...
```

```
import 'ckeditor5/ckeditor5.css';

// 覆蓋預設樣式
import '@/assets/css/ckeditor-custom.css';

// ...
</script>
```

▲ components/TheCkeditor.vue

調整後的編輯器樣式如下：

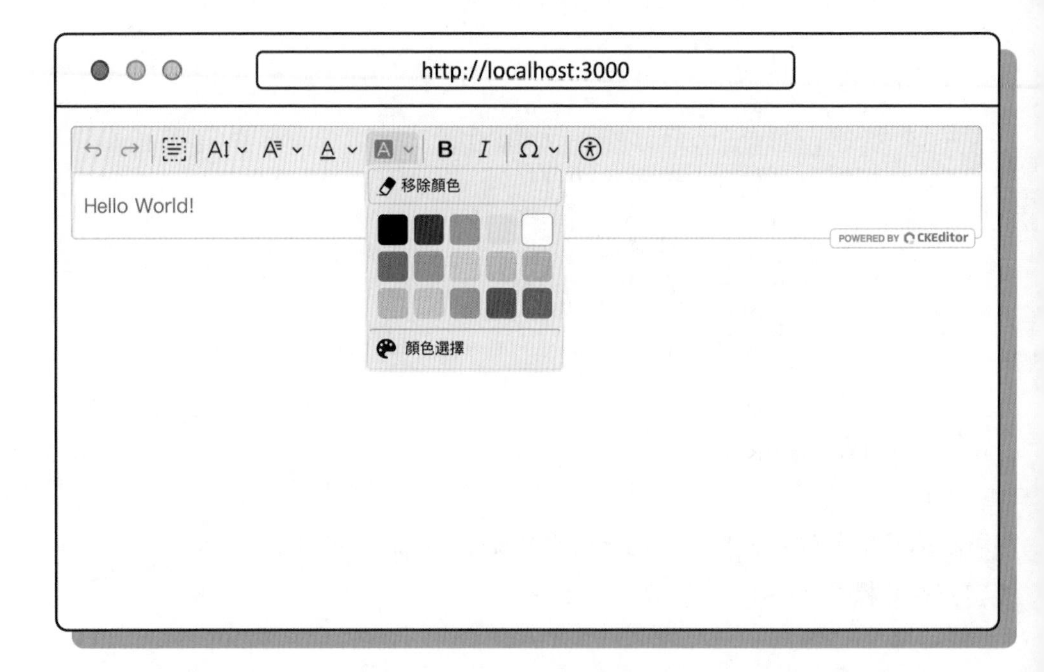

第八章
進階優化與工具

8-1 Nuxt Image 圖片最佳化

本篇搭配 @nuxt/image v1.8.0

網站體驗指標（Web Vitals）* 是 Google 定義的一組用來衡量網站使用者體驗的指標，這些指標反映了使用者在瀏覽網站時的實際體驗，會影響網站在搜尋引擎上的排名。

自 2024 年 3 月起，三大核心指標（Core Web Vitals）更新如下：

- **最大內容繪製（LCP，Largest Contentful Paint）**：測量頁面主要內容的載入效能
- **互動至下一次繪製（INP，Interaction to Next Paint）**：測量頁面在使用者互動過程中的回應速度
- **累積版面位移（CLS，Cumulative Layout Shift）**：測量視覺穩定性，避免不預期的版面配置位移

網站的圖片與這些核心指標密切相關，因為頁面上的主要元素通常包含圖片。圖片的大小直接影響載入速度，進而影響使用者互動的回應時間。如果圖片未設定固定的寬高比例，甚至會導致版面配置位移，進而影響使用者體驗。

圖片優化方向

- **轉換圖片格式**：`webp` 格式的檔案通常比 `png` 和 `jpeg` 等傳統格式小很多，且幾乎不會失真
- **延遲載入圖片**：使用 Lazy Loading，當圖片進入可視區域時才載入，減少頁面的初始載入時間
- **設置寬高屬性**：為圖片設置明確的寬高屬性，避免發生版面位移

* 網站體驗指標（Web Vitals）https://web.dev/articles/vitals

- **設定響應式尺寸**：為不同斷點設置對應的圖片尺寸，根據裝置大小載入適合的圖片

• • • • • • • •

本篇將使用 @nuxt/image * 模組，進行圖片優化。

安裝 @nuxt/image

▶ Step1：套件安裝

```
npm i @nuxt/image
```

▶ Step2：nuxt.config 配置模組

在 `nuxt.config` 加入模組，並根據需求透過 `image` 自訂配置。詳細選項請參考官方文件。

常用選項：

- **`quality`**：設定圖片品質
- **`screens`**：設定螢幕尺寸斷點
- **`domains`**：若要啟用外部圖片的最佳化，需指定網域
- **`densities`**：為高解析度顯示器（`devicePixelRatio > 1`）指定多個像素密度的圖片
- **`dir`**：指定專案內存放靜態圖片的位置，預設為 `public`
- **`providers`**：設定影像最佳化服務提供商，預設搭配 `ipx`，具體調整方法請參考後續範例

* @nuxt/image https://image.nuxt.com/

```
export default defineNuxtConfig({
  modules: [
    '@nuxt/image'
  ],
  image: {
    quality: 80,
    screens: {
      xs: 320,
      sm: 640,
      md: 768,
      lg: 992,
      xl: 1280,
      xxl: 1536,
      xxxl: 1920
    },
    domains: ['https://my-website.com'],
    densities: [1, 2],
    dir: 'public'
  }
});
```

▲ nuxt.config.ts

● ● ● ● ● ● ● ●

實作圖片最佳化

完成基礎建置後，接下來開始進行實作。

▶ <NuxtImg> 元件

用來取代原生的 `<img>` 標籤。

常用屬性說明：

- **`src`**：指定圖片的路徑，同 `<img>` 用法
- **`sizes`**：根據螢幕斷點設定圖片尺寸，元件會自動產生對應尺寸的圖片，斷點為 `nuxt.config` 中 `image.screens` 的設定

> 如果未設定斷點，也可以直接使用 `width` 或 `height` 設定圖片的寬高

- **`format`**：設定圖片格式，例如轉換為 `webp` 格式，來減少檔案大小
- **`loading`**：使用原生的 `lazy` 屬性來延遲載入圖片，僅在圖片進入可視範圍才載入
- **`placeholder`**：圖片載入完成前的佔位符。可以使用預設佔位符或自訂
- **`preload`**：是否預先載入圖片。當圖片位於頁面的首屏時，建議使用 `preload`，並避免延遲載入

範例一：

- `src`：使用專案內的靜態圖片 `public/sample.jpg`
- `format`：將圖片轉換為 `webp` 格式
- `loading`：延遲載入圖片
- `width` / `height`：圖片設定固定寬高
- `placeholder`：設定佔位符為 `[ 50, 25, 60, 5 ]`，依序為寬、高、品質與模糊程度

```
<template>
  <NuxtImg
    src="/sample.jpg"
    format="webp"
    loading="lazy"
    width="500"
    height="250"
    :placeholder="[50, 25, 60, 5]"
  />
</template>
```

▲ pages/index.vue

開啟瀏覽器，一開始先顯示佔位符，直到圖片載入完成後才替換。

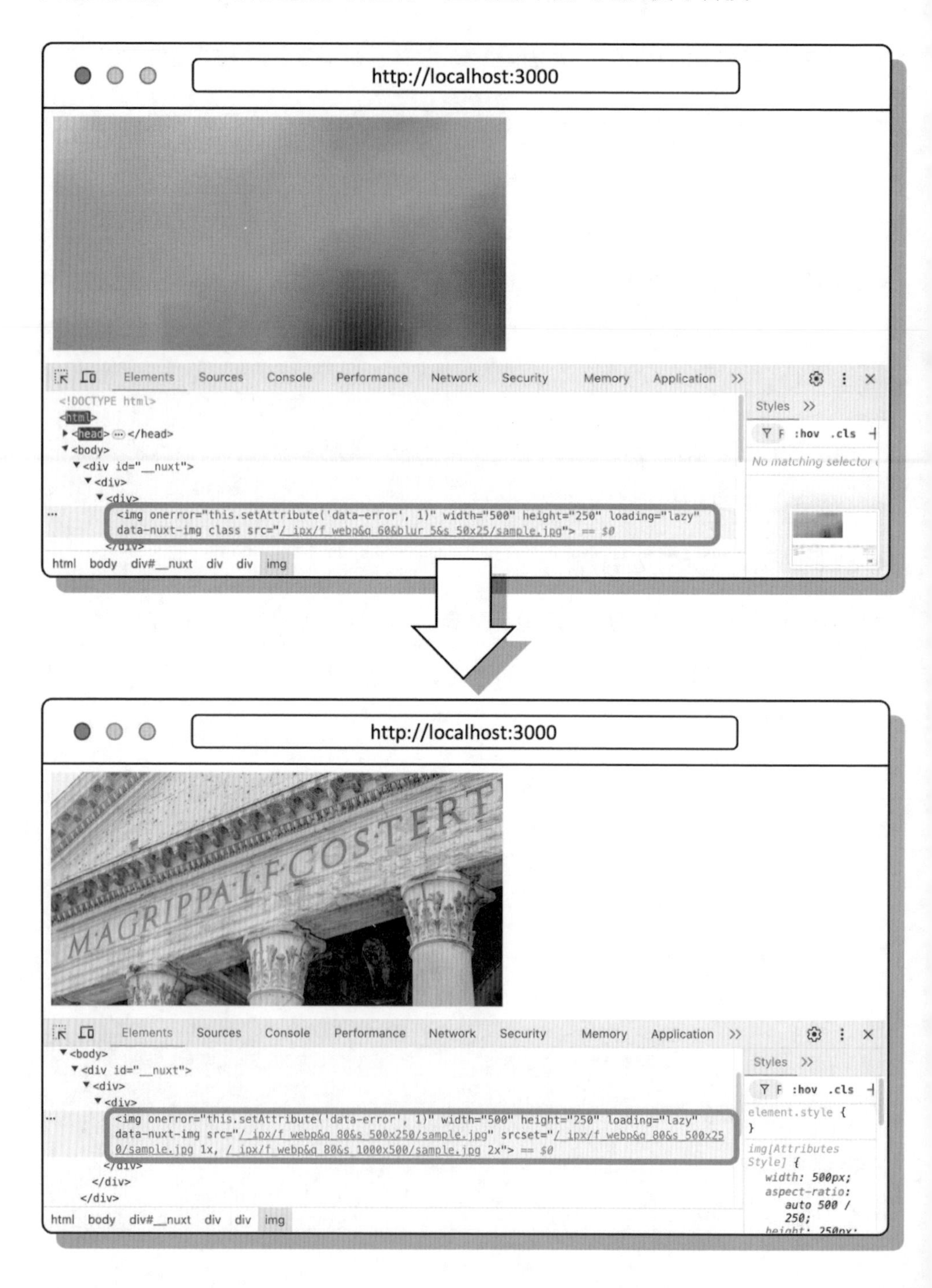

比較轉換為 `webp` 格式的圖片與原始圖片，檔案大小顯著減少，同時保持圖片的清晰度：

Rendered size: 500 × 250 px
Rendered aspect ratio: 2∶1
File size: 26.8 kB
Current source: http://localhost:3000/_ipx/f_webp&q_80&s_500x250/sample.jpg

▲ <NuxtImg>

Rendered size: 500 × 250 px
Rendered aspect ratio: 2∶1
Intrinsic size: 5532 × 3688 px
Intrinsic aspect ratio: 3∶2
File size: 2.4 MB
Current source: http://localhost:3000/sample.jpg

▲ <img>

範例二：

- `src`：使用遠端圖片（需在 `nuxt.config` 的 `image.domains` 配置網域）
- `format`：將圖片轉換為 `webp` 格式
- `preload`：預先載入圖片

- `sizes`：根據螢幕斷點設定圖片尺寸（斷點對應 `nuxt.config` 的 `image.screens`）

```
<template>
  <NuxtImg
    src="https://my-website.com/photo-qz4090M"
    format="webp"
    preload
    sizes="75vw md:50vw lg:500px"
  />
</template>
```

▲ pages/index.vue

在瀏覽器查看結果，`<head>` 自動加入 `<link rel="preload">`，而 `<img>` 標籤則會根據 `sizes` 的設定生成不同尺寸的圖片，瀏覽器會自動選擇合適的圖片載入。

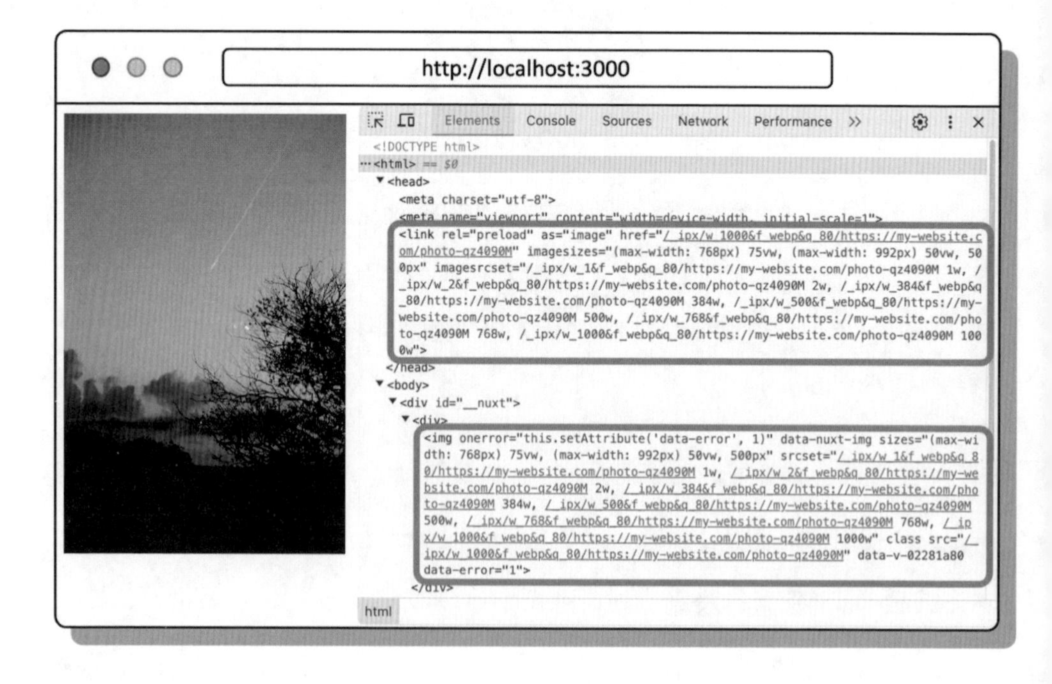

範例三：使用 Cloudinary * 進行圖片優化

Nuxt Image 預設搭配 `ipx` 優化圖片，也可以更換為其他服務商。以下搭配 `cloudinary`，詳細的服務商選擇及自訂請參考官方文件。

首先在 `nuxt.config` 設定服務商，`<your-cloud-name>` 需替換為自己的 `cloudinary` 名稱：

```
export default defineNuxtConfig({
  image: {
    // ...
    cloudinary: {
      baseURL: 'https://res.cloudinary.com/
      <your-cloud-name>/image/upload/'
    }
  }
});
```

▲ nuxt.config.ts

接著使用 `<NuxtImg>` 元件插入圖片：

- `provider`：圖片服務提供商設為 `cloudinary`
- `src`：只需提供圖片的相對路徑，會自動加入上一步設定的 `baseURL`。例如：`v1721532815/DAN05488_zpryx1.jpg`
- `format`：將圖片轉換為 `webp` 格式
- `width`：設定圖片寬度為 500px

---

* Cloudinary https://cloudinary.com/
範例使用圖片 https://freestylestudio.com.tw/

```
<template>
  <NuxtImg
    provider="cloudinary"
    src="v1721532815/DAN05488_zpryx1.jpg"
    format="webp"
    width="500"
  />
</template>
```

▲ pages/index.vue

開啟瀏覽器，查看經由 Cloudinary 優化後的圖片：

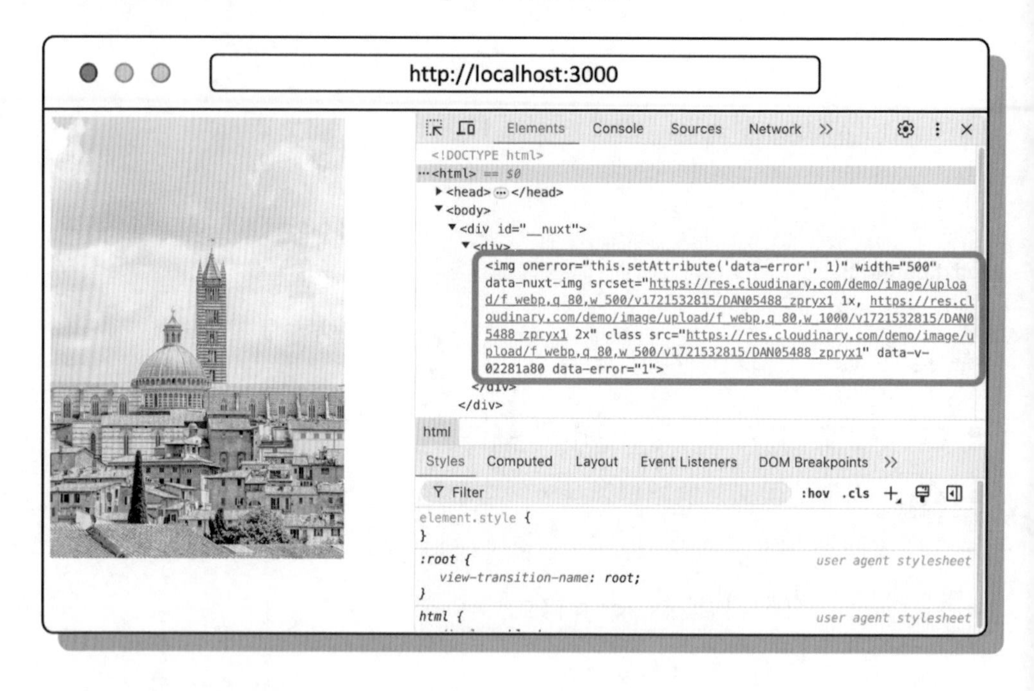

▶ 響應式圖片設計：搭配 <picture> 與 <source>

實務開發中，經常會遇到不同裝置需要不同圖片的情境。可以使用 `<NuxtImg>` 元件搭配 `<picture>` 來優化響應式圖片的設計。`<picture>` 為瀏覽器原生標籤，適合應用在響應式圖片設計，讓瀏覽器根據不同螢幕尺寸自動載入相對應的圖片。

> **NOTE**：
> Nuxt Image 目前的版本，`<NuxtPicture>` 元件尚無法組合多個 `<source>` 元素，因此本篇以 `<picture>` 標籤進行實作。

範例：

```
public/
    |— pic-sm.jpg
    |— pic-lg.jpg
```

- 使用套件的 `useImage` 方法來產生優化後的圖片路徑
- 搭配 `<source>` 標籤，透過 `media` 屬性設定不同斷點

```
<template>
  <picture>
    <source
      media="(min-width: 992px)"
      :srcset="_srcset.srcset"
    />
    <NuxtImg
      src="/pic-sm.jpg"
      format="webp"
      width="500"
    />
  </picture>
</template>

<script setup>
const img = useImage();
const _srcset = computed(() => {
  return img.getSizes('/pic-lg.jpg', {
    sizes: '500px',
```

```
      modifiers: {
        format: 'webp'
      }
    });
  });
</script>
```

▲ pages/index.vue

這種方式的優點是，每個螢幕尺寸只會載入一張圖片，能有效減少不必要的資源消耗，並提升頁面載入速度。

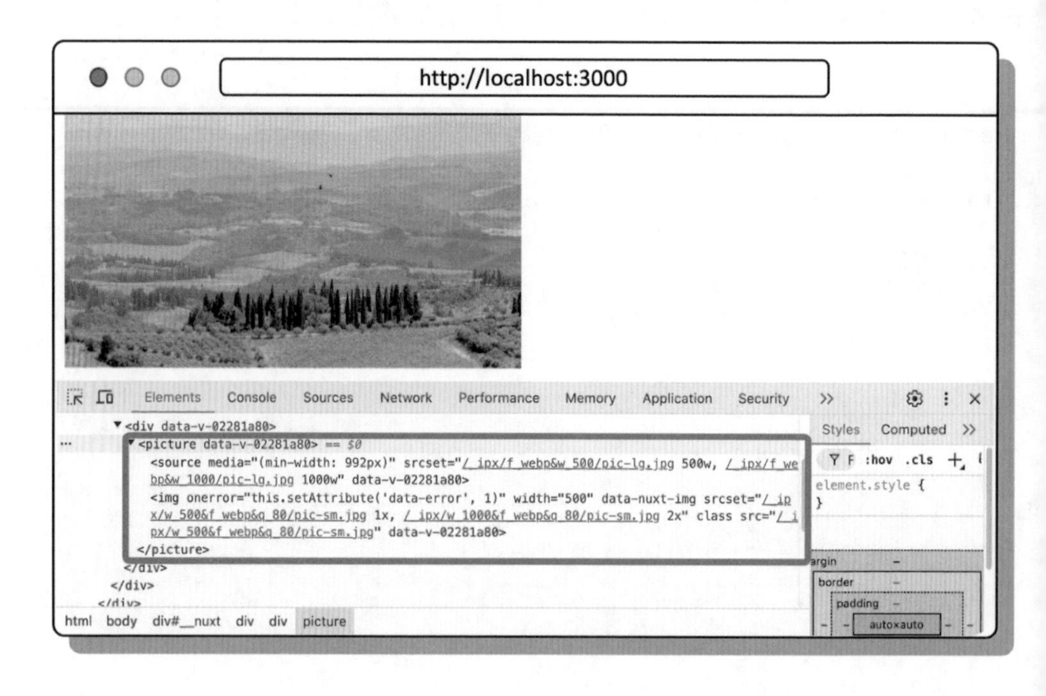

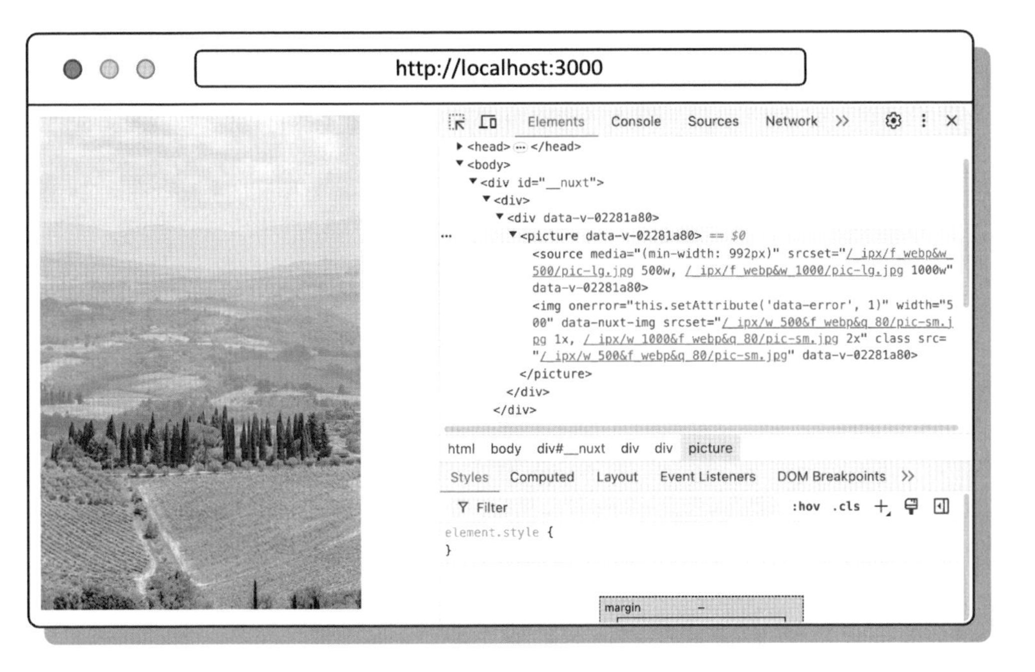

• • • • • • • •

▶ 補充：GIF 圖片與 modifiers 屬性

使用 `<NuxtImg>` 搭配 GIF 圖片時，需在 `modifiers` 屬性中設定 `animated: true`，否則優化後的圖片會失去動態效果。

> **NOTE**：
>
> `modifiers` 屬性會因影像處理提供商的不同而有所變化。此處僅針對 GIF 圖片說明。

情境一：搭配 `<NuxtImg>`

```
<template>
  <NuxtImg
    src="/sample.gif"
    format="webp"
    :modifiers="{ animated: true }"
  />
</template>
```

情境二：使用 `<picture>`

使用 `<picture>` 標籤時，除了 `<NuxtImg>` 元件，`<source>` 標籤的 `srcset` 也需調整 `modifiers` 屬性。

```
<template>
  <picture>
    <source
      media="(min-width: 992px)"
      :srcset="_srcset.srcset"
    />
    <NuxtImg
      src="/pic-sm.gif"
      format="webp"
      :modifiers="{ animated: true }"
    />
  </picture>
</template>

<script setup>
const img = useImage();
const _srcset = computed(() => {
  return img.getSizes('/pic-lg.gif', {
    // ...
    modifiers: {
      format: 'webp',
      animated: true
    }
  });
});
</script>
```

▲ pages/index.vue

8-2 Nuxt DevTools 提升開發者體驗

Nuxt DevTools * 是由 Nuxt 團隊推出的視覺化開發工具，幫助開發者快速掌握應用程式的內容，進一步優化開發者體驗（DX，Developer Experience）。

Nuxt3 框架提供了多樣化的功能，包括內建函式、自動匯入功能及輕鬆配置的模組等。這些功能有效提升了開發效率，讓我們能快速打造 Nuxt 專案。然而，這些高度抽象化的設計可能也會帶來資訊透明度不足的問題，增加學習與除錯的難度。

Nuxt DevTools 正是為了解決這個問題而設計的，透過視覺化工具提升應用程式的透明度，幫助開發者更有效率地發現錯誤與效能瓶頸。

● ● ● ● ● ● ● ●

安裝 Nuxt DevTools

> **NOTE**：
> 需搭配 Nuxt v3.9 以上版本

▶ 自動安裝

若透過 Nuxt CLI（Nuxi）安裝 Nuxt 應用，Nuxt DevTools 預設會在開發模式下啟用並自動安裝：

```
export default defineNuxtConfig({
  devtools: {
    enabled: true
  }
});
```

▲ nuxt.config.ts

* Nuxt Devtools https://devtools.nuxt.com/

▶ 手動安裝

或是手動安裝 `@nuxt/devtools` 模組，並在 `nuxt.config` 配置：

```
npm i -D @nuxt/devtools
```

```
export default defineNuxtConfig({
  modules: [
    '@nuxt/devtools'
  ]
});
```

▲ nuxt.config.ts

• • • • • • • •

Nuxt Devtools 導覽

啟用 DevTools 後，開啟瀏覽器，可以在畫面底部看到一個圖示，將滑鼠移至圖示上方即可展開，點擊左側圖示開啟工具面板。

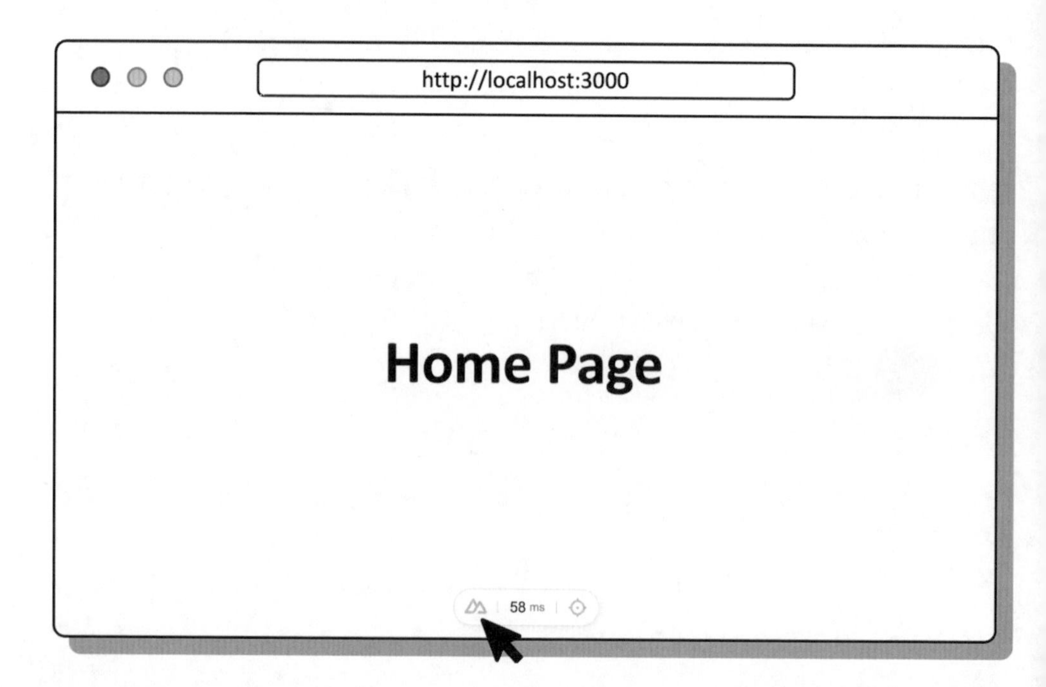

Overview

可以看到應用程式的版本資訊、頁面、元件、匯入的函式、模組、插件數量及載入時間。

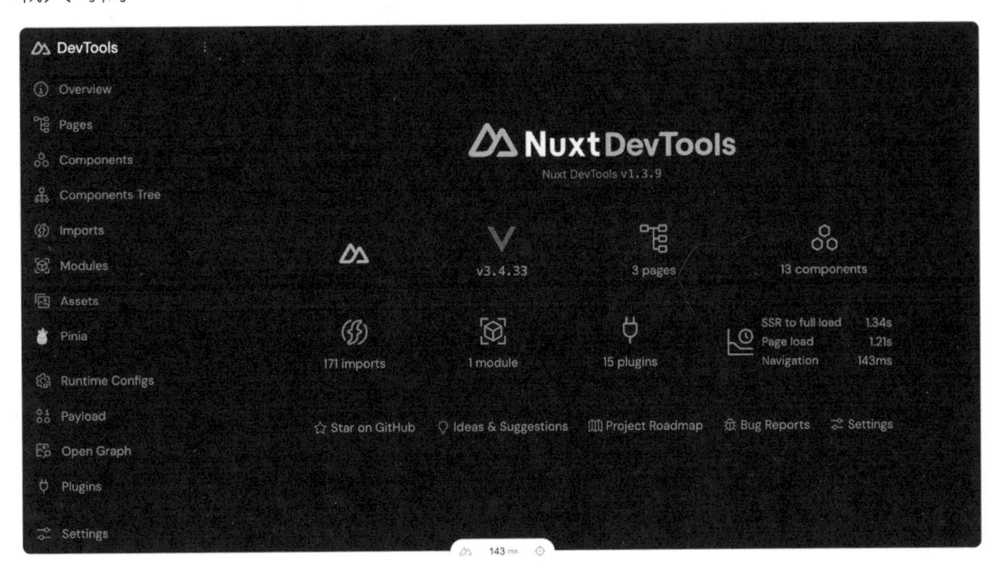

Pages

顯示頁面路徑與相關資訊（如路徑名稱、Middleware、Layout 等）。點擊路徑可以切換頁面，也可以點擊路徑旁的圖示跳轉到編輯器並開啟檔案。

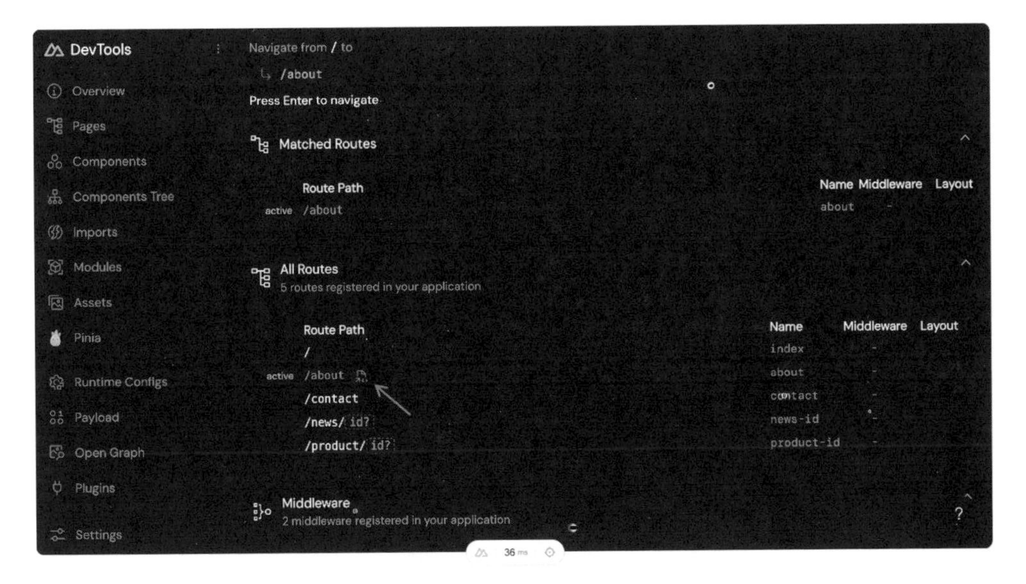

動態路由可以輸入路由參數並進行頁面導航：

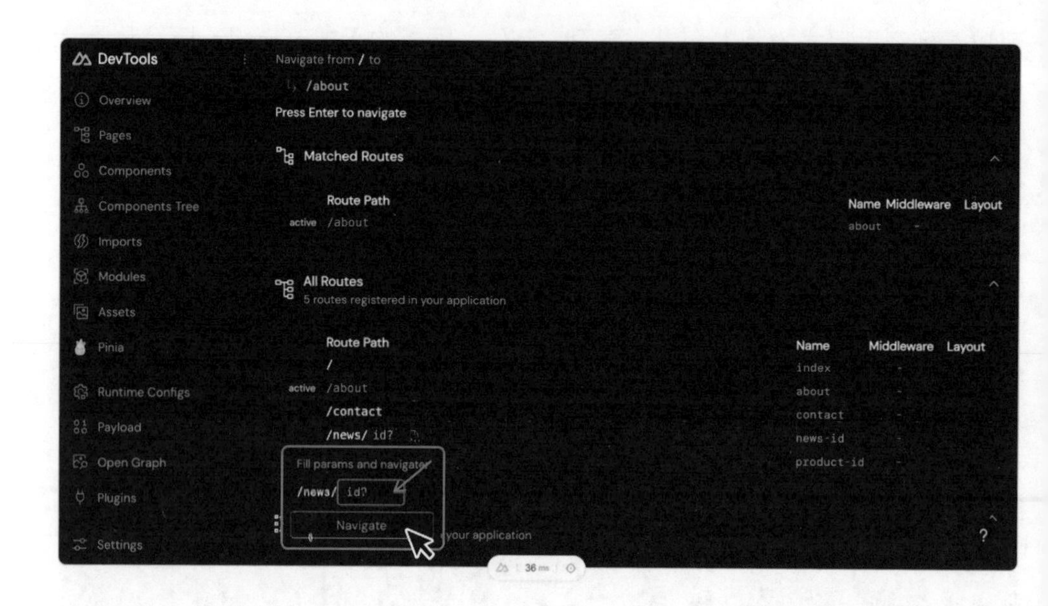

Components

顯示專案中的元件列表及來源路徑，點擊路徑可直接跳轉至編輯器。元件分類如下：

- User components：在 `components/` 目錄自訂的元件
- Runtime components：運行時使用的元件
- Build-in components：內建元件，如 `<ClientOnly>`
- Components from libraries：來自第三方套件或模組的元件

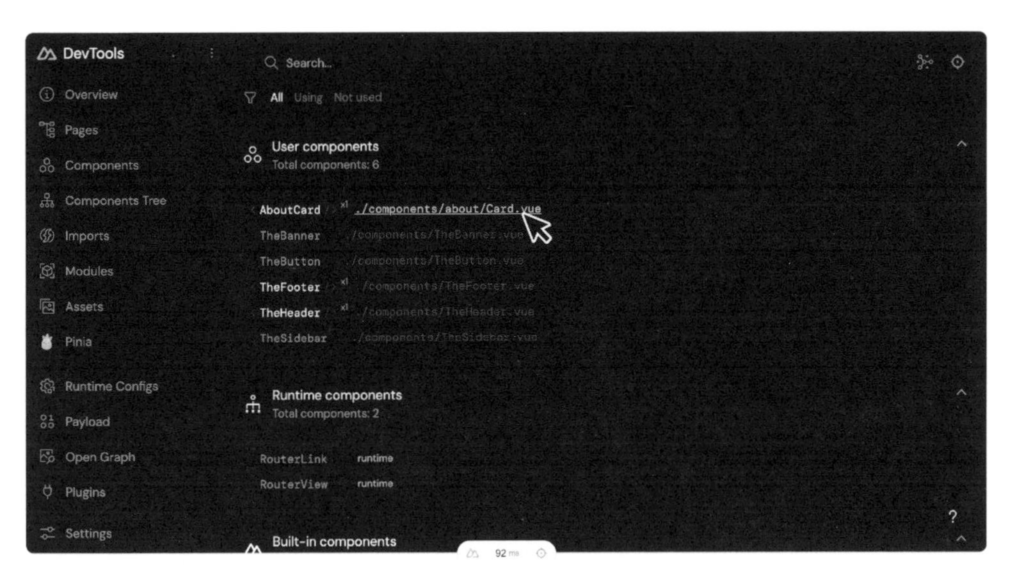

點擊右側或是底部的錨點圖示，可以直接在畫面中檢視元件：

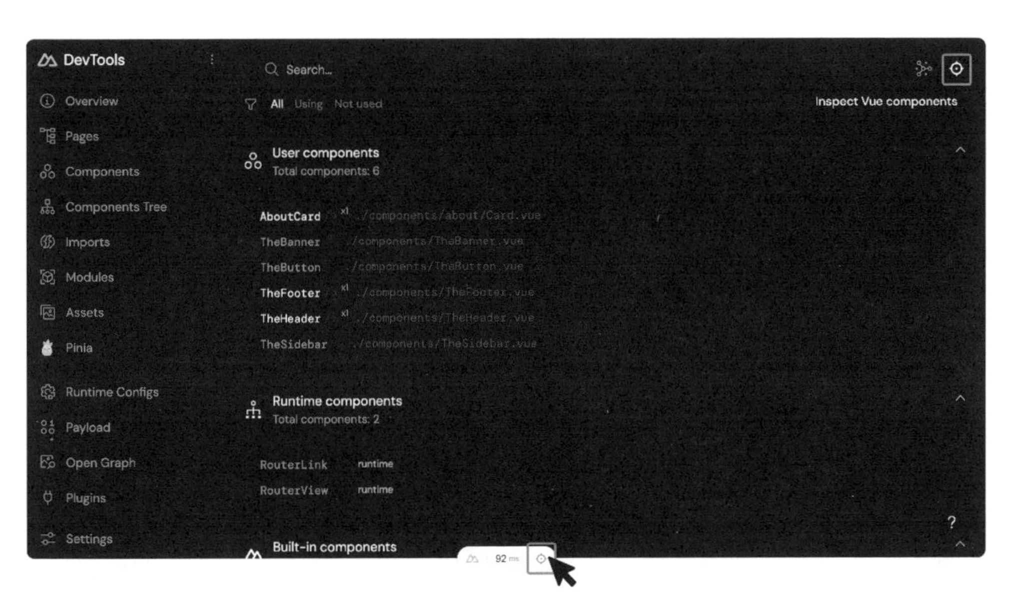

透過檢查工具快速查看元件結構，點擊元件即可跳轉到編輯器中的特定行數：

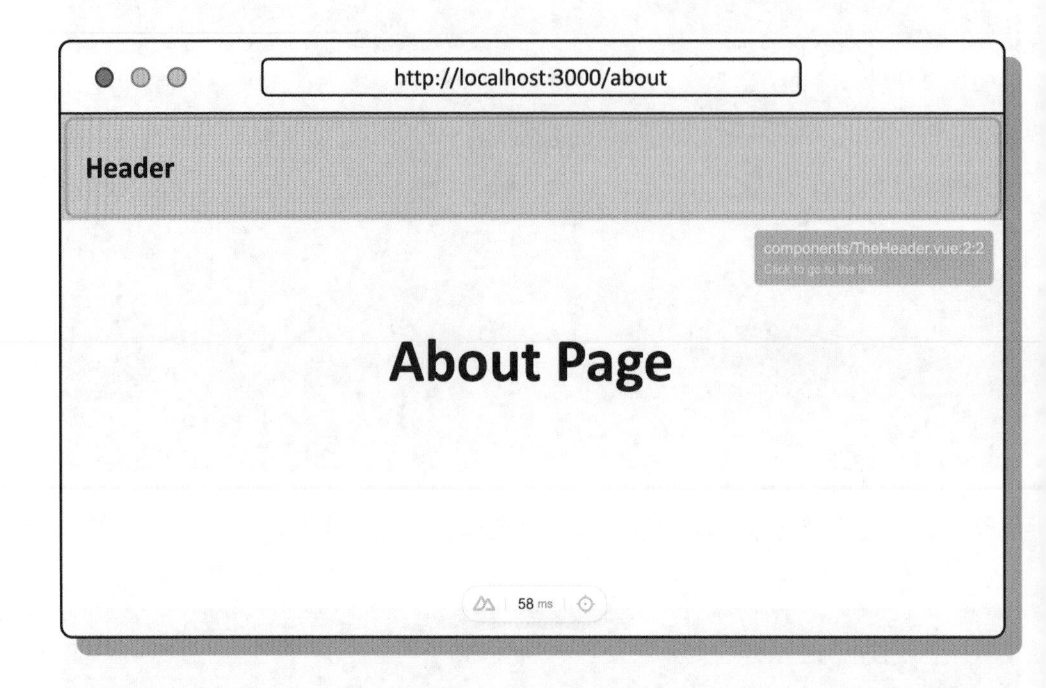

也可以透過右上角按鈕切換至圖形視圖，直觀地查看元件間的關聯與依賴關係：

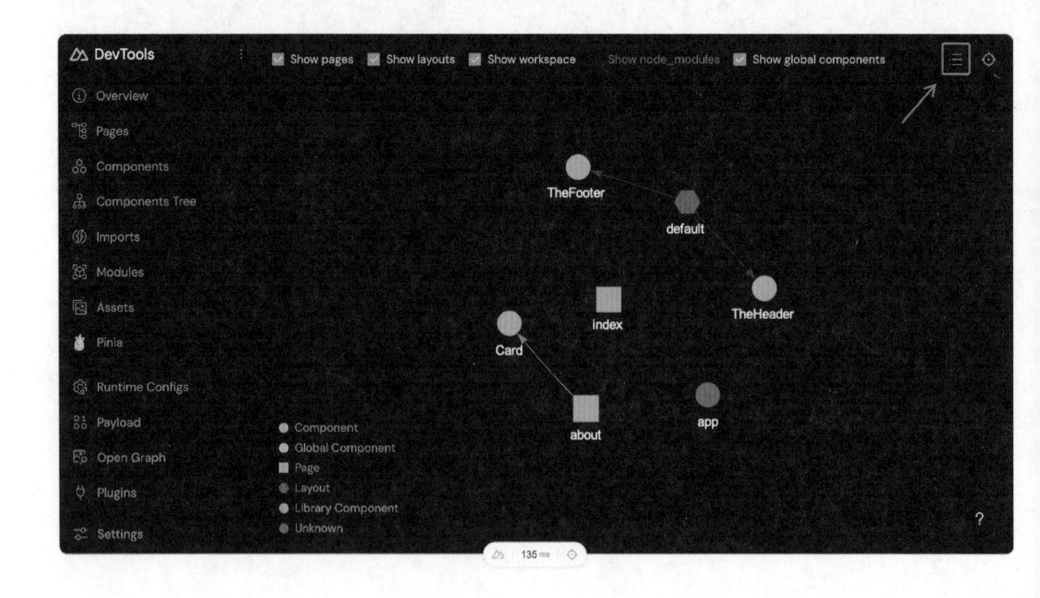

Components Tree

以樹狀結構顯示頁面與元件的關係，點擊元件可以查看詳細資訊，如 `props` 與路由等。

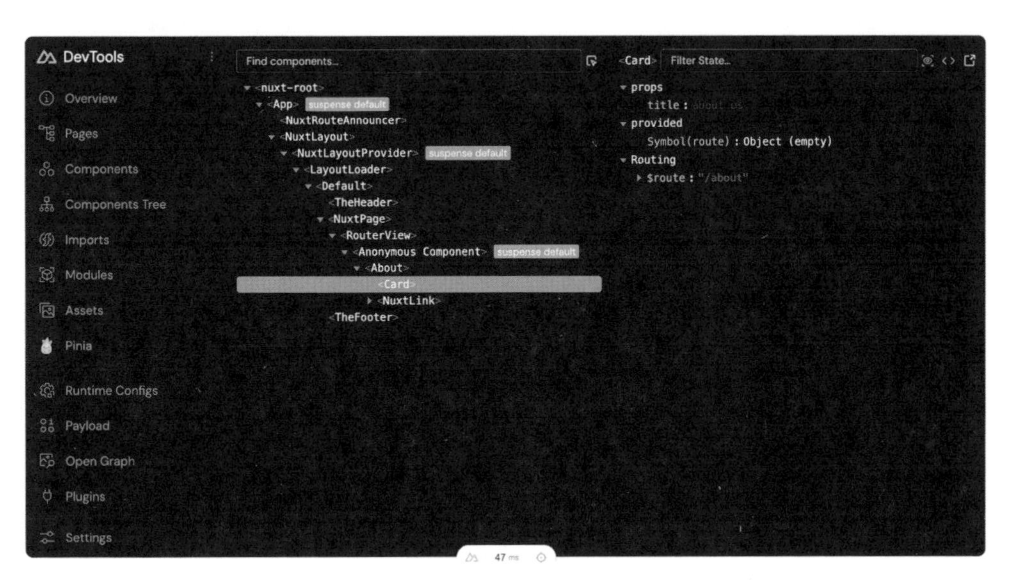

Imports

顯示專案內自動匯入的函式名稱與來源路徑，點擊路徑可以直接跳轉到編輯器。函式分類如下：

- User composables：在 `components/` 與 `utils/` 自訂的組合式函式與輔助函式
- Build-in composables：內建函式，如 `useNuxtApp`、`navigateTo`
- Composables from libraries：第三方模組提供的函式，如 `@pinia/nuxt` 的 `defineStore`

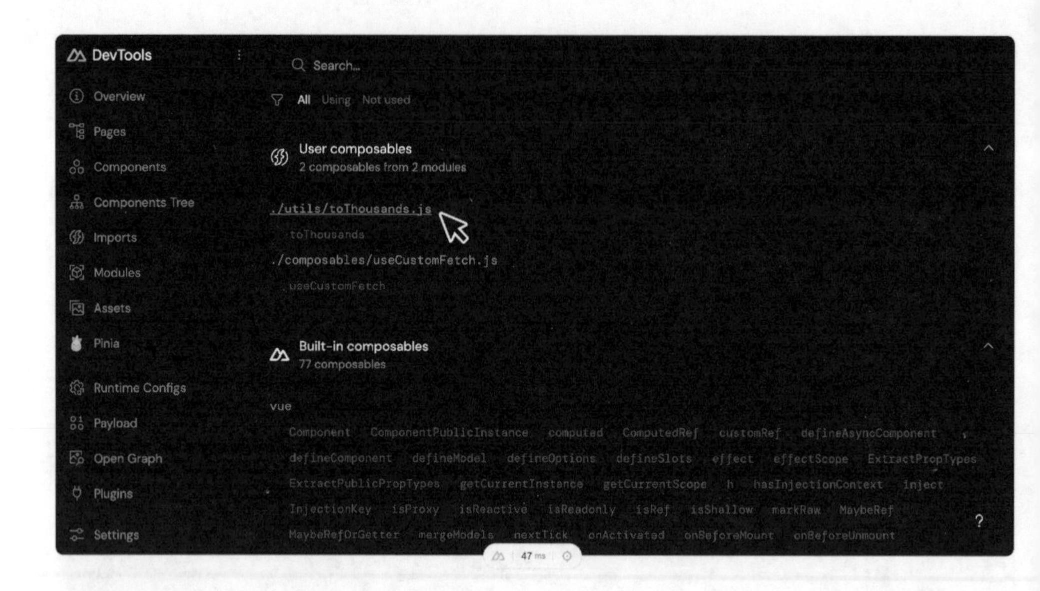

Modules

顯示已安裝的模組與相關資訊，包含 Github Repo、官方文件與版本資訊等。可以直接搜尋並安裝或升級模組（請注意相依套件可能不會同步安裝）。

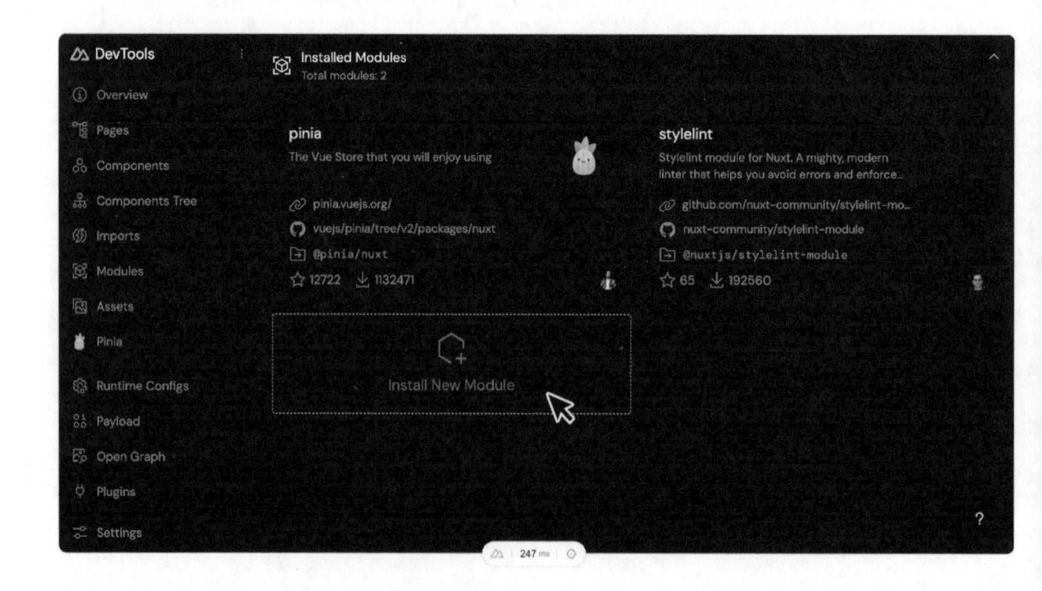

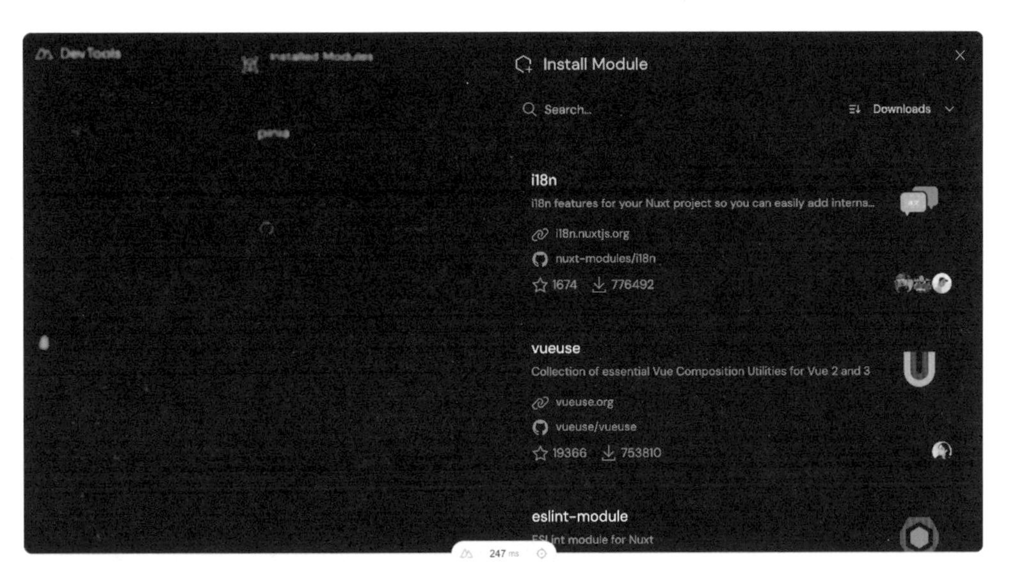

Assets

顯示 `public/` 目錄的靜態檔案與資訊，可以直接透過面板上傳、編輯、下載及刪除檔案。

Pinia

若安裝 Pinia 模組並啟用使用 store，可以直接透過開發者工具查看儲存庫內容。

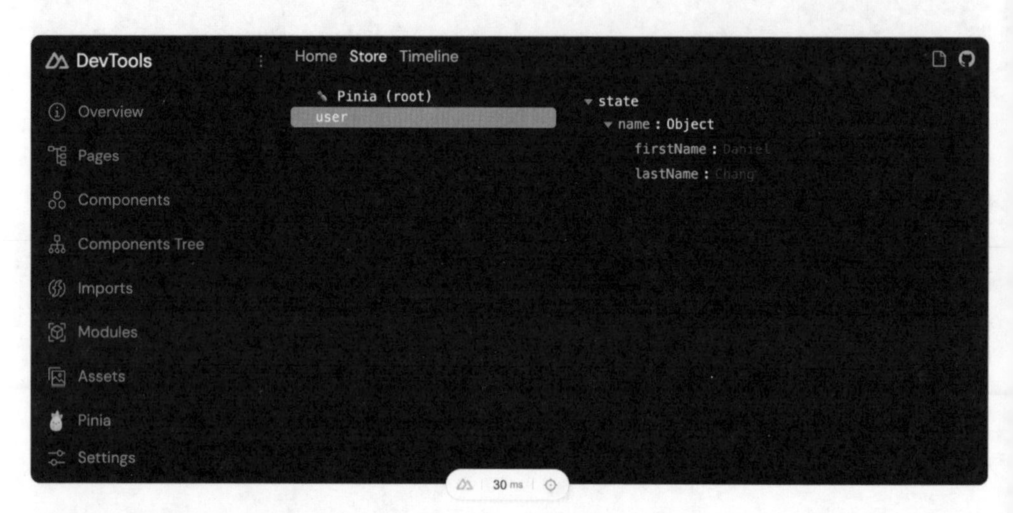

Runtime Configs

顯示專案中 App Config 與 Runtime Config 設定，可以使用面板進行編輯。

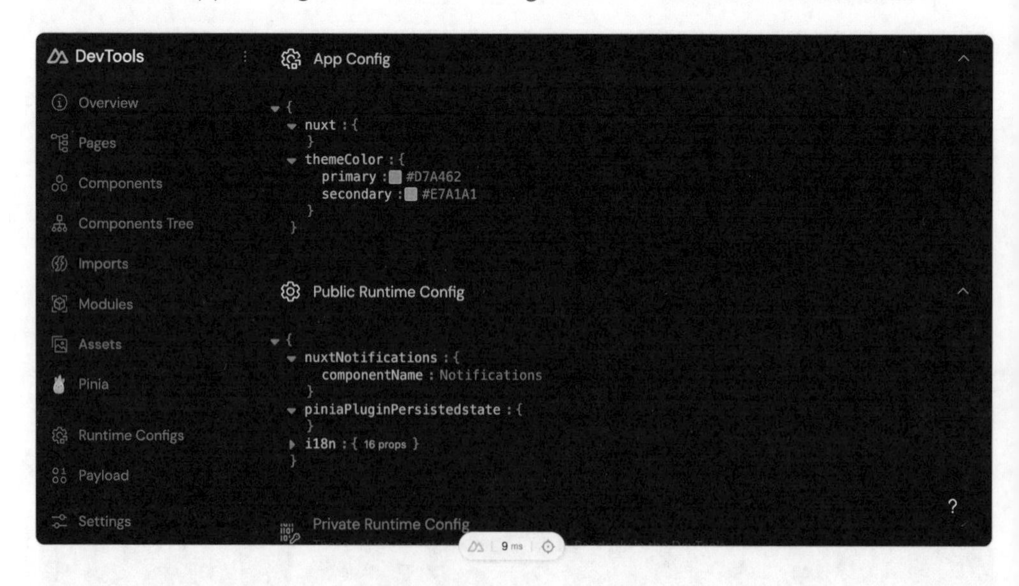

Payload

顯示應用程式狀態與資料封包，並提供 `useAsyncData` 和 `useFetch` 的操作介面，重新發送請求。

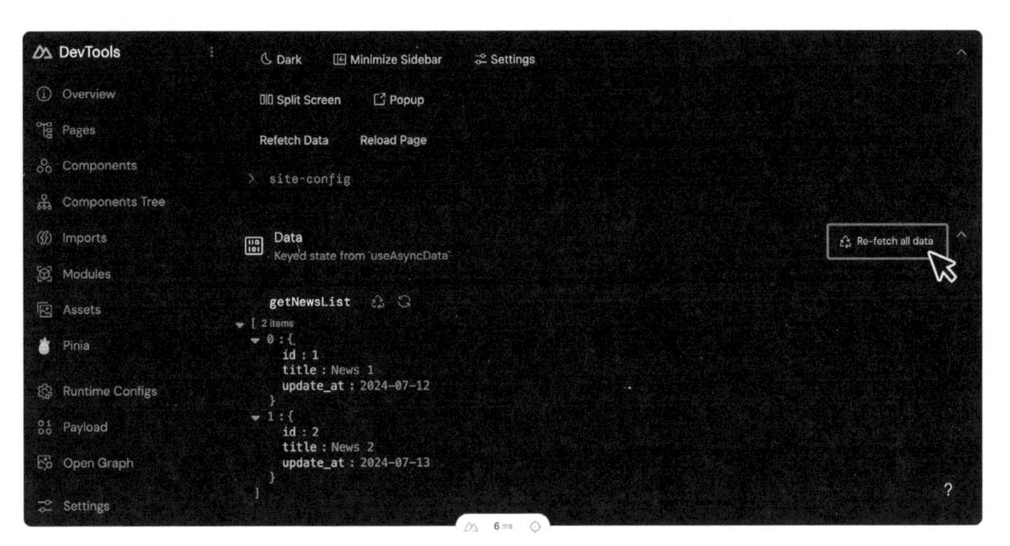

Open Graph

顯示頁面的 Meta 標籤配置，並提示遺漏的 SEO 資訊，同時提供 Twitter、Facebook 和 LinkedIn 的預覽。

點擊 Code Snippet 複製程式碼，即可快速取得並補全 Meta 標籤：

Plugins

顯示專案內所有插件，並顯示其執行時間，幫助我們找出可能影響效能的插件。

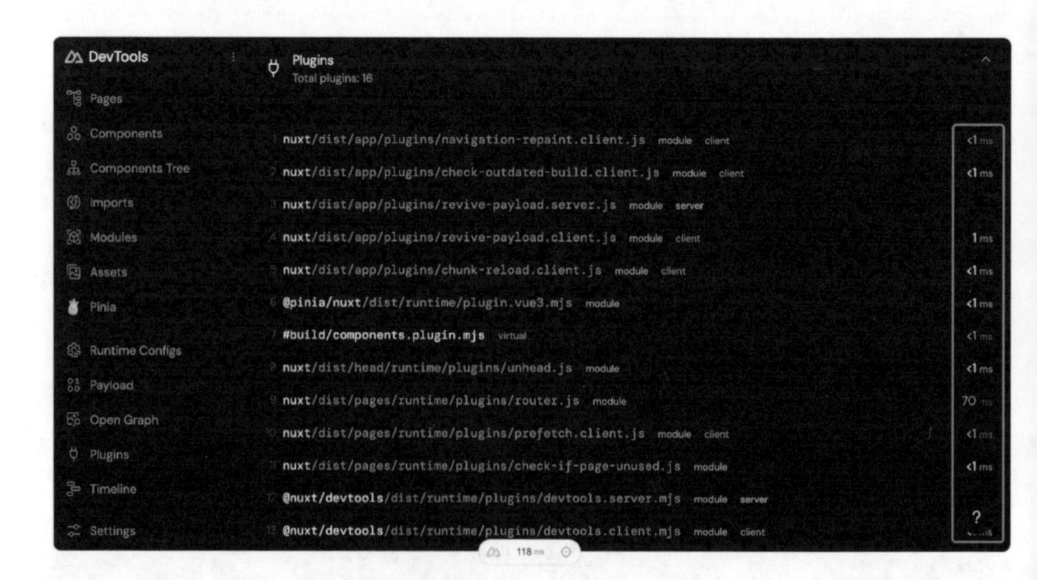

Timeline

追蹤各個功能和路由的執行時間，有助於分析並優化效能。

> **NOTE**：
>
> 需先在 `nuxt.config` 啟用 `timeline`：
>
> ```
> export default defineNuxtConfig({
>   devtools: {
>     enabled: true,
>     timeline: {
>       enabled: true
>     }
>   }
> });
> ```
>
> ▲ nuxt.config.ts

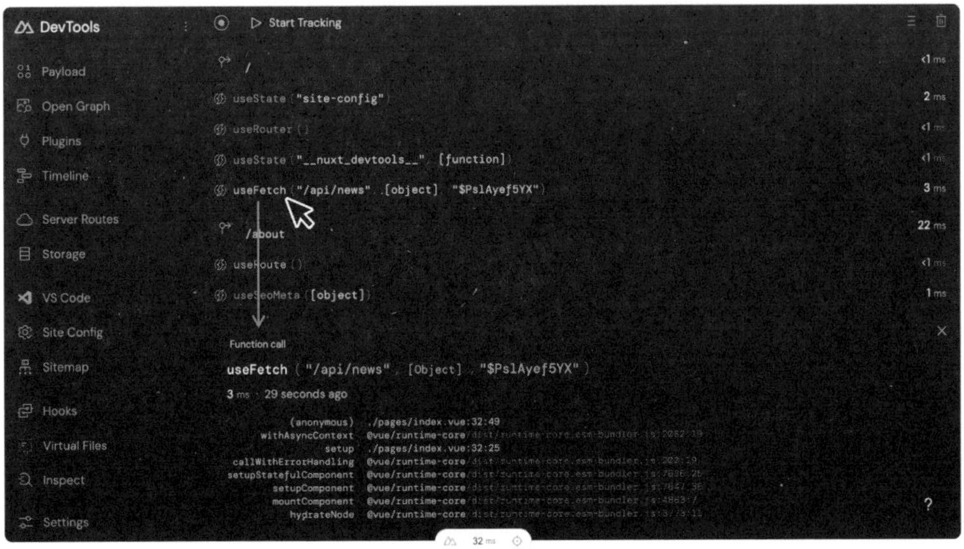

Server Routes

顯示 Nitro 伺服器端處理的路由，包含 API 端點、靜態文件、動態生成的文件（如 `sitemap.xml` 或 `robots.txt`）等，並提供了一個面板，可以直接測試這些路由。

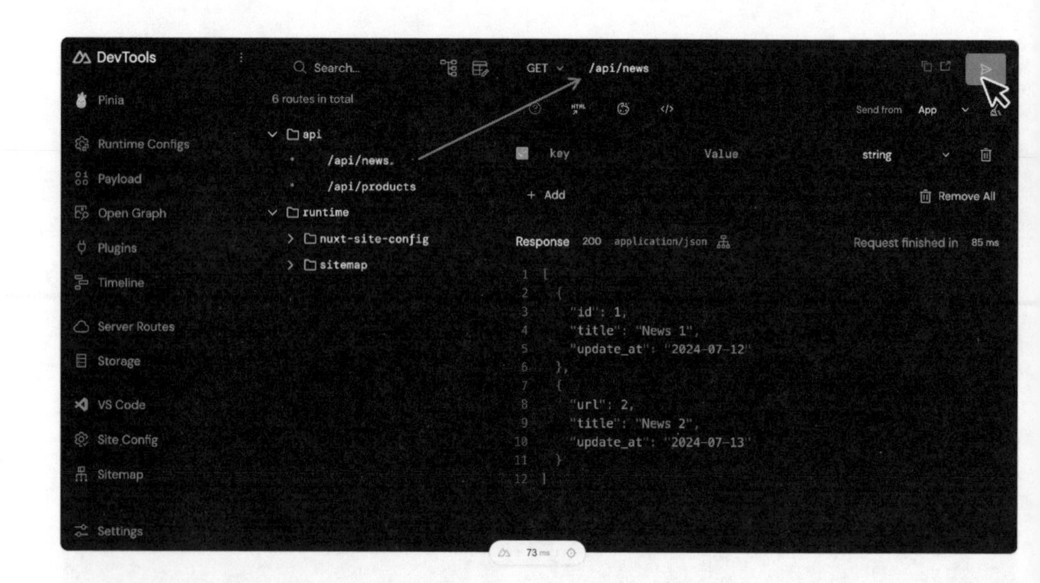

Storage

顯示專案內所有 Nitro 的儲存層，可以直接透過面板操作新增、編輯、刪除檔案。

範例：使用 Redis 儲存空間

```
export default defineNuxtConfig({
  nitro: {
    storage: {
      redis: {
        driver: 'redis',
        port: 6379,
```

```
        host: '127.0.0.1',
        username: '',
        password: '',
        db: 3,
        lazyConnect: true
      }
    }
  }
});
```

▲ nuxt.config.ts

點擊 `redis driver` 查看和管理 Redis 儲存內容：

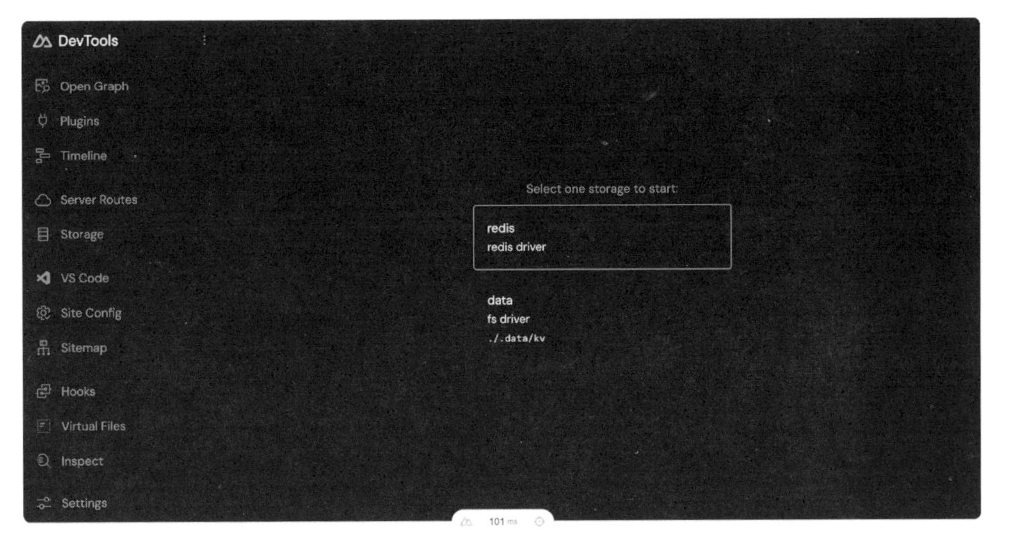

接下來試著新增一筆資料：

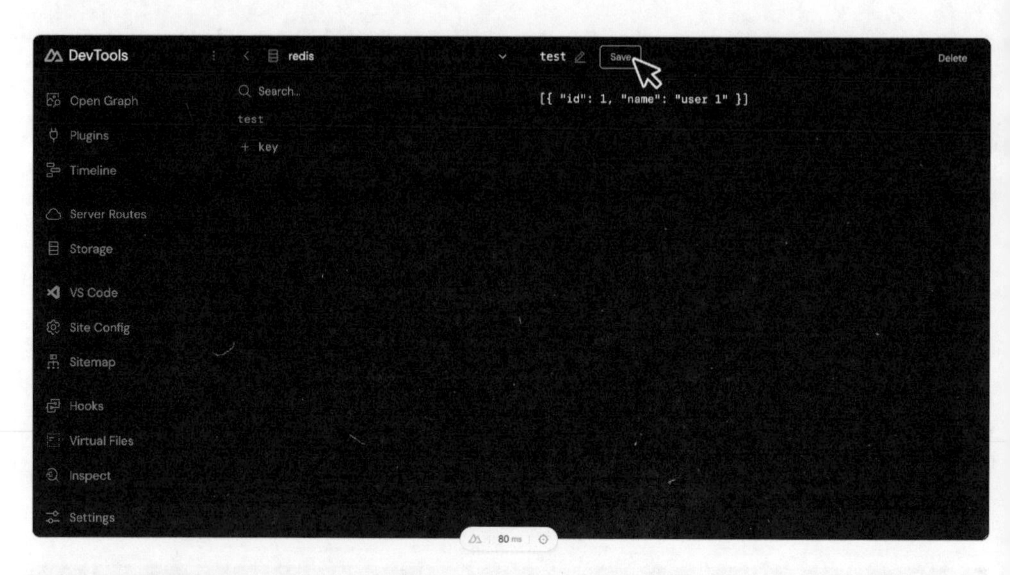

開啟 Redis 管理工具檢查資料是否寫入成功：

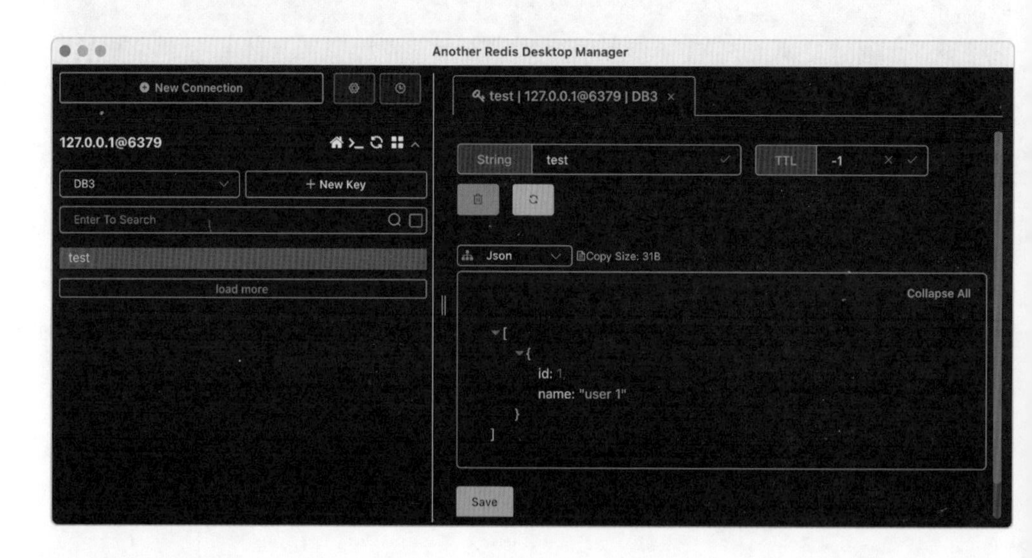

VS Code

Nuxt Devtools 整合了 VS Code Server，讓我們能夠在面板中啟動並使用 VS Code 環境，直接編輯程式碼並查看結果，也可以安裝擴充或同步 VS Code 的設定。

首先需安裝並啟動 Code Server *，安裝方式請參考官網說明。安裝完成並啟動 Code Server 後，在面板上可以看到 Launch 按鈕，點擊後輸入密碼，即可在開發者工具啟動 VS Code。

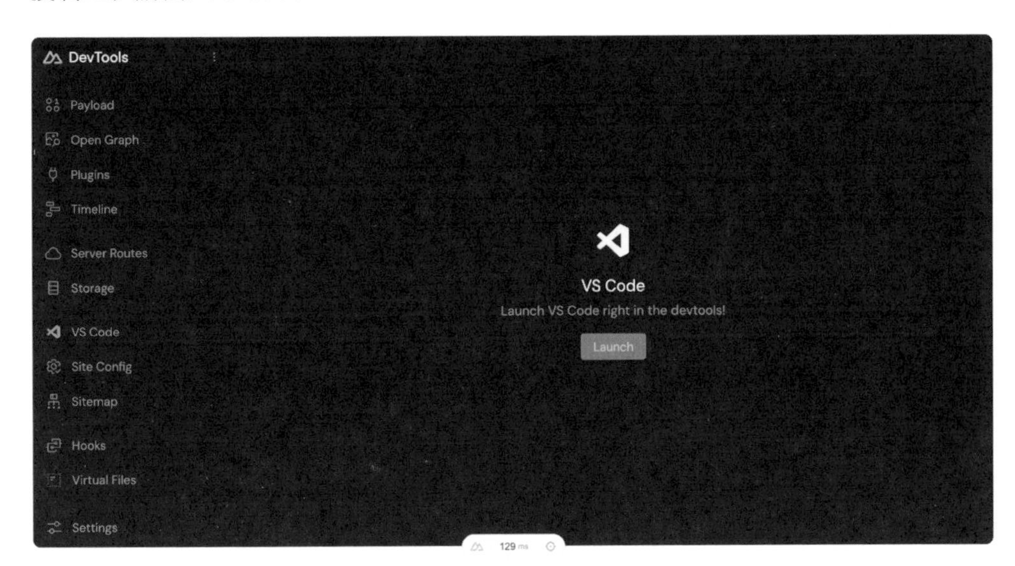

接下來，可以在面板中編輯程式碼：

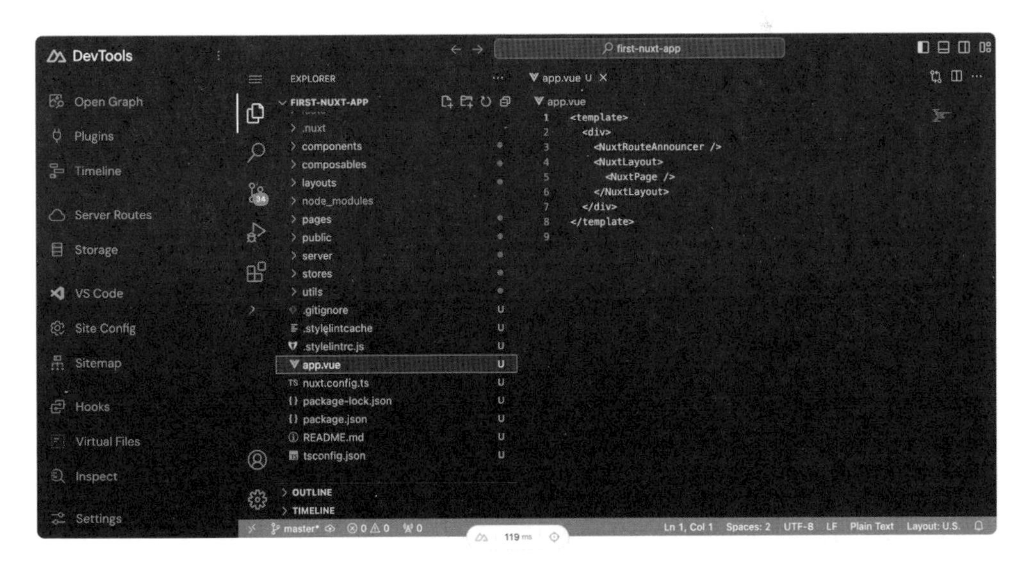

* Code Server https://coder.com/docs/code-server/install

> **NOTE：**
>
> 若發生連線失敗的情況，有可能是 Code Server 與 Nuxt DevTools 啟動的 VS Code Server 兩者 `port` 對應不上，可以在 `nuxt.config` 調整 `vscode.port`，並重新啟動。
>
> ```
> export default defineNuxtConfig({
>   devtools: {
>     enabled: true,
>     vscode: {
>       port: 8080 // 調整為 code server 啟動的 port
>     }
>   }
> });
> ```
>
> ▲ nuxt.config.ts

Hooks

協助我們監控客戶端與伺服器端每個生命週期 Hook 花費的時間、註冊了多少監聽器，以及被調用的次數，有助於找出效能瓶頸。

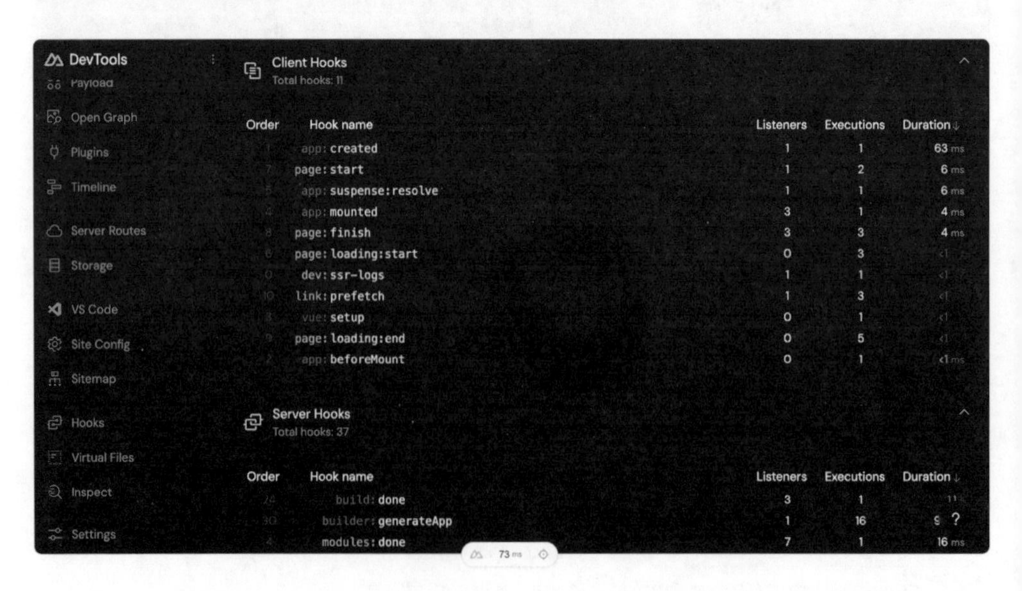

Virtual Files

Nuxt 提供了一套虛擬文件系統（VFS，Virtual File System），根據目錄和文件結構生成虛擬檔案。透過開發者工具，不需進到 `.nuxt/` 目錄，即可查看相關資訊，對於進階除錯有很大的幫助。

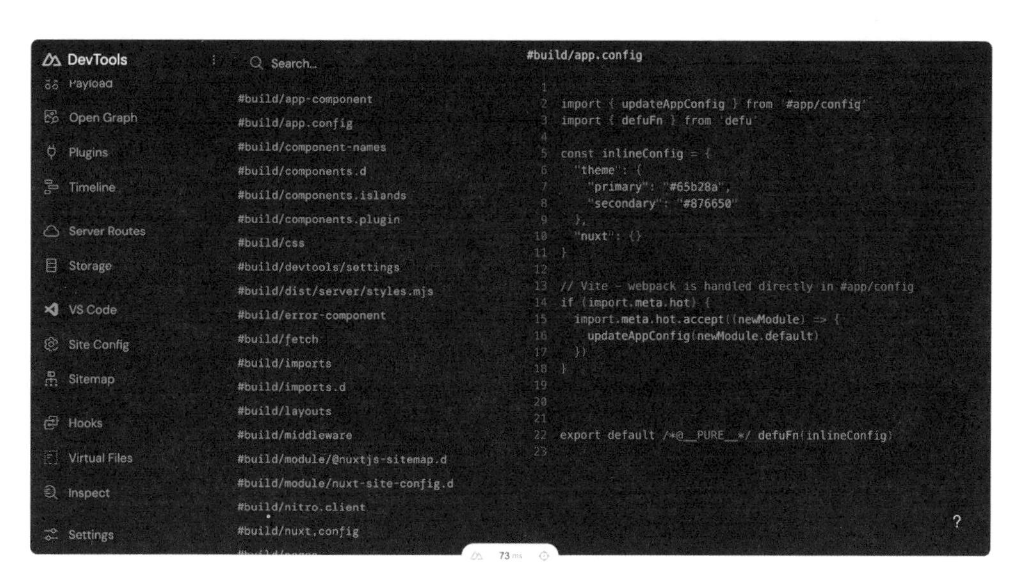

Inspect

整合 vite-plugin-inspect 套件，讓我們可以檢視各插件或檔案透過 Vite 轉譯的過程，協助找出潛在風險。

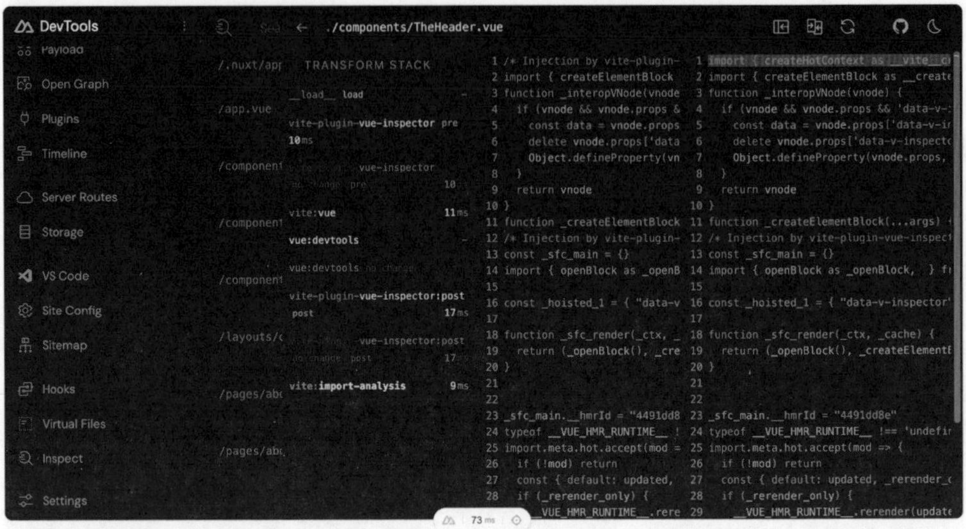

DevTools

Payload
Open Graph
Plugins
Timeline
Server Routes
Storage
VS Code
Site Config
Sitemap
Hooks
Virtual Files
Inspect
Settings

/.nuxt/app
/app.vue
/component
/component
/component
/layouts/
/pages/abo
/pages/abo

./components/TheHeader.vue

TRANSFORM STACK

__load__ load
vite-plugin-vue-inspector pre 10ms
vue-inspector 10
vite:vue 11ms
vue:devtools
vue:devtools
vite-plugin-vue-inspector:post post 17ms
vue-inspector:post 17
vite:import-analysis 9ms

```
1 /* Injection by vite-plugin-
2 import { createElementBlock
3 function _interopVNode(vnode
4   if (vnode && vnode.props &
5     const data = vnode.props
6     delete vnode.props['data
7     Object.defineProperty(vn
8   }
9   return vnode
10 }
11 function _createElementBlock
12 /* Injection by vite-plugin-
13 const _sfc_main = {}
14 import { openBlock as _openB
15
16 const _hoisted_1 = { "data-v
17
18 function _sfc_render(_ctx, _
19   return (_openBlock(), _cre
20 }
21
22
23 _sfc_main.__hmrId = "4491dd8
24 typeof __VUE_HMR_RUNTIME__ !
25 import.meta.hot.accept(mod =
26   if (!mod) return
27   const { default: updated,
28   if (_rerender_only) {
     __VUE_HMR_RUNTIME__.rere
```

```
1 import { createHotContext as __vite__c
2 import { createElementBlock as __create
3 function _interopVNode(vnode) {
4   if (vnode && vnode.props && 'data-v-
5     const data = vnode.props['data-v-i
6     delete vnode.props['data-v-inspecto
7     Object.defineProperty(vnode.props,
8   }
9   return vnode
10 }
11 function _createElementBlock(...args)
12 /* Injection by vite-plugin-vue-inspect
13 const _sfc_main = {}
14 import { openBlock as _openBlock, } f
15
16 const _hoisted_1 = { "data-v-inspector'
17
18 function _sfc_render(_ctx, _cache) {
19   return (_openBlock(), _createElement
20 }
21
22
23 _sfc_main.__hmrId = "4491dd8e"
24 typeof __VUE_HMR_RUNTIME__ !== 'undefin
25 import.meta.hot.accept(mod => {
26   if (!mod) return
27   const { default: updated, _rerender_
28   if (_rerender_only) {
29     __VUE_HMR_RUNTIME__.rerender(update
```

73 ms

8-3 使用 VueUse 工具加速開發效率

本篇搭配 VueUse v10

VueUse * 是一套實用的工具庫，基於 Vue.js Composition API 開發，將常見的功能包裝成函式與元件共用。善用 VueUse 工具能簡化開發流程，減少重複的程式碼，加速開發效率，提升專案的維護性與穩定性。

套件安裝

安裝 VueUse 與 Nuxt 整合模組：

NOTE：

需搭配 Nuxt v7.2 以上版本。

```
npm i -D @vueuse/core @vueuse/nuxt
```

nuxt.config 配置模組

```
export default defineNuxtConfig({
  modules: [
    '@vueuse/nuxt'
  ]
});
```

▲ nuxt.config.ts

• • • • • • • •

* VueUse https://vueuse.org/

VueUse 工具應用

安裝模組後，相關函式會自動匯入，除了以下幾個函式（避免與 Nuxt 內建函式衝突）：`toRefs`、`useFetch`、`useCookie`、`useHead`、`useTitle`、`useStorage`。

我們可以自由應用 VueUse 功能，本篇將挑選幾個常用功能進行說明。

▶ useEventListener

用於加入和移除事件監聽器，適用於各種 DOM 事件，如鍵盤、滑鼠事件。在 `mounted` 生命週期註冊事件監聽器，在 `unmounted` 生命週期會自動移除監聽。

範例：

建立一個簡單的筆記本功能，按下 `Ctrl + S` 或 `Command + S`（Mac）快捷鍵來儲存筆記。

```
<template>
  <div>
    <textarea v-model="content" placeholder="Please Enter
    Your Note" />
    <button type="button" @click="saveNote">Save</button>
  </div>
</template>

<script setup>
const content = ref('');

// 儲存筆記，實務應用可以透過 API 儲存到資料庫
const saveNote = () => {
  console.log('Note:', content.value);
};

// 處理快捷鍵事件
const handleKeydown = (e) => {
  if ((e.ctrlKey || e.metaKey) && e.key === 's') {
    // 禁止瀏覽器預設行為
```

```
    e.preventDefault();
    saveNote();
  }
};

// 監聽 keydown 鍵盤事件
useEventListener(document, 'keydown', handleKeydown);
</script>
```

▲ pages/index.vue

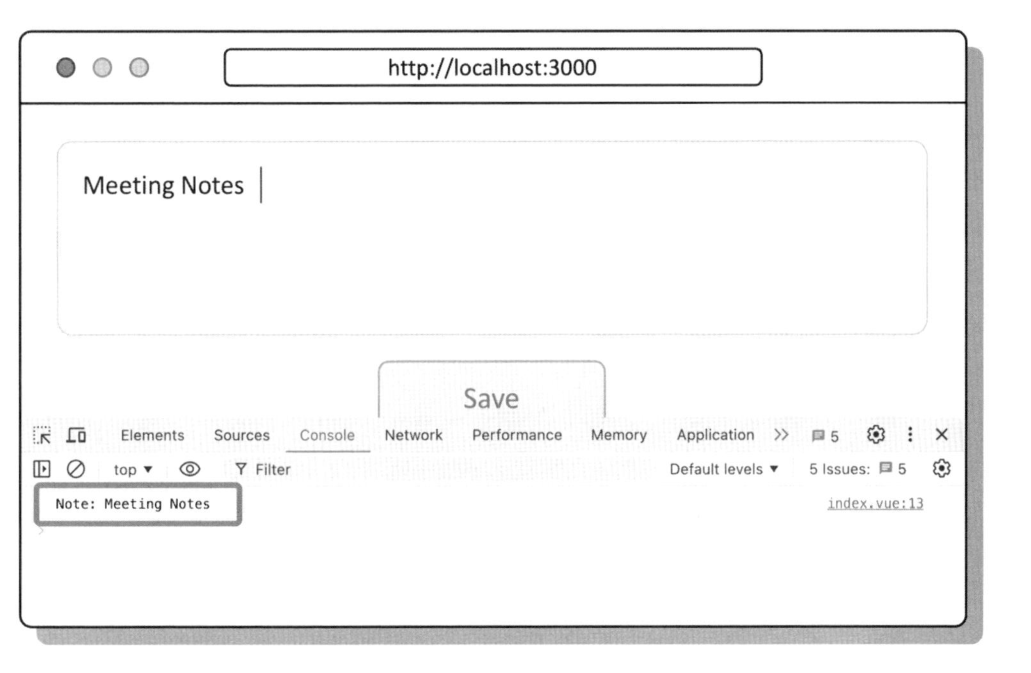

▶ useWindowSize / useElementSize

用於監聽視窗或元素尺寸的變化，適用於響應式設計和動態版面（範例見 useWindowScroll / useScroll）。

▶ useWindowScroll / useScroll

用於監聽視窗或特定元素的捲動事件，適用於無限滾動、固定滾動位置，或是根據滾動位置觸發特定事件。

範例：

使用 `useWindowSize` 搭配 `useWindowScroll`，當使用者點擊橫幅中的箭頭按鈕時，頁面會自動捲動到下一個段落。

```
<template>
  <div>
    <div class="banner">
      <h3>Banner</h3>
      <button type="button" @click="scrollToNextSection()">
        ⇩
      </button>
    </div>
    <p>Welcome to Our Website!</p>
  </div>
</template>

<script setup>
// 取得當前滾動位置
const { y } = useWindowScroll();

// 取得視窗的高度
const { height } = useWindowSize();

// 將滾動位置設定為視窗高度，捲動到下一個段落
const scrollToNextSection = () => {
  return y.value = height.value;
};
</script>

<style scoped>
.banner {
  width: 100vw;
  height: 100vh;
  background-color: #E2F0D9;
  color: #548235;
  margin-bottom: 1rem;
}
p {
  height: 2000px;
}
</style>
```

▲ pages/index.vue

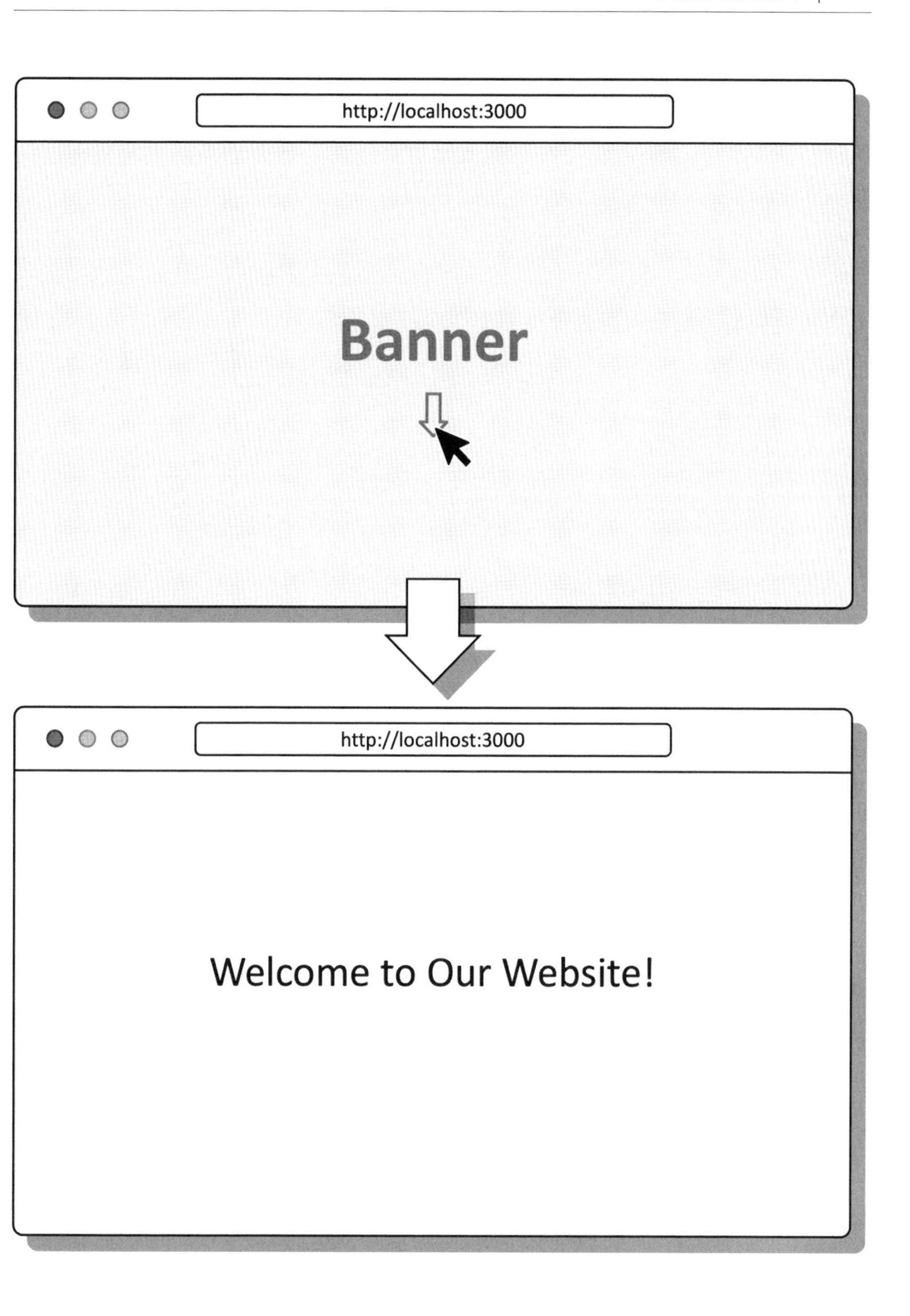
http://localhost:3000
Banner
http://localhost:3000
Welcome to Our Website!

▶ onClickOutside

用於監聽點擊事件是否發生在某個元素之外，常用於關閉彈跳視窗或下拉選單。

範例：

實作彈跳視窗，點擊視窗外部時關閉彈跳視窗。

```
<template>
  <div>
    <button type="button" @click="isShowModal = true">
      Show Modal
    </button>
    <div class="modal" ref="modalRef" v-if="isShowModal">
      <h3>Modal Title</h3>
      <p>Modal Content</p>
    </div>
  </div>
</template>

<script setup>
// 控制彈跳視窗顯示的狀態
const isShowModal = ref(false);

// 綁定彈跳視窗元素
const modalRef = ref(null);

// 點擊視窗外部時，關閉彈跳視窗
onClickOutside(modalRef, (_event) => {
  isShowModal.value = false;
});
</script>

<style scoped>
.modal {
  position: fixed;
  top: 50%;
  left: 50%;
  padding: 1rem;
  width: 500px;
```

```
    max-width: 100%;
    background-color: #fff;
    border: 1px solid #d3d3d3;
    border-radius: 0.25rem;
    box-shadow: 0 2px 5px rgb(0 0 0 / 10%);
    transform: translate(-50%, -50%);
  }
</style>
```

▲ pages/index.vue

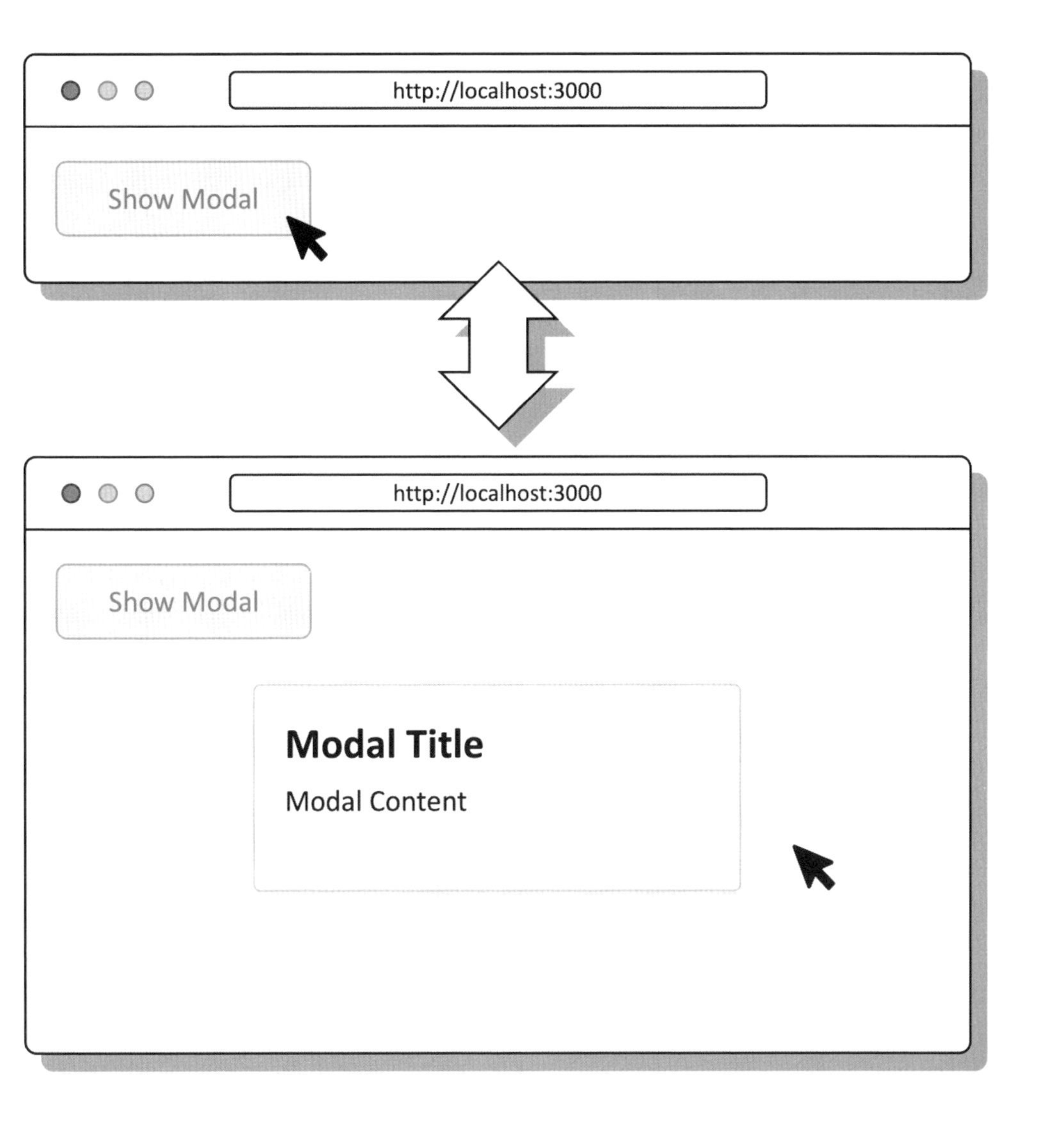

▶ useClipboard

簡化了剪貼簿操作，提供方便的複製和貼上功能。

範例：

點擊按鈕將程式碼複製到剪貼簿，並動態顯示已複製的內容。

> **NOTE：**
>
> `isSupported` 用於判斷瀏覽器是否支援剪貼簿 API，因此需限制在客戶端進行判斷，否則可能會拋出 `Hydration node mismatch` 警告

```
<template>
  <div>
    <ClientOnly>
      <div v-if="isSupported">
        <button @click="copy(code)">
          {{ copied ? 'Copied ✓' : 'Copy' }}
        </button>
        <p>Copied Content: <code>{{ text || '-' }}</code></p>
      </div>
    </ClientOnly>
    <pre><code>{{ code }}</code></pre>
  </div>
</template>

<script setup>
const code = ref(`<div>
  <p>Hello World!</p>
</div>`);

// 取得剪貼簿相關功能與資訊
const { text, copy, copied, isSupported } = useClipboard();
</script>

<style scoped>
pre {
  background-color: #d3d3d3;
  padding: 1rem;
  border-radius: 0.25rem;
  overflow-x: auto;
```

```
}
code {
  display: block;
  white-space: pre;
}
</style>
```

▲ pages/index.vue

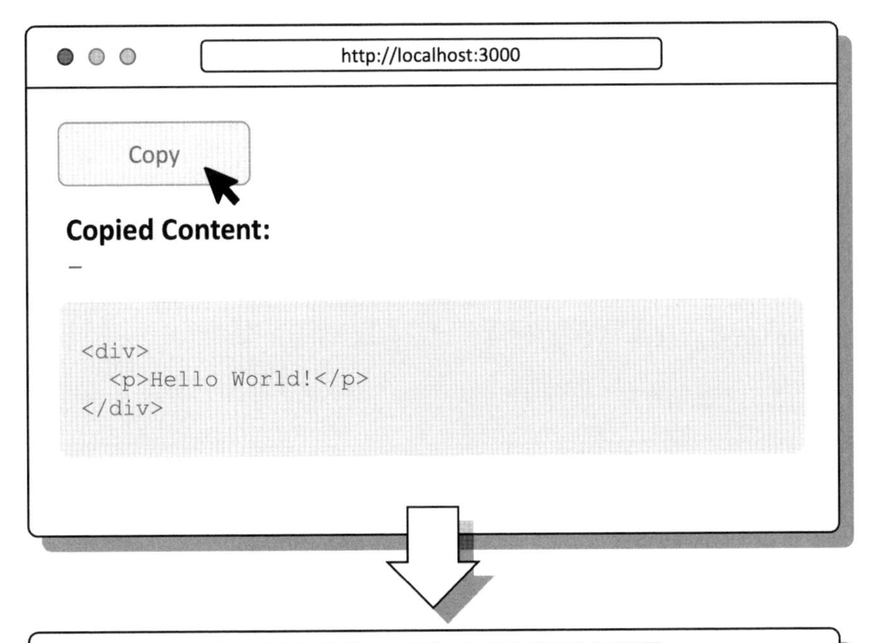

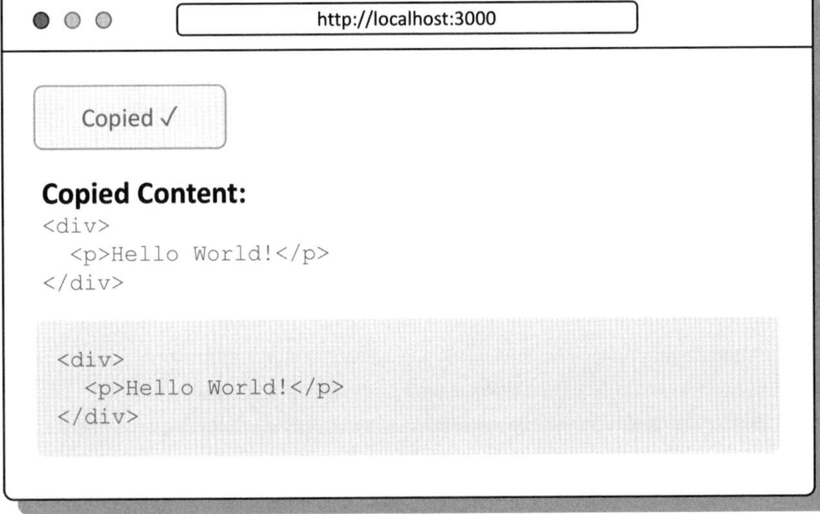

▶ useIntersectionObserver

監聽元素進入或離開可視區，適合延遲載入或控制元素的顯示，也可以應用在無限滾動。

範例：

當頁面底部的元素進到可視區時，自動載入更多內容。

```
<template>
  <div>
    <div v-for="(item, key) in items" :key="key"
    class="item">
      {{ item }}
    </div>
    <div ref="loading" class="loading">
      Loading More...
    </div>
  </div>
</template>

<script setup>
const items = ref(['Item 1', 'Item 2', 'Item 3', 'Item 4',
'Item 5']);

// 綁定 loading 元素
const loading = ref(null);

// 模擬 API 請求，載入更多項目
const fetchItems = async () => {
  const response = ['Item 6', 'Item 7', 'Item 8', 'Item 9',
  'Item 10'];
  items.value.push(...response);
};

// 監聽 loading 元素的可視狀態
useIntersectionObserver(loading, ([{ isIntersecting }]) => {
  // 元素進入可視區時觸發下一步行為
```

```
  if (isIntersecting) {
    fetchItems();
  }
});
</script>

<style scoped>
.item {
  padding: 1rem;
  border-bottom: 1px solid #d3d3d3;
}
.loading {
  padding: 1rem;
  text-align: center;
  color: #808080;
}
</style>
```

▲ pages/index.vue

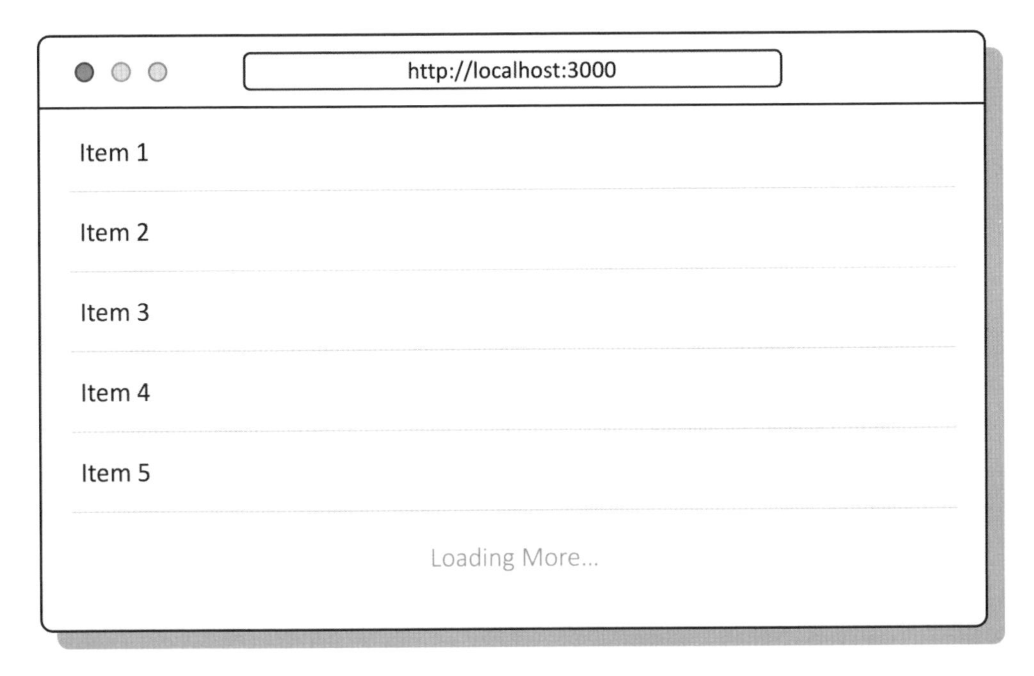

▶ useMouse

追蹤滑鼠位置，適用於互動式應用。像是滑鼠追蹤、繪圖應用的筆刷定位。

範例：

實作滑鼠追蹤器，讓 `.mouse-tracker` 元素跟著滑鼠移動。

```
<template>
  <div
    class="mouse-tracker"
    :style="{ transform: `translate(${x}px, ${y}px)
    translate(-50%, -50%)` }">
    Hello!
  </div>
</template>

<script setup>
// 追蹤滑鼠位置
const { x, y } = useMouse();
</script>

<style scoped>
.mouse-tracker {
  display: flex;
  align-items: center;
  justify-content: center;
  width: 100px;
  height: 100px;
  border: 1px solid black;
  border-radius: 50%;
  position: fixed;
  pointer-events: none; /* 避免元素影響滑鼠事件 */
  transition: transform 0.1s ease-out;
}
</style>
```

▲ pages/index.vue

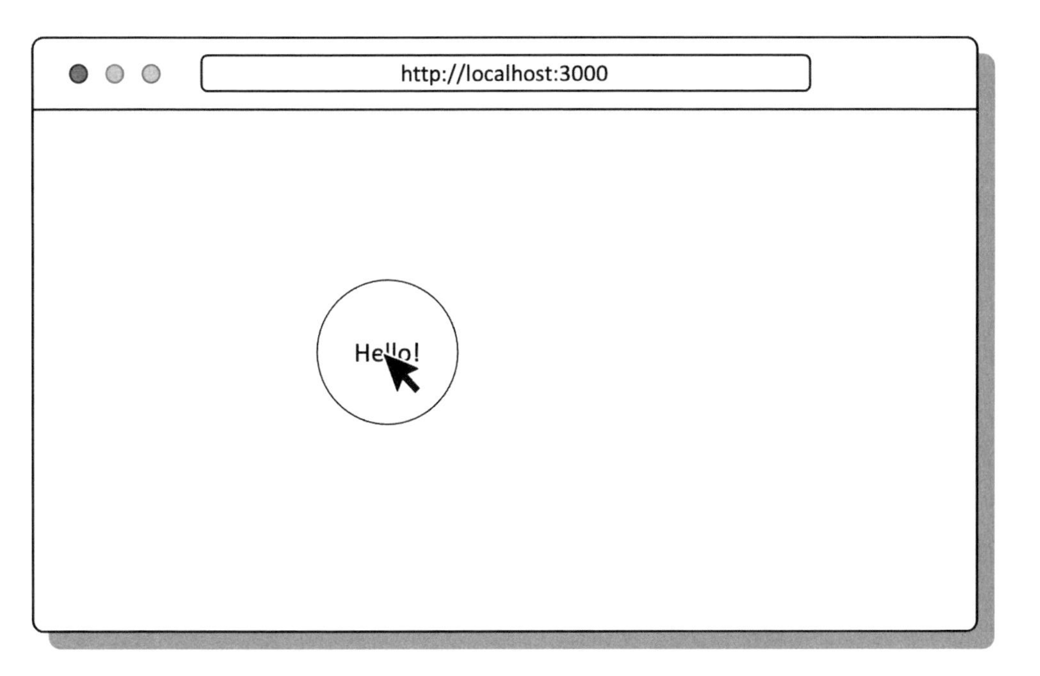
http://localhost:3000
Hello!

第九章
部署

9-1 部署前準備：上傳到遠端儲存庫

在部署專案之前，可以先將專案上傳到 GitHub 或 GitLab 等遠端儲存庫平台。這些平台提供基於 Git 的程式碼託管服務，讓開發者更方便地管理 Git 儲存庫、進行版本控制與協作。

雖然我們可以直接在本機部署到雲端平台，但這些 Git 平台能提供可靠的備份與恢復機制，確保即使本機資料遺失或損壞，專案仍可順利恢復，同時也讓團隊協作的維護更新更加便利。此外，像 Vercel、Netlify 這類的雲端平台與 GitHub、GitLab 深度整合，能自動監控儲存庫更新並觸發 CI/CD 流程，達成完全自動化的部署，減少手動操作的風險並提高效率，進一步提升專案的穩定性與開發管理效能。

本篇將以 GitHub 儲存庫進行說明。

將專案上傳到 GitHub 儲存庫

▶ Step1：專案初始化 Git 儲存庫

開始之前，請確認專案已經初始化為一個 Git 儲存庫。

如果尚未建立 Git 儲存庫，先確保本機環境已安裝 Git。可以前往 Git 官網依作業系統下載並安裝適合的版本。接著在專案執行 `git init`，這個指令會在專案根目錄建立一個隱藏的 `.git` 資料夾，用來存儲 Git 相關資訊，並開始追蹤專案內的檔案異動。

▶ Step2：建立遠端儲存庫（Repository）

登入帳號後，在 Github（https://github.com/new）建立一個新的遠端儲存庫：

- Repository name 欄位自訂儲存庫名稱。本篇範例命名為 `first-nuxt-app`

- 根據專案性質，將儲存庫設定為 Public（公開）或 Private（私有）。本篇範例設定為 Private

設定完成後，點擊 Create repository 按鈕來建立儲存庫。

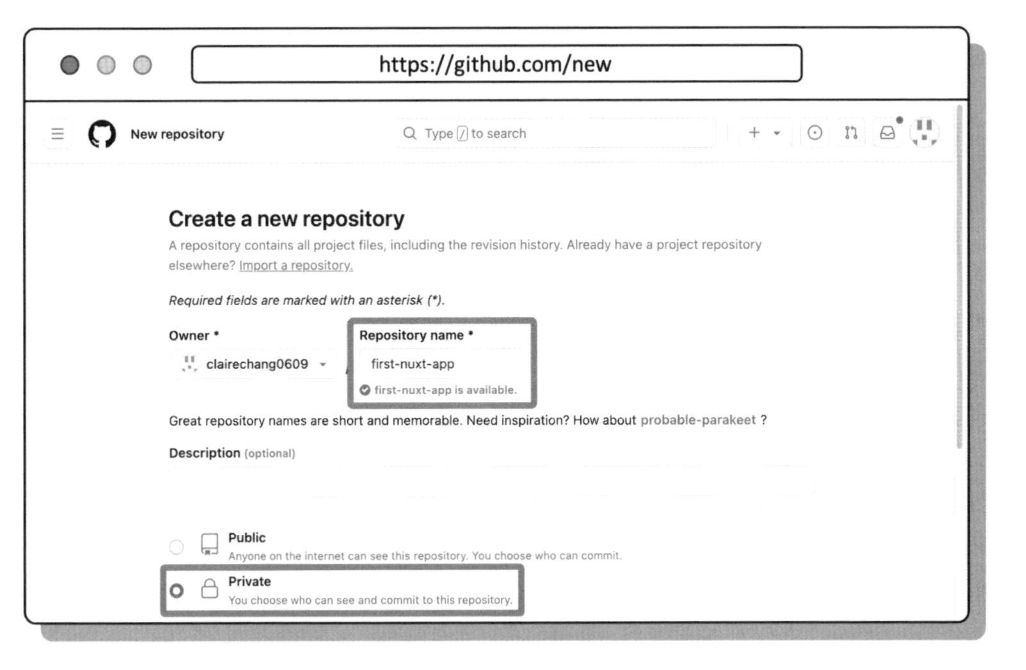

▶ Step3：將專案推送到 GitHub 儲存庫

建立遠端儲存庫後，會看到以下指引畫面。確認專案檔案已經加入版本控制後，即可依照指令將專案推送至 GitHub 儲存庫。

指令說明：

- **git remote add origin https://github.com/<username>/<repository>.git**：在本地儲存庫加上一個遠端儲存庫（別名為 origin），後續可以執行指令，讓本地的 Git 儲存庫跟 GitHub 遠端儲存庫進行同步
  - <username>：替換為自己的 GitHub 使用者名稱
  - <repository>：替換為步驟一建立的儲存庫名稱

- **`git branch -M main`**：將預設分支名稱調整為 `main`
- **`git push -u origin main`**：將本地 `main` 分支推送到遠端儲存庫，並將本地 `main` 分支與遠端的 `main` 分支進行關聯。之後只要在該分支上執行 `git push` 或 `git pull`，就會自動與遠端分支進行同步

```
git remote add origin
https://github.com/<username>/<repository>.git
git branch -M main
git push -u origin main
```

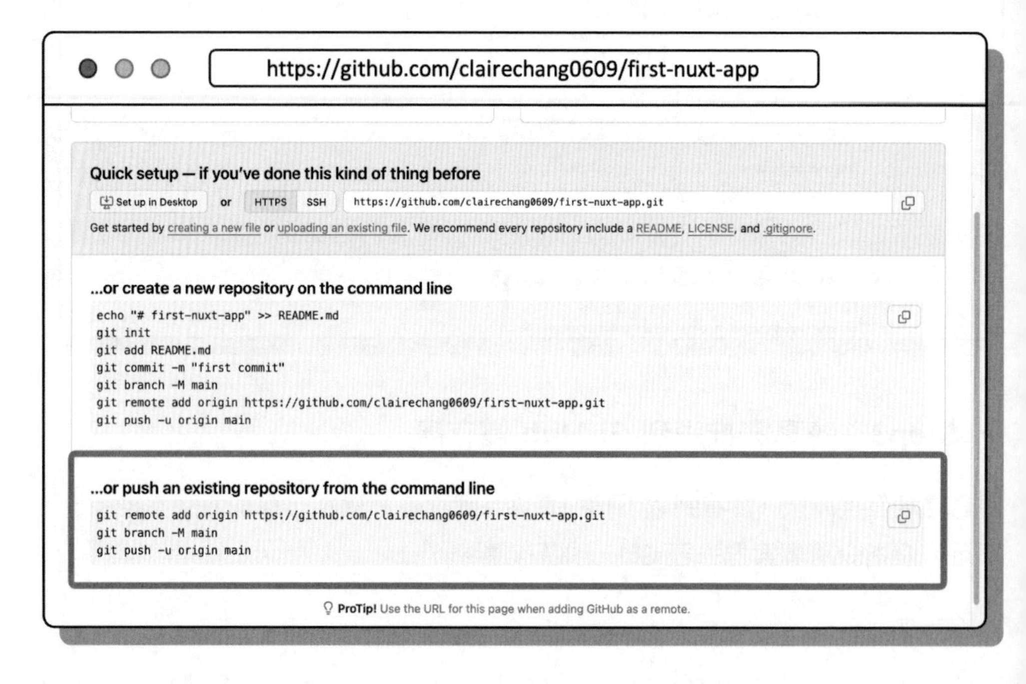

完成上述步驟後，回到 GitHub，專案已成功推送到遠端儲存庫，我們可以在專案頁面中檢視推送的內容。

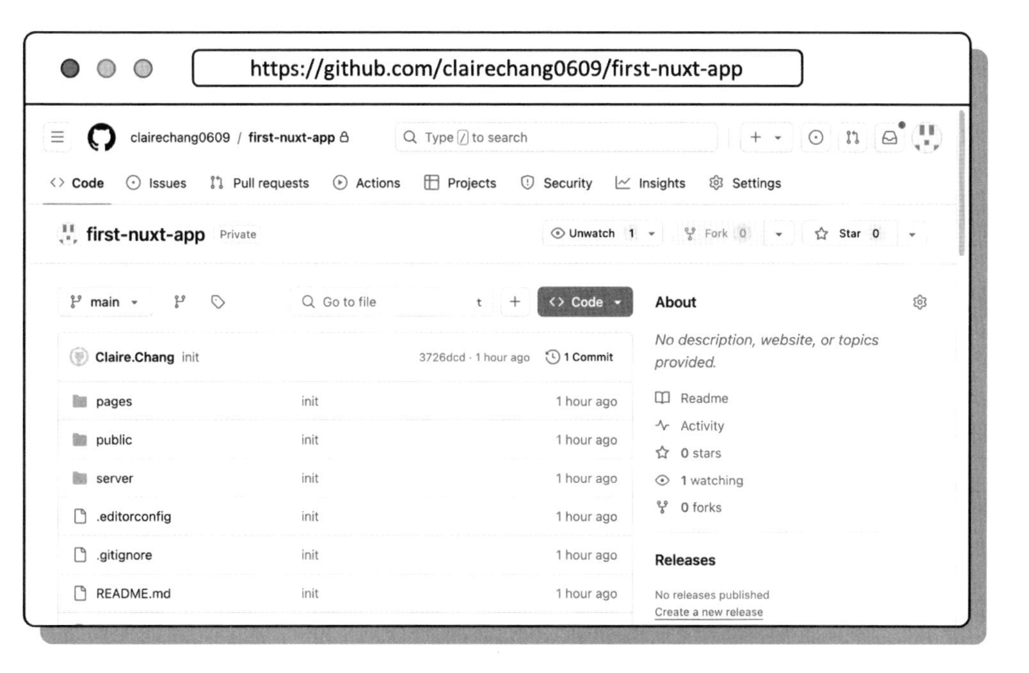

將專案推送到遠端儲存庫後，接下來就可以進行最後的部署工作。後續兩篇將說明兩種不同的部署模式，讀者可以根據專案需求選擇適合的部署方式。

9-2 Universal Rendering（SSR + CSR）網站部署

在 9-1 我們已經將專案上傳到 Git 遠端儲存庫，接下來來到最後一步——部署。本篇說明 Universal Rendering **網站部署**。

Universal Rendering（SSR + CSR）

Universal Rendering 為 Nuxt 預設的渲染模式，結合了伺服器端渲染（SSR）和客戶端渲染（CSR）的優點。使用者首次進入頁面時，使用 SSR 在伺服器端生成完整的 HTML 內容並回傳給瀏覽器；後續動態切換頁面時則使用 CSR。

這種方式結合了 SSR 和 SPA 的優點，不僅提升 SEO 表現，還能維持動態互動體驗。Universal Rendering 非常適合內容導向的網站，像是電商平台或是行銷網站。

● ● ● ● ● ● ● ●

Universal Rendering 網站部署方式

我們可以將 Universal Rendering 應用程式部署至 **Node.js 伺服器**，自行控制伺服器端環境與資源配置。

另一個選擇是將應用程式部署到**無伺服器（Serverless）平台**。這類平台的優點是簡化了部署過程，開發者不需管理伺服器，能夠更專注於開發工作。

Nitro 支援多個無伺服器託管商，包括 Vercel、Netlify、Cloudflare 等。在這些平台部署 Nuxt 專案時，Nitro 會自動偵測環境並產成合適的輸出格式，不需要另外設定。此外，這些平台通常與 Git 平台整合，支援 CI/CD 自動部署，有效提升部署效率與開發體驗。

● ● ● ● ● ● ● ●

Hybrid Rendering 混合渲染

Nuxt3 支援混合渲染，可以為不同路由設定不同的快取或渲染規則，結合靜態生成、伺服器端渲染和客戶端渲染，以因應更複雜的使用情境。

透過混合渲染，同時保有靜態網站的效能與動態網站的互動性，讓專案具備更大的彈性。

▶ 配置說明

在 `nuxt.config` 中透過 `routeRules` 進行配置。

- CSR（Client-Side Rendering）：設定 `ssr: false`，將頁面調整為只在客戶端渲染，以 SPA 的形式運作
- ISR（Incremental Static Regeneration）：一種快取機制。當使用者第一次請求資源時，伺服器將產生的內容快取至支援此功能的 CDN（內容傳遞網路）。之後，依據設定的時間間隔，會在背景中更新內容並重新快取，不需重新部署，以確保資料的即時性
- SWR（Stale While Revalidate）：一種快取機制。當使用者第一次請求資源時，伺服器取得資源並加入快取。後續請求時，伺服器會先回傳快取中的資源（即使該資源已過期）。如果快取已經過期，伺服器會在背景中重新取得資源並更新快取。下一次請求時，使用者即可取得更新後的資料
- Redirect **重新導向**：設定特定路由的重新導向，使用者進入該網址時，自動跳轉至新網址
- Prerender **預渲染**：頁面在建置過程中預渲染為靜態 HTML 檔案，直到下次建置時才會更新

範例：

```
export default defineNuxtConfig({
  routeRules: {
    // 關閉 SSR
    '/dashboard': { ssr: false },
    // 在請求時產生並快取到 CDN，直到下次部署
    '/store': { isr: true },
    // 在請求時產生並快取到 CDN，每小時更新（3600 秒）
    '/store/**': { isr: 3600 },
    // 在請求時產生並快取，直到 API 回應變更
    '/news': { swr: true },
    // 在請求時產生並快取，每小時更新（3600 秒）
    '/news/**': { swr: 3600 },
    // /user 導向 /user/1
    '/user': { redirect: '/user/1' },
    // 預渲染頁面
    '/': { prerender: true }
  }
});
```

▲ nuxt.config.ts

> **NOTE**：
>
> 混合渲染的快取機制，實際上會依據所選擇的部署平台而有所不同。在配置前，請確認平台的支援度。以 Vercel 平台來說，目前與 Nuxt 搭配時，建議使用 ISR 替代 SWR。

● ● ● ● ● ● ● ●

接下來，我們將以 Vercel 為例，說明如何將 Universal Rendering 應用程式部署到無伺服器平台。

Vercel 簡介

Vercel * 是一個專為前端開發者設計的託管平台，簡化網站和應用程式的部署和運行。Vercel 支援多種前端框架，如 Next.js、Nuxt.js 等，並且與 GitHub、GitLab 和 Bitbucket 平台深度整合，透過簡單的操作即可將儲存庫連結到 Vercel，達到自動化的部署流程。是目前相當流行的託管平台之一。

在 GitHub 安裝 Vercel 應用程式

首先，進到 Vercel 官網（https://vercel.com），點擊 **Start Deploying** 按鈕，開始在 Vercel 部署新項目。接著點擊 **Continue with GitHub**，透過 GitHub 帳號進行身份驗證，並取得 GitHub 帳號授權。

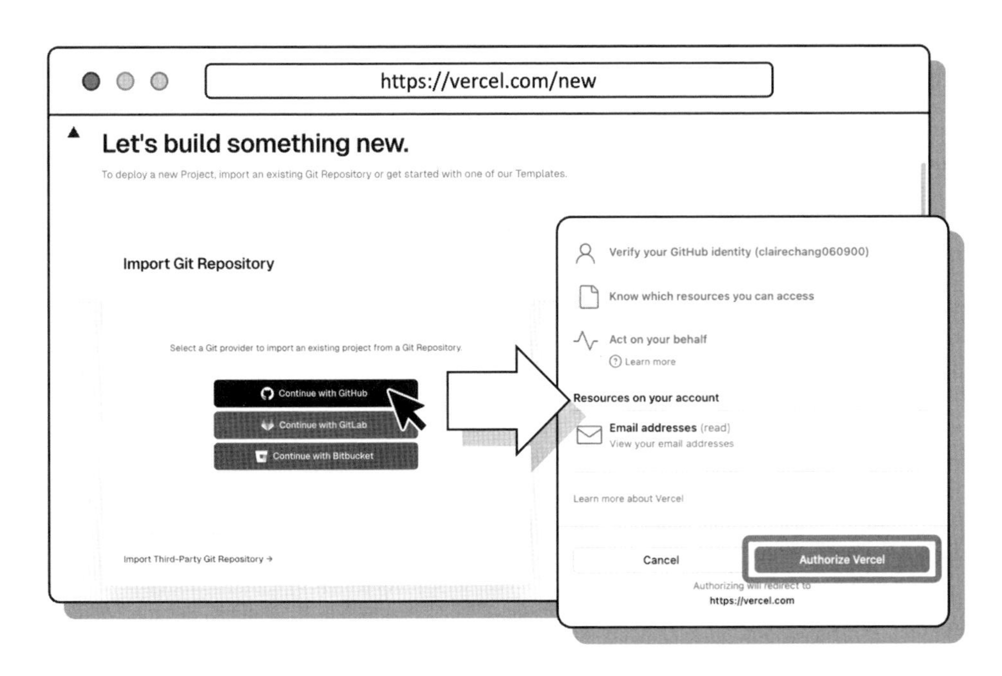

接著需在 GitHub 安裝 Vercel 應用程式，點擊 **Install** 安裝，選擇授權的儲存庫並安裝。

* Nuxt on Vercel https://vercel.com/docs/frameworks/nuxt

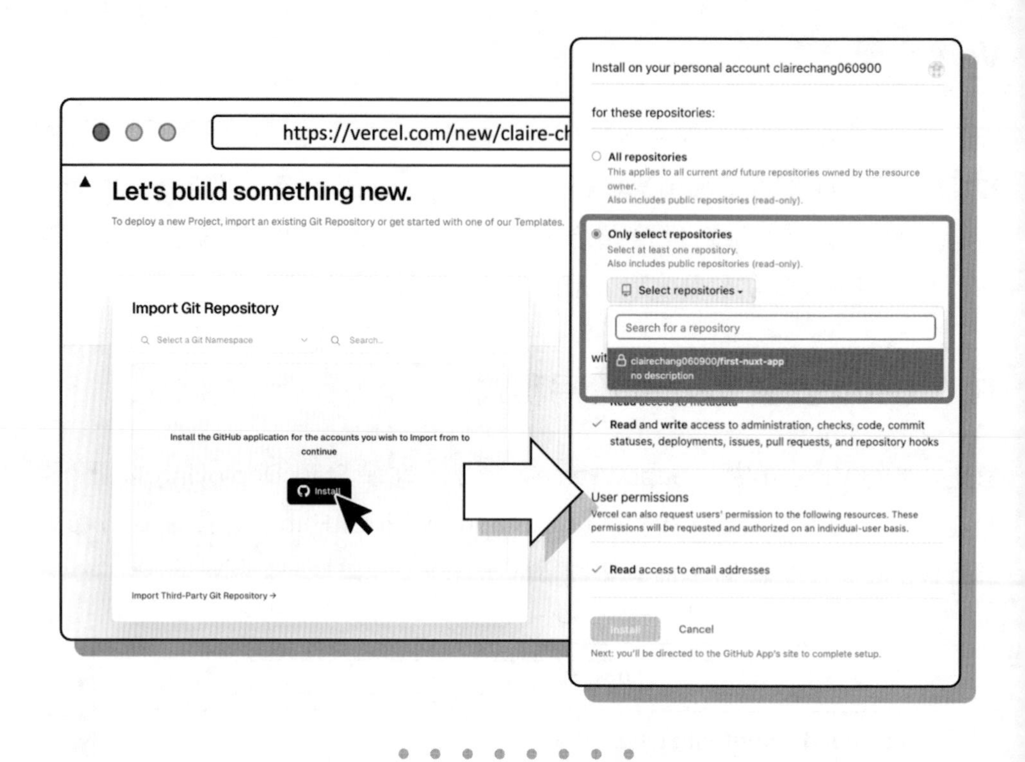

● ● ● ● ● ● ● ●

Universal Rendering 網站部署到 Vercel

將 Nuxt 網站部署到 Vercel 時，Vercel 的自動部署會執行指定的建置指令（`nuxt build`）。在建置過程中，Nitro 伺服器引擎會根據 Vercel 平台的需求，自動產出適合的格式。開始部署前，我們先來了解一下輸出的檔案結構。

▶ 部署時輸出的檔案結構

在 `nuxt.config` 配置 `nitro.preset: 'vercel'`（預設為 Node.js）。

```
export default defineNuxtConfig({
  nitro: {
    preset: 'vercel'
  }
});
```

▲ nuxt.config.ts

也可以在 `.env` 檔案中透過 `NITRO_PRESET` 環境變數來調整：

```
NITRO_PRESET=vercel
```

▲ .env

> **NOTE**：
>
> 雖然在使用 CI/CD 自動部署到 Vercel 時，Nitro 會自動偵測供應商並進行相應設定，並不需要手動配置 `nitro.preset`。不過，為了幫助讀者理解編譯打包後的內容，我們先跟著步驟進行設定。

接下來，執行以下指令，來預覽自動部署時產生的檔案結構：

```
npm run build
# 或是
npx nuxi build
```

建置完成後，專案根目錄會產生一個 `.vercel/output` 資料夾，而不是預設的 `.output` 資料夾。這個目錄結構是基於 Vercel 平台的要求，包含了所有必要的部署內容。

- `functions/`：包含所有無伺服器函式，每個函式儲存在一個名稱後綴為 `.func` 的目錄，並包含一個 `.vc-config.json` 檔案，說明 Vercel 建立無伺服器函式相關資訊
- `static/`：靜態資源，像是圖片、JavaScript 和 CSS 檔
- `config.json`：定義 Vercel 平台相關的部署設定，像是路由、圖片優化、快取控制等
- `nitro.json`：Nitro 建置相關資訊，像是框架版本、時間等

```
.vercel/
|— output/
    |— functions/
    |— static/
    |— config.json
    |— nitro.json
```

> **NOTE：**
>
> `.vercel` 目錄在部署時會自動產生，建議將 `.vercel` 加到 `.gitignore`。

這個結構是根據 Vercel 的 Build Output API 規範所產生，讓我們的應用程式可以正確部署到 Vercel 平台。理解之後，開始進到正式部署。

▶ Step1：調整資料庫連接時機

> 如果 Nuxt 專案不需與資料庫進行直接的連線操作，可以跳過此步驟進到 Step2。

在 Nuxt 建立資料庫連線時，通常會在伺服器啟動時建立資料庫連線。以 4-11 MongoDB 連線為例：

```
import mongoose from 'mongoose';

export default defineNitroPlugin(async () => {
  try {
    await mongoose.connect(process.env.MONGODB_URI);
    console.log('DB 連線成功 ');
  } catch (err) {
    console.error('DB 連線失敗 ', err);
  }
});
```

▲ server/plugins/connection.js

這樣的方式在自行託管時，應用程式通常只與資料庫建立一次連線，只要應用程式持續運行，也會保持連線。

但部署到無伺服器環境中會產生問題，無伺服器函式在請求時才會觸發，每次觸發無伺服器函式，都會建立一個新的資料庫連線。可能導致大量的連線建立，超過資料庫的連線數量限制。另外無伺服器函式並不會持續運行，當函式進入休眠或被關閉時，先前建立的資料庫連線可能會失效，導致後續的請求失敗。

因此建議將連線步驟封裝到函式，在每次進行資料庫操作前建立連線。*

* 連線步驟封裝參考：https://www.mongodb.com/developer/languages/javascript/integrate-mongodb-vercel-functions-serverless-experience/

首先將連線函式調整如下：

```
server/
|— utils/
    |— connection.js
```

```
import mongoose from 'mongoose';

export const connectToDatabase = async () => {
  try {
    // 檢查 Mongoose 是否已經連接到資料庫
    if (mongoose.connection.readyState === 1) {
      return;
    }

    await mongoose.connect(process.env.MONGODB_URI);
  } catch (err) {
    console.error('DB 連線失敗 ', err);
    throw err;
  }
}
```

▲ server/utils/connection.js

接著在進行任何資料庫操作之前，先連接到資料庫。以 4-11 Server API 範例進行調整：

```
import User from '@/server/models/user';
import { connectToDatabase } from '~/server/utils/
connection';

export default defineEventHandler(async (event) => {
  try {
    // 連接到資料庫
    await connectToDatabase();
```

```
    const { name, email } = await readBody(event);
    // 新增一筆資料
    await User.create({ name, email });
    // 查詢該筆資料
    const user = await User.findOne({ email });
    return user;
  } catch (error) {
    return createError(error);
  }
});
```

▲ server/api/user.post.js

這樣能避免無伺服器環境下頻繁建立資料庫連線，將連線步驟封裝在函式中，在每次進行資料庫操作前先檢查並建立連線。

▶ Step2：匯入 Git 儲存庫到 Vercel

取得 GitHub 授權並安裝 Vercel 應用程式後，列表會列出具有匯入權限的儲存庫，選擇要部署的儲存庫，點擊 Import 按鈕進行匯入。

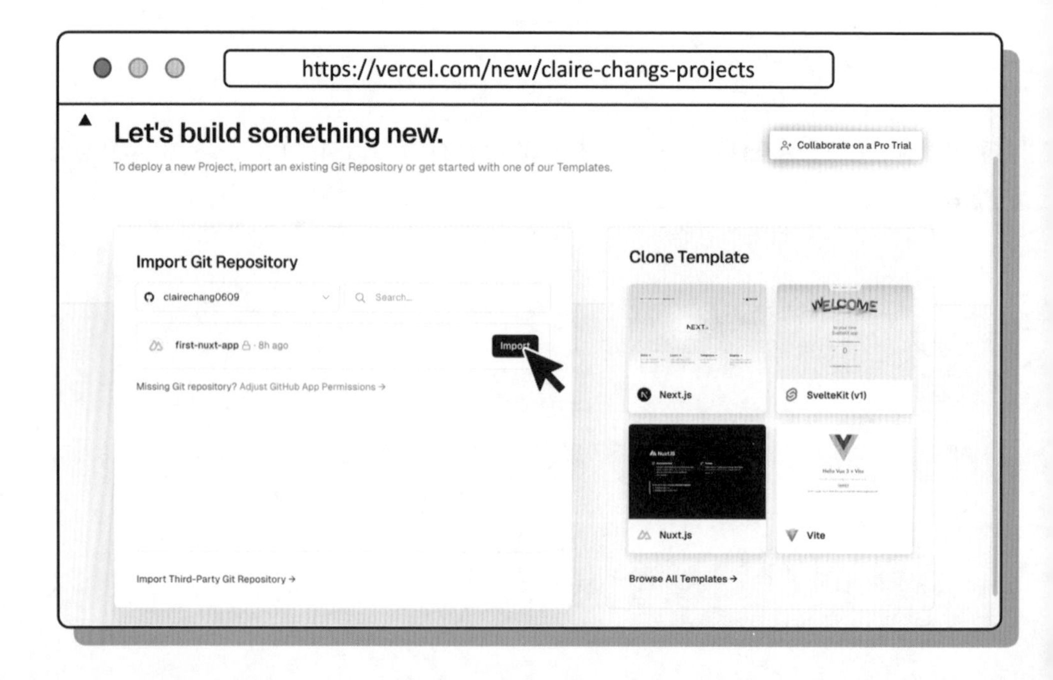

▶ Step3：配置專案並部署

接著可以開始配置專案：

- **建置指令**：`nuxt build`（預設）
- **輸出目錄**：預設配置（依指令與設定自動調整）
- **環境變數設定**：根據專案需求設定環境變數。如果應用程式需要連接到雲端資料庫，請參考第 4-11 單元的說明，將 MongoDB Atlas 的連接字串（URI）設定為環境變數。例如：

```
MONGODB_URI=mongodb+srv://<username>:<password>@cluster0.
k8fgp.mongodb.net/<dbname>?retryWrites=true&w=majority&
appName=Cluster0
```

▲ .env

> **NOTE**：
>
> Vercel 部署使用動態 IP 位址，每次部署後伺服器的 IP 位址可能會不同。因此，為了確保網站能夠順利連接到 MongoDB Atlas，需將 Cluster 存取權限設置為開放所有 IP 位址（`0.0.0.0/0`）。
>
> 開放所有 IP 位址可能會有安全風險，不建議在生產環境使用。基於安全考量，其中一個方法是升級到企業方案，並啟用 Vercel Secure Compute 功能，將網站部署在專屬 IP 的私有網路中，提升網站安全性。

完成配置後，點擊 Deploy 按鈕開始部署，並可查看部署歷程。

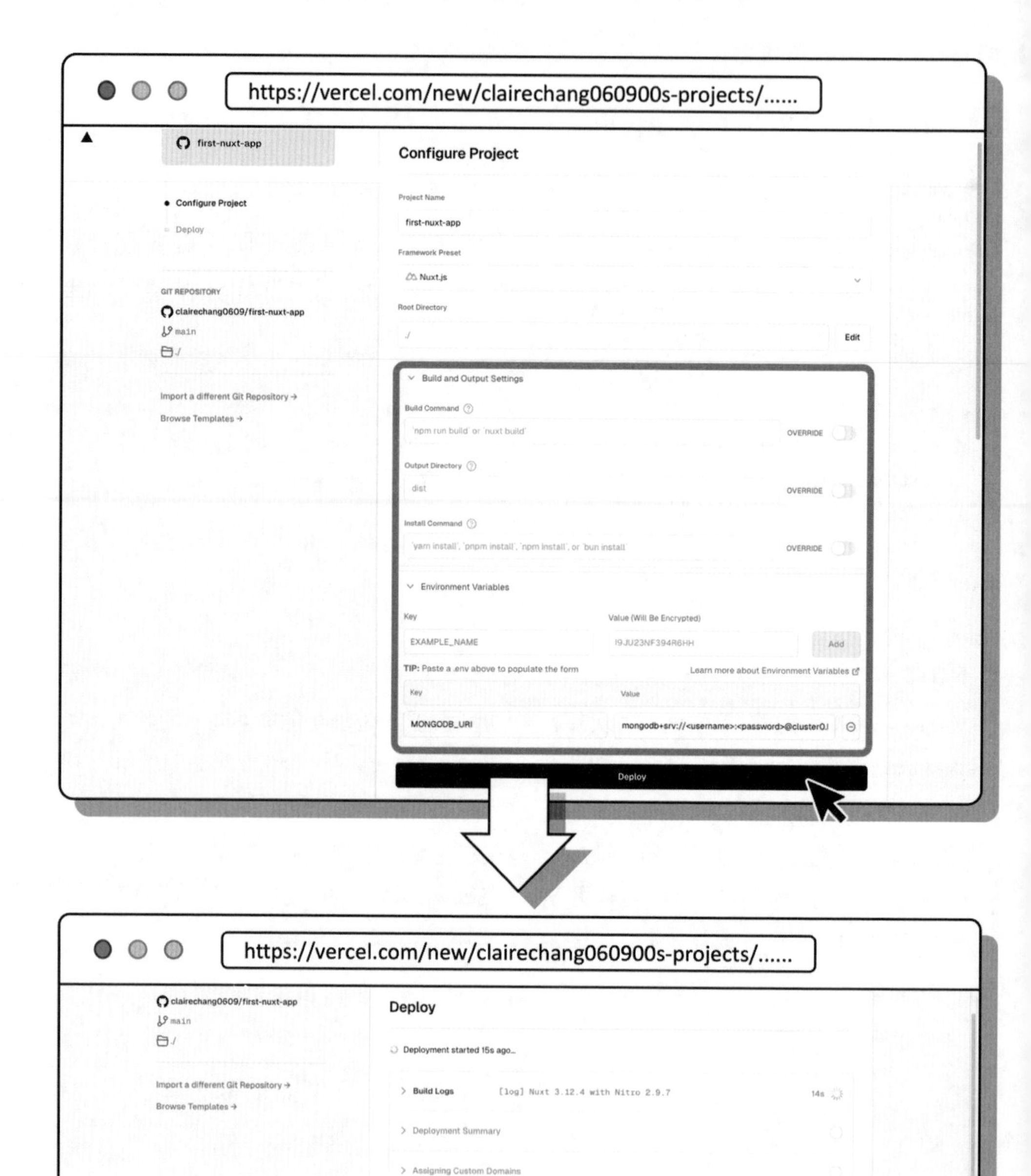

▶ Step4：完成部署

看到以下畫面時，表示部署成功。我們可以進到儀表板查看網站資訊，並連結到上線的網站。

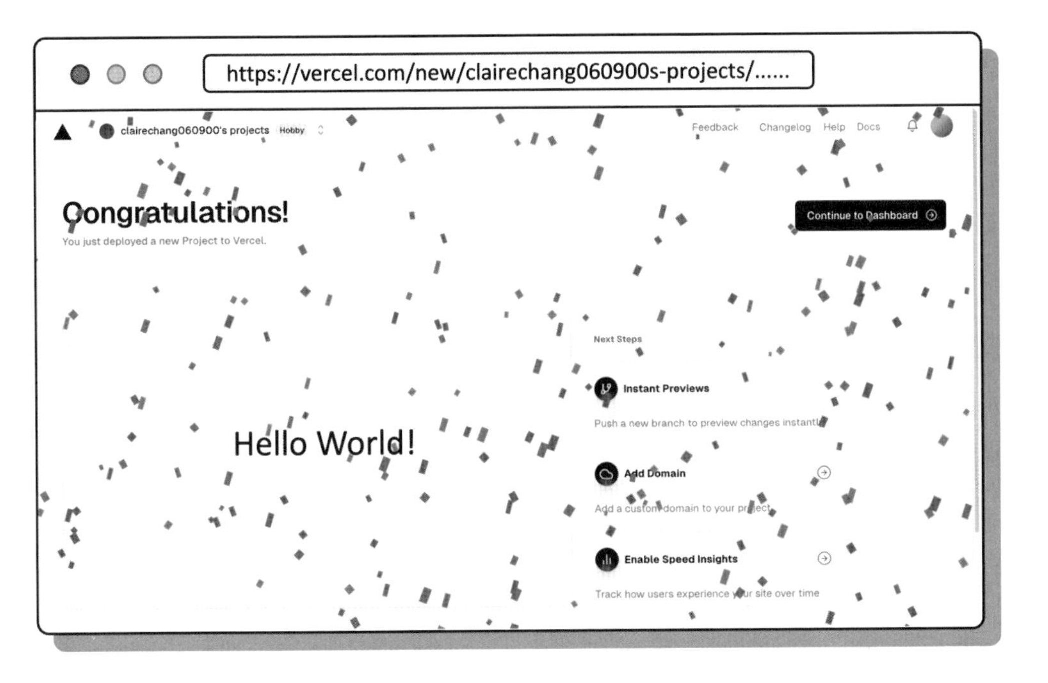

Vercel 自動化部署

部署完成後，後續當我們將專案的程式碼推送到 GitHub 時，Vercel 會自動將更新的程式碼部署到網站上。包括以下情況：

- **推送到分支的更新**：在 GitHub 上的某個分支（例如 `main` 分支）推送新的程式碼時，Vercel 會自動將這些更新部署到相對應的環境
- **Pull Request**：在 GitHub 上建立一個 Pull Request（PR）時，Vercel 會自動將這個 PR 的內容部署到一個預覽網址上。開發者可以即時預覽本次變更的結果，不需等到合併進主分支後才看到

這樣的自動化部署與預覽功能，除了簡化開發流程，也能提前測試，儘早發現問題並調整，提升團隊協作效率。

▶ 調整自動部署行為

如果希望進一步優化 CI/CD 流程，控制自動部署的分支，可以在 Vercel 專案內進行設定。進入專案後，點擊 Setting → Git → Ignored Build Step，然後根據需求配置部署行為。我們可以選擇預設配置或是自訂規則。

範例：只針對 `main` 分支進行部署

環境變數 `VERCEL_GIT_COMMIT_REF` 表示觸發部署的分支名稱。以下範例只有在 `main` 分支推送時才會觸發自動部署。

```
if [ "$VERCEL_GIT_COMMIT_REF" == "main" ]; then
  exit 1;
else
  exit 0;
fi
```

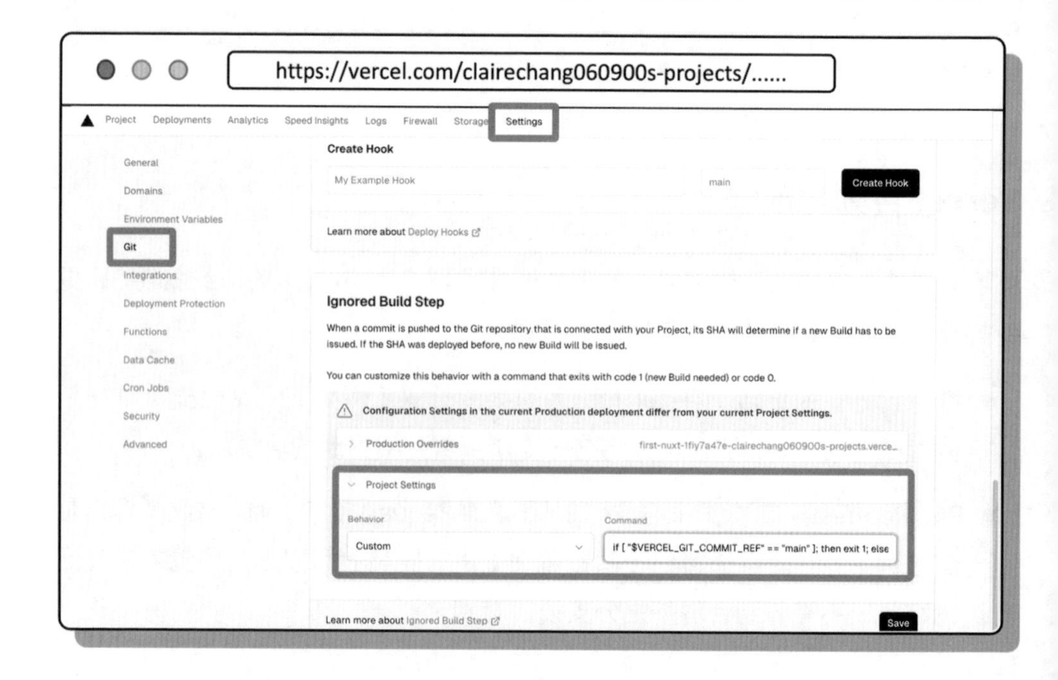

9-3 SSG 靜態網站部署

在 9-1 單元我們已經將專案上傳到 Git 遠端儲存庫，接下來進行最後一步——部署。除了 Universal Rendering 部署方式（見 9-2 單元），本篇說明另一種部署選擇：**SSG 靜態網站部署**。

SSG 靜態網站生成

靜態網站生成（SSG，Static Site Generation）是一種在構建階段預先渲染網站頁面的技術，將其生成為靜態文件（如 HTML、CSS 和 JavaScript）。這種方法非常適合內容更新頻率較低、不需要伺服器端即時動態渲染的網站，例如公司形象網站、個人部落格或產品展示頁面。

優點：

- **適合搭配 CDN 緩存**：頁面在構建階段已經產生，可以直透過 CDN 緩存並快速傳遞給使用者，提升載入速度
- **SEO 表現佳**：靜態頁面包含完整的 HTML 文件，搜尋引擎爬蟲可以索引完整的內容

缺點：

- **彈性較低**：如果頁面內容頻繁變動，必須重新編譯和打包整個網站
- **不適合大型網站**：當網站頁面數量龐大或功能複雜時，初始構建時間可能會延長

Nitro 爬蟲與預渲染

部署之前，我們先了解一下 Nuxt 如何產生預渲染的靜態網頁。

當我們執行以下指令時：

```
npm run generate
# 或是
npx nuxi generate
```

Nitro 爬蟲會先抓取應用程式中所有非動態頁面，以及 `nitro.prerender.routes` 配置的路由，並自動爬取這些頁面連結到的動態路由。最後將結果儲存為 HTML 文件，存放在 `.output/public` 和 `dist` 資料夾中，這兩個資料夾都可以部署到任何靜態託管服務。

動態路由加入預渲染

Nitro 爬蟲只能預渲染有連結到的頁面，沒有被連結到的動態路由，則需在 `nuxt.config` 使用 `nitro.prerender.routes` 進行配置，才能將其加入預渲染。

範例：

```
pages/
|— ...
|— about.vue
|— user/
    |— [id].vue
```

在 `nuxt.config` 手動配置預渲染路由。

```
defineNuxtConfig({
  nitro: {
    prerender: {
      routes: [ '/user/1', '/user/2' ]
    }
  }
});
```

▲ nuxt.config.ts

配置完成後，執行 `npm run generate` 編譯，在 `.output/public` 目錄中，可以看到 `/user/1`、`/user/2` 路由已經被預渲染為靜態頁。

```
.output/
|— public/
   |— ...
   |— user/
      |— 1/
         |— _payload.json
         |— index.html
      |— 2/
         |— _payload.json
         |— index.html
```

● ● ● ● ● ● ● ●

接下來，我們將以 Vercel 為例，說明如何將靜態網站部署到雲端平台。

Vercel 簡介

請參考 9-2 單元：Vercel 簡介

在 GitHub 安裝 Vercel 應用程式

請參考 9-2 單元：在 GitHub 安裝 Vercel 應用程式

● ● ● ● ● ● ● ●

將靜態網站部署至 Vercel

將 Nuxt 網站部署到 Vercel 時，Vercel 的自動部署會執行指定的建置指令（`nuxt generate`）。在建置過程中，Nitro 伺服器引擎會根據 Vercel 平台的需求，自動產出適合的格式。開始部署前，我們先來了解一下輸出的檔案結構。

▶ 部署時輸出的檔案結構

首先，在 `nuxt.config` 進行配置：

- `nitro.static: true`：**此為必要配置**。這樣在執行 `nuxt generate` 時，才能啟用 Vercel 提供的功能，像是重新導向、圖片最佳化等
- `nitro.preset: 'vercel-static'`：預設為 Node.js。雖然在使用 CI/CD 自動部署到 Vercel 時，Nitro 會自動偵測供應商並進行相應設定，並不需要手動配置 `nitro.preset`。不過，為了幫助讀者理解編譯打包後的內容，我們先跟著步驟進行設定。

```
export default defineNuxtConfig({
  nitro: {
    static: true,
    preset: 'vercel-static'
  }
});
```

▲ nuxt.config.ts

接下來，執行以下指令，來預覽自動部署時產生的檔案結構：

```
npm run generate
# 或是
npx nuxi generate
```

建置完成後，專案根目錄會產生一個 `.vercel/output/static` 資料夾，而不是預設的 `.output/public` 資料夾。這個目錄結構是基於 Vercel 平台的要求，包含了靜態網頁的部署內容。

```
.vercel/
|── output/
    |── static/
    |── config.json
    |── nitro.json
```

> **NOTE**：
> `.vercel` 目錄在部署時會自動產生，建議將 `.vercel` 加到 `.gitignore`。

這個結構是根據 Vercel 的 Build Output API 規範所產生，讓我們的應用程式可以正確部署到 Vercel 平台。理解之後，開始進到正式部署。

▶ Step1：匯入 Git 儲存庫到 Vercel

取得 GitHub 授權並安裝 Vercel 應用程式後，列表會列出具有匯入權限的儲存庫，選擇要部署的儲存庫，點擊 Import 按鈕進行匯入。

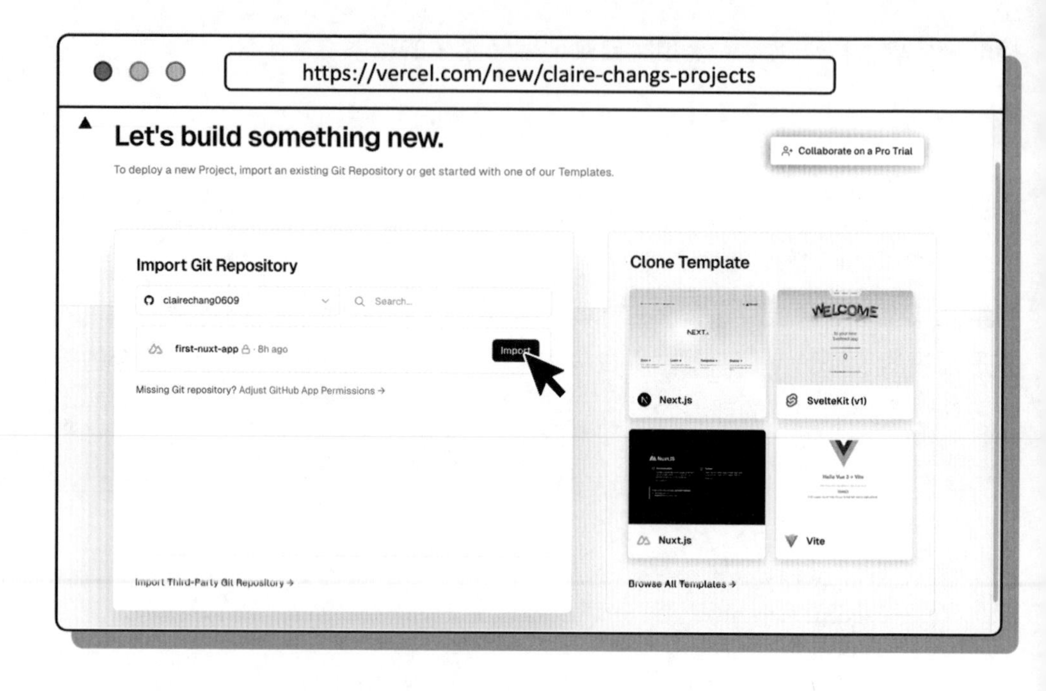

▶ Step2：配置專案並部署

接著可以開始配置專案：

- **構建指令**：`nuxt generate`
- **輸出目錄**：預設配置（依指令與設定自動調整）
- **環境變數設定**：根據專案需求設定環境變數

完成配置後，點擊 Deploy 按鈕開始部署，並可透過 Log 查看部署歷程。

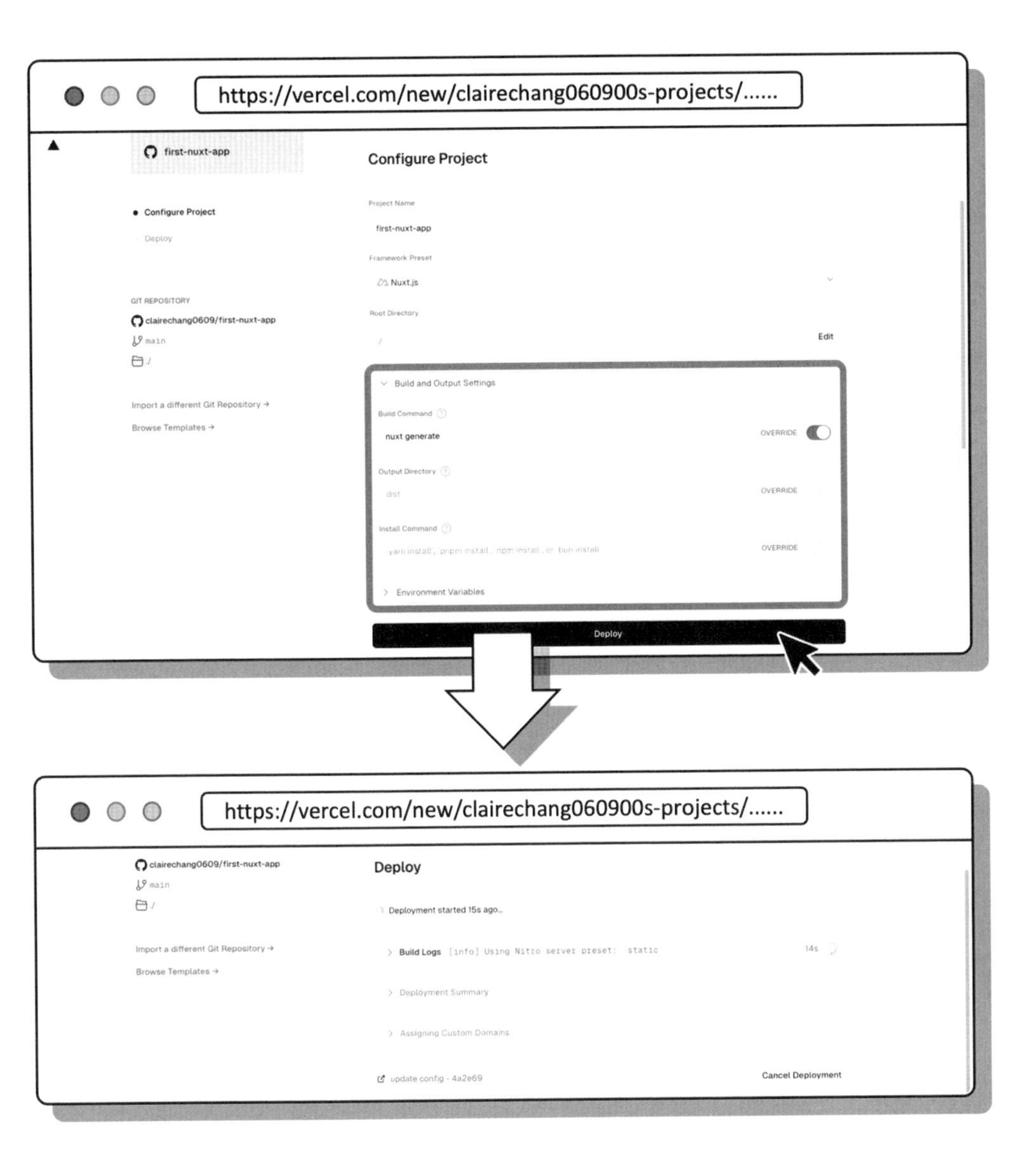

▶ Step3：完成部署

看到以下畫面時，表示部署成功。我們可以進到儀表板查看網站資訊，並連結到上線的網站。

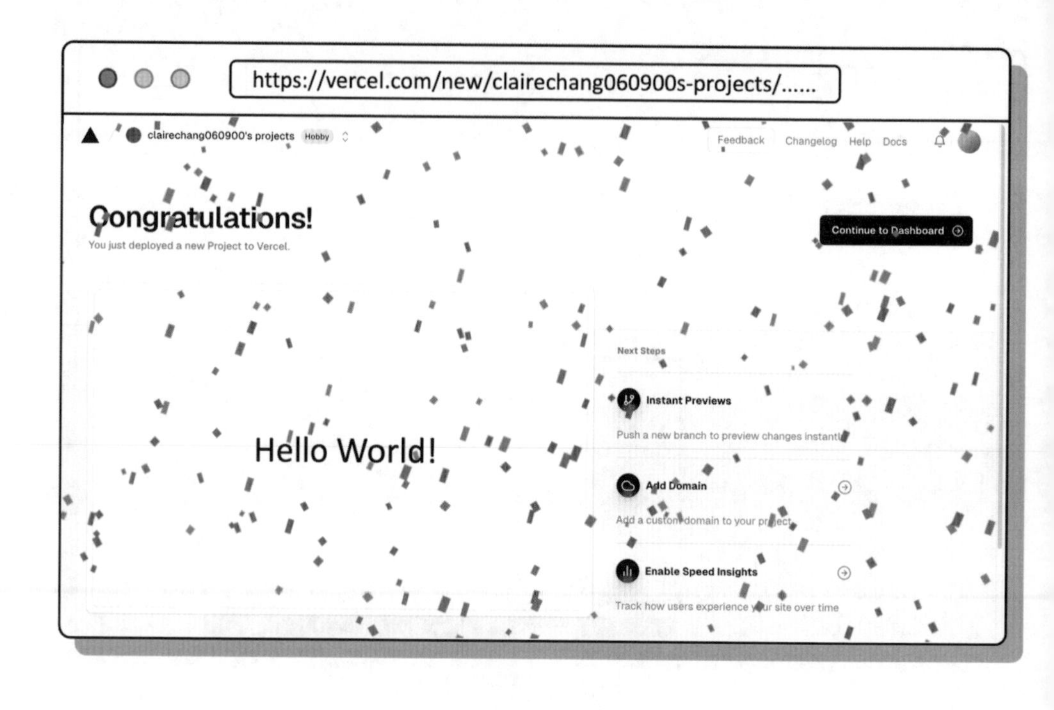

Vercel 自動化部署

請參考 9-2 單元：Vercel 自動化部署

Note

Note

Note

Note

Note

Note